国家自然科学青年基金资助项目（51908357）

超高层综合体防火性能化设计

张彤彤　著

中国建筑工业出版社

图书在版编目（CIP）数据

超高层综合体防火性能化设计 / 张彤彤著 . —北京：
中国建筑工业出版社，2021.11
ISBN 978-7-112-26373-8

Ⅰ.① 超…　Ⅱ.① 张…　Ⅲ.① 高层建筑–防火系统–
系统性能–建筑设计–研究　Ⅳ.① TU972

中国版本图书馆 CIP 数据核字（2021）第 140875 号

责任编辑：何　楠
责任校对：芦欣甜

增值服务小程序码

超高层综合体防火性能化设计

张彤彤　著

*

中国建筑工业出版社出版、发行（北京海淀三里河路9号）
各地新华书店、建筑书店经销
北京建筑工业印刷厂制版
北京建筑工业印刷厂印刷

*

开本：787毫米×1092毫米　1/16　印张：13¼　字数：295千字
2021年9月第一版　　2021年9月第一次印刷
定价：**59.00**元（含增值服务）
ISBN 978-7-112-26373-8
　　　（37782）

目　　录

第1章 绪 论

1.1 研究背景

1. 我国超高层建筑发展迅速，火灾问题日益凸显

我国的超高层建筑自 1990 年起一直处于探索阶段，2008 年开始此类建筑得到了新的突破，2013 年超高层建筑进入了繁荣期，迅猛发展至今。在各大、中型城市、经济特区和沿海开放城市中，超高层建筑与城市的关系更加紧密，逐步发展出集商业、酒店、办公等多种功能空间于一体的超高层综合体。超高层综合体的出现不仅提高了城市人群的生活效率，还提高了土地资源的利用效率，缓解了城市承载压力，同时大大节约了城市交通压力和通行成本。在此背景下，超高层综合体受到了大城市，尤其是经济发达地区的青睐。据统计，自 2000 年起，我国已竣工超高层综合体（300m 以上）的数量猛增，纵观全球的超高层综合体数量，对比地区人口和超高层综合体的建设数量，可知此类建筑在人口密集的发展中国家有着极大的需求量。

近年来的超高层综合体除了在高度上不断突破之外，在建筑空间、结构和性能上也朝着综合化、异形化、生态化和智能化方向发展。超大超高的异形空间具有特殊的物理环境条件，自然会带来愈发凸显的防火问题，一旦火灾发生，对社会的影响极大。近年来，恐怖袭击和自然灾害带来的火灾事故频频曝光，事故率呈现出增长的势态。近 10 年来，全国共发生高层建筑火灾 3.1 万起，死亡 474 人，直接财产损失 15.6 亿元，从中央电视台新址北配楼的文化中心的火灾开始，一系列的火灾案例将超高层这种火灾敏感度极高的建筑类型的安全性的探索推到了一个新的阶段，引起了相关学者的特别关注。统计近年来的超高层综合体的火灾实例，其主要特点表现为：火灾荷载大，危险性大；功能复杂，致火因子难以预测和评估；火势和烟气在竖向和水平向的蔓延速率极快；竖向交通流线过长，疏散困难；消防设施条件有限，难以扑救。可见，超高层综合体自身空间的发展将带来显著的火灾特点和难点，极易造成人员伤亡和经济损失。因此，在我国，研究此类建筑的防火问题具有无可比拟的社会价值和经济价值，有利于时代进步和社会发展。

2. 传统的防火规范难以适用于超高层综合体的发展趋势

在我国现有的防火规范中，针对超高层综合体的防火设计规定依旧需要通过专题论证的方式，在现有规范的基础上提出更严格的防火措施，有关论证的程序和组织要符合国家有关规定。然而，超高层综合体发展极其迅速，现有的建筑防火规范和管理措施并不尽如人意，对此类建筑中的超大超高典型空间的防火规定存在矛盾性、滞后性和局限性。就目前而言，建立防火性能化设计规范和采用防火性能化设计方法，是解决上述问题的最有效的途径。

建筑性能化防火是迄今为止防火领域内相对先进的防火理论，是一套不同于传统防火设计的全新体系，以减少财务损失、确保生命安全、保护建筑结构、辅助消防优化其设施为最终的安全目标。当前，新技术的探索和实验论证成果已经对传统防火规范体系提出的挑战实现了突破，性能化防火辅助设计试图使现有规范更加科学化和系统化。因此，研究先进的超高层综合体性能化防火理论，探求完善的设计标准的需求十分迫切。如何保证此类建筑特殊的外观形式、功能分布、空间特点，在当前的发展趋势下保证科学和安全的防火设计是当今面临的重大课题。

3. 国内关于空间类型视角下的超高层建筑防火性能化研究尚不完善

关于性能化防火研究，我国起步较晚，近几年才开始逐步展开火灾场景的模拟研究，较国外有很大差距，对于模拟中涉及的相关参数均没有相对准确的来源与依据，而国外现有的数据指标因国情差异仅可供参考。在性能化防火优化设计中，火灾场景的设计是非常重要的，其相关参数的准确性决定了计算机最终模拟结果的精确程度，因此，通过调研调整模拟参数，设计相对精确的火灾场景对性能化设计具有至关重要的影响。

尽管在现有的防火性能化设计案例中，针对超高层建筑的火灾蔓延规律及人员疏散效率等结论与建议在理论及实践上具有一定的参考价值，但是，大多数的研究对象仅为某一个具体工程案例，其研究结论也仅对建筑内的消防设施的布置与性能有所优化，而对建筑空间形态的设计并未给出有效建议，难以辅助建筑师进行前期方案的空间设计。基于超高层建筑火灾的共性难点问题，以竖向贯通空间这一典型的防火空间类型作为研究对象，对其进行抽象化、系统化的性能化防火研究，有效完善了我国超高层建筑防火性能化设计的理论研究。

1.2　研究意义

超高层建筑防火设计的核心内容是经验和数据相结合的产物，因此基于现有建筑技术和建筑设计发展趋势，对现行规范进行适当的调整和优化是十分必要也是不可避免的。近年来的超高层综合体火灾实例更加警示了保证超高层综合体建筑在当前的发展趋势下依旧有着科学和安全的防火设计的重要性和紧迫性。

本书的研究意义在于：① 此研究将防火性能化设计的方法运用于现有的超高层综合体各典型空间设计中，从而优化某一防火空间类型的设计，提升此类建筑的安全保障能力；② 此研究有助于突破传统条文式防火设计方法与超高层建筑发展趋势的不适性，更加有效地将此类建筑的艺术性及安全性进行统一；③ 此研究为性能化防火理论在此类工程实践中的应用提供思路，对性能化防火理论系统予以补充和完善。

1.3 相关概念界定

1.3.1 超高层的界定

美国宾夕法尼亚州为了专门讨论高层建筑的分类和定义，在 1972 年 8 月举办了"国际高层建筑会议"。其结论见表 1-1。

高层建筑的分类			表 1-1
第一类高层建筑	第二类高层建筑	第三类高层建筑	超高层建筑
9～16 层	17～25 层	26～40 层	40 层以上
50m	75m	100m	100m 以上

不同国家，由于其城市法规和技术发展的不同，对超高层建筑在高度上的划分各有不同。如美国著名结构师查尔斯·桑顿（Charles H. Thornton）的划分结果为：高层建筑为 40 层以下（164m 以下）的建筑；中高层建筑为 40～100 层（164～393m）的建筑；超高层建筑为 100 层以上（393m 以上）的建筑[①]。尽管如此，美国并没有国家规范对超高层的高度单独进行界定，仅基于消防救援及建筑耐火等级的考虑，限制了高层建筑的高度，即在 128m 以下的高层建筑，其耐火等级可适当降低为 I B，其余，耐火等级不变。2007年，法国在相关规范中对高层建筑有所界定：高层建筑为 28m 以上的其他类型建筑；超高层建筑为 200m 以上的建筑。我国近年来建筑高度超过 250m 的建筑越来越多，尽管现行《建筑设计防火规范》GB 50016[②]对高层建筑以及超高层建筑作了相关规定，但为了进一步增强建筑高度超过 250m 的高层建筑的防火性能，该规范要求通过专题论证的方式，在其现有规定的基础上提出更严格的防火措施，有关论证的程序和组织要符合国家有关规定。这一临界高度的改变，表明我国超高层建筑在高度上的限定逐步升高。

随着科技的进步，虽然超高层建筑在高度值上的界定不断增大，但超高层建筑和高层建筑之间的划分点对于建筑结构、建筑防火防爆、建筑设备等各领域而言存在巨大的差异，各自有着各自专业角度上的敏感值和临界点。我国一直将 100m 高度设定为超高层与高层之间的划分高度，这个数值在现在的建筑结构和施工层面已经不再具有敏感性和特殊性，超过 100m 的建筑在我国的建设也越来越不具有代表性和特殊性。但对于建筑防火而言，100m 依旧是一个需要警惕的数值。同时，根据现有理论和借鉴先进技术经验看来，150m（约 40 层）高度是超高层在结构和技术设计上的一个敏感高度，建筑结构在此数值上的突破自然带来了建筑防火设计的改变。在此基础上，《建筑设计防火规范》中所提到的以 250m 为再次论证的界限也将成为建筑防火的另一设计关卡。笔者梳理并对比了

[①] 殷铮. 超高层民用建筑国内外防火规范比较研究 [J]. 武警学院学报，2012.

[②] 中华人民共和国公安部. 建筑设计防火规范：GB 50016—2014 [S]. 2018. 后文均以《建筑设计防火规范》简化表达。

各国界定值（图 1-1）。

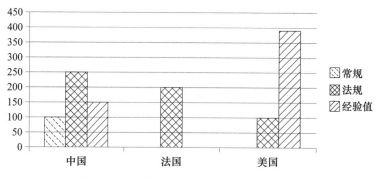

图 1-1　国内外超高层建筑的敏感高度对比

随着建筑高度的不断增加、建筑技术的不断提高，高层与超高层的分界将越来越模糊，因此，设计者应更多地去考虑如何将各专业在不同敏感值上的技术有机地统一起来。本书要强调的正是由高层建筑向超高层建筑的转变过程中，需要调整的设计理念和设计思路。

1.3.2　超高层综合体

所谓超高层综合体（HOPSCA：Hotel、Office、Park、Shopping Mall、Convention、Apartment），是指将商业广场、高级酒店、高级写字楼、高端商务公寓等业态进行合理的配比，并将各业态垂直整合在同一建筑中。它是超高层建筑与城市综合体的统一，是对于土地资源的更高效利用，从而缓解城市土地资源压力。超高层综合体便于集中人群，使其生活、消费、娱乐、休闲等活动更加便捷，在快速的生活节奏中，节约交通资源和时间成本。笔者列举了国内近年来的大型超高层综合体（图 1-2）。

上海环球金融中心（632m）　　天津 117 大厦（600m）　　深圳平安金融中心（590m）　　广州东塔（530m）

图 1-2　国内超高层综合体举例

我们现在常说的建筑综合体，一般是指多种功能复合于一体的建筑单体。而超高层建筑综合体，则是建筑综合体概念之下更细的分类，具有如下特点：

1. 超高的形象尺度

超高层建筑综合体内部不止一种主要使用功能，因其功能组成的多样，往往比单一功能超高层建筑需要更多的建筑空间与建筑面积。从城市视角来看，超高层综合体一般具有超高的尺度，是城市地标和城市中心之所在。

2. 综合化的功能组合

功能的综合即在同一建筑单体或群体内将办公、酒店、公寓、商业、展览、交通等功能进行有机整合，其组合方式主要分为水平组合、垂直组合。不同综合体的水平组合在功能分布和组织方式上相差不大，但在垂直组合中，其功能组合主要体现在建筑单体内上下功能的转换和组合上，如上海的金茂大厦、北京的国贸中心三期等。整体组合方式即是以上两种方式的综合，如北京的银泰中心，其中东、西塔楼为办公楼，北塔楼为公寓与酒店两种功能叠合的综合塔楼。三种功能组合方式见表1-2，具体组合功能见表1-3。

超高层综合体主要功能组合方式示意　　　　　　　　　表 1-2

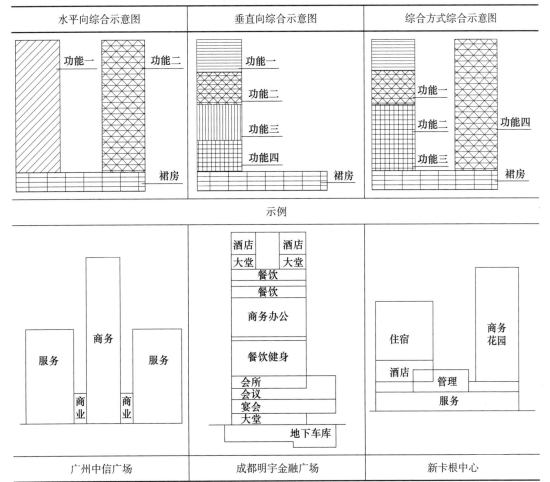

水平向综合示意图	垂直向综合示意图	综合方式综合示意图
广州中信广场	成都明宇金融广场	新卡根中心

建筑塔楼功能组合类型 表 1-3

简图	公寓 / 酒店 / 办公	酒店 / 办公	公寓 / 办公	公寓 / 酒店
类型	办公＋酒店＋公寓	办公＋酒店	办公＋公寓	酒店＋公寓
案例	佛山环球国际广场	上海金茂大厦	北京建外 SOHO	华润武汉双塔

3. 复杂的内部人流

在超高层综合体中，多样的功能类型和超大的建筑面积必然带来人群数量大和种类复杂的问题，多样和大量的人群统一从建筑的入口层进入，其流线、路径和行为特征均无法统一考虑，因此，需要在建筑体内合理分流，利用垂直交通系统引导人群到达各自的目的楼层。超高层综合体的人群交通组织可分成垂直交通和水平交通两部分，水平交通距离较短，以步行为主，借助于垂直交通运输工具的垂直交通则距离较远且复杂（图 1-3）。

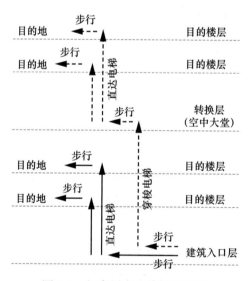

图 1-3　超高层客流特征示意图

4. 集中的竖向运输

超高层综合体不仅高度极高，功能空间竖向上的复合度也很高，因此，其内部交通组织模式必定以竖向运输为主。目前，多数超高层综合体采用的空间布局形式为"中央核心筒＋外侧使用空间"，因此，竖向交通将被集中设置在核心筒内。根据主要目的地的不同，竖向交通组织分为以办公区为目的地的组织方式和以酒店为目的地的组织方式。

1）以办公区为目的地的竖向交通组织方式

办公区较其他功能区多设置在底部位置，利用大堂在建筑入口层与其他区域的客流进行分流。分区直达和穿梭转换是以办公区为目的地的交通组织模式的两种主要方式（图1-4）。分区直达模式主要以珠海仁恒滨海中心、上海金茂大厦为例，其办公部分楼层的高度与数量决定了分区的多少、电梯配置方式等，从低区到高区不等。穿梭转换模式又分为向上转换模式和双向转换模拟，前者较为常见，分别以广州金融中心和富力盈凯中心为代表。

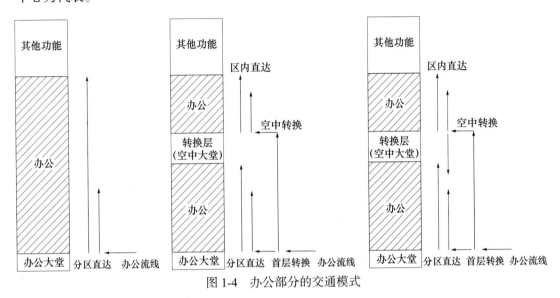

图1-4 办公部分的交通模式

2）以酒店为目的地的交通组织方式

酒店部分的交通组织模式因酒店大堂所在楼层的不同而有所不同（图1-5、表1-4）。总体说来，向上转换模式相较于向下转换模式因节省了来回重复的电梯运作高度而更节能，且因节省了其他功能楼层穿梭梯的电梯井道从而减少了核心筒面积。

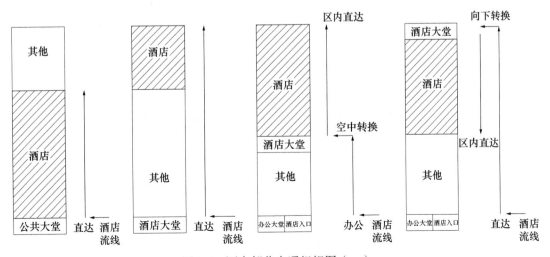

图1-5 酒店部分交通组织图（一）

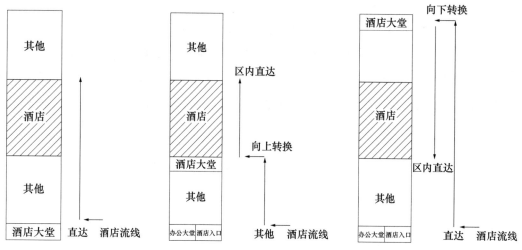

图 1-5 酒店部分交通组织图（二）

酒店大堂位置与交通组织模式关系 表 1-4

大堂所在楼层	交通组织模式	代表建筑
建筑入口层	直达模式	珠海仁恒滨海中心济州酒店
建筑中部，客房在其上	向上转换模式	广州金融中心四季酒店
建筑顶层，客房在其下	向下转换模式	广州富力盈凯中心柏悦酒店

本书中所研究的具体对象正是具备以上建筑特征的超高层综合体，具体的调研实例主要是近年来北京、上海、天津、深圳、广州等国内城市新建的超高层综合体。

1.3.3 防火性能化设计

防火性能化设计是迄今为止防火领域内相对先进的防火设计方法，也是相关领域的学者和专家所关注的具有前瞻性的防火技术[①]。这是不同于传统防火设计方法的一套全新的体系，它以减少财务损失，确保生命安全，保护建筑结构，辅助消防优化其设施为最终的安全目标。

防火性能化设计是从规划到建筑设计再到室内设计乃至各项设备及消防系统等全过程综合考虑的结果，而现行的条文式设计方法虽然在建筑设计的每个阶段都有明确的规定，但却几乎没有考虑过设计全过程，导致不同设计阶段之间会出现矛盾和重复工作等问题，尤其对于一些特殊、高大、功能复杂的建筑（超高层综合体属于这一类建筑），现行设计方法只能是其最基础、最低限的防火控制要求，对其特殊的火灾特性的防治和控制缺乏适用性和针对性。对比指令性设计与性能化设计，两者的差异见表 1-5。

① 李引擎. 建筑性能化设计 [M]. 北京：化学工业出版社，2005：05.

指令性设计与性能化设计的主要差异　　　　表 1-5

	指令性设计	性能化设计
参数和指标	直接选取规范中所要求的	依照要求给予证明和解释
重点关心对象	建筑体的建造	建筑空间内的火灾场景和人的行为
对规范条款的态度	只能依照现有规范	对规范以外的领域可以进行论证
设计对象	建筑每个局部	建筑整体的火灾全过程

资料来源：李引擎. 建筑性能化设计［M］. 北京：化学工业出版社，2005：05.

超高层综合体的防火性能化设计比条文式设计有更多的优越性，具体体现在：① 根据超高层综合体的超高性或综合性等特殊空间和在其中的特殊风险承担者的需要进行设计。② 根据工程需要，为开放和选择替代消防方案提供最合适的方法（例如当防火规范规定的方法与风险承担者的需求不统一时）。③ 可在建筑安全水平与消防方案之间进行折中比较，反复操作，从而得到相对优化的结果，得到在提高安全等级的同时节约成本的最佳方法。④ 基于一系列定量的模拟和分析软件，精确模拟火灾场景，更有可能从防火的视角对现有工程技术进行突破。⑤ 将消防系统作为一个整体进行考虑，不再是孤立地对设备进行设计，更关注设备间的相互配合（图 1-6）。

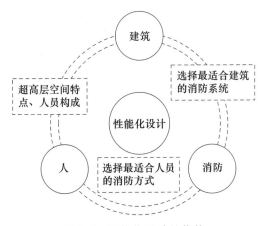

图 1-6　性能化设计的优势

针对超高层综合体，防火性能化设计扮演了两个重要角色：① 评估和论证现行国家消防技术规范未明确规定的、即便有所规定但对大型及重要建筑已不再适用的、确实难以按照国家技术规范严格控制的设计方案的有效性和可行性[1]。② 优化和提升已经符合国家设计规范的建筑设计方案，总结出基于防火视角的超高层综合体典型空间的空间优化要点（图 1-7）。

① LO S M, ZHAO C M, LIU M. A simulation model for studying the implementation of performance-based firesafety design in buildings [J]. Automation in Construction, 2008, 17(7).

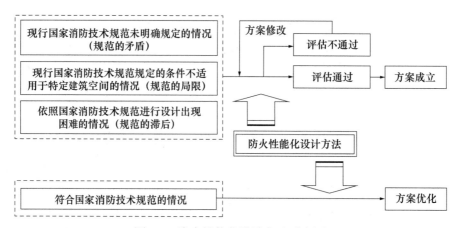

图 1-7　防火性能化设计方法示意图

资料来源：李引擎. 建筑性能化设计〔M〕. 北京：化学工业出版社，2005：05.

1.4　研究的内容与方法

1.4.1　研究内容

对于建筑设计而言，超高层综合体设计是通过工程技术和艺术构思两方面同时进行后得到的产物（图 1-8），其中，空间设计的艺术性在某一方面是受到防火技术的制约的，是工程技术性表现，也是技术思维到形象的转化结果。本书试图从防火技术的视角出发，探求超高层综合体空间设计的优化方式。

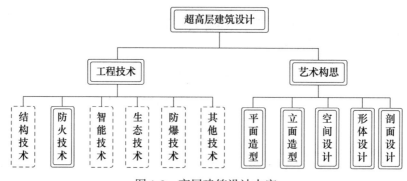

图 1-8　高层建筑设计内容

在此过程中，以下四个方面是本次研究的核心内容：

（1）总结国内外超高层综合体的性能化防火发展状况，探讨针对超高层性能化防火的关键措施。

（2）立足于我国的具体国情，调研我国超高层建筑（以国内北京、天津、上海、广州、深圳等经济较发达的城市超高层建筑作为主要的研究对象）的火灾荷载，研究超高层建筑的火灾机理，提炼影响超高层综合体防火的关键因素。

（3）结合相关建筑设计原理，运用烟气蔓延模拟软件（PyroSim）和人员疏散模拟软件（BuildingEXODUS、Pathfinder）分别对典型空间中的防火关键部位构建对比模型，分析其结论，得出具有针对性的防火优化策略，具体的对比模拟实验内容见表1-6。

本书的对比模拟项目　　　　　　　　　　　　　　　　表 1-6

序号	对比模拟的目的	对比模拟的变量	模拟软件
1	中庭高度对火灾烟气蔓延的影响	五种高度中庭的对比模拟	PyroSim
2	中庭界面形式对火灾烟气蔓延的影响	五种界面形式的对比模拟	PyroSim
3	中庭底面平面形状对火灾烟气蔓延的影响	五种底面形状的对比模拟	PyroSim
4	玻璃幕墙与楼层间的缝隙宽度和层高对火灾烟气蔓延的影响	层高不变，幕墙与楼层间缝隙的五种宽度的对比模拟	PyroSim
		幕墙与楼层间缝隙的宽度不变，五种层高的对比模拟	PyroSim
5	火灾中核心筒的人员疏散情况	仅楼梯疏散与楼梯电梯混合疏散的对比模拟	Pathfinder
6	核心筒的设置方式对塔楼标准层的火灾烟气蔓延影响	集中与分散设置的对比模拟	PyroSim
7	核心筒的设置方式对塔楼标准层的人员疏散的影响		BuildingEXODUS
8	标准层的平面形状对其火灾烟气蔓延的影响	五种平面形状的对比模拟	PyroSim
9	商业内街的平面形状对其火灾烟气的影响	六种内街的平面形状的对比模拟	PyroSim
10	商业内街的组织形式对人员疏散的影响	六种内街的组织形式的对比模拟	BuildingEXODUS
11	地下车库的空间布置对火灾的影响情况	理想模型下的烟控模拟	PyroSim

从全书的结构来看，本书第1章为绪论部分，主要阐明了本书提出的背景及意义，并重点限定了超高层综合体的概念边界并解释了性能化防火的这一研究手段的优越性及此研究的适用性。

第2章详细综述了国内外性能化防火的理论研究，提出了迄今为止超高层综合体防火所存在的不完善之处，并介绍了针对超高层综合体防火性能化的模拟过程，此章节构成了全文的理论支撑。

第3章对研究对象——超高层综合体进行详细剖析，将这一类型建筑本体拆分为若干典型空间并逐一进行抽象研究，为后文的研究作了进一步铺垫。本章的叙述为核心章节的提出奠定了理论基础和实践基础。

第4章至第7章为全文的核心章节，笔者通过对现有规范的归纳及特殊问题的火灾场景模拟，详述每种典型空间内的不同场景的对比模拟结果及分析，并得出相应的结论与建议，分章节总结出超高层综合体的每种典型空间的优化方式及策略。

第8章为总结全书的研究内容及结论，对性能化防火在特殊场地空间设计和内部空间设计中的应用进行了展望。最后笔者梳理了全书的研究框架（图1-9）。

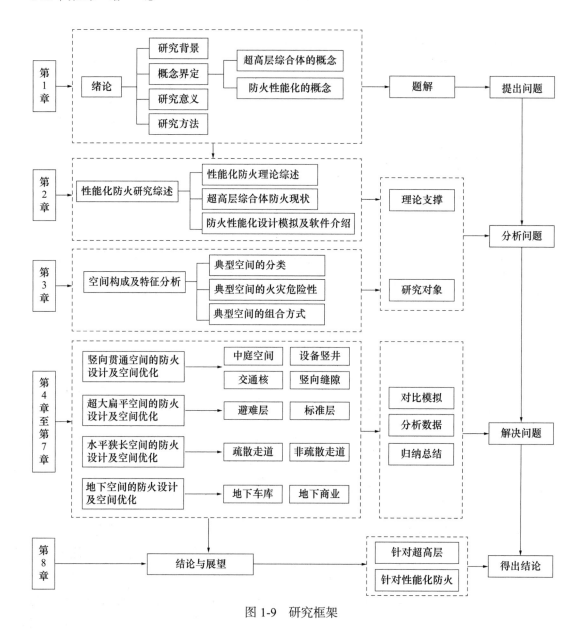

图 1-9 研究框架

1.4.2 研究方法

基于传统防火视角的建筑空间优化设计是指通过认识和把握建筑设计的基本要素（功能、空间、材料、构件等），一一判定并确定防火的基本原则、方案和实施措施。它是设计人员在设计研究和创作实践中从感性到理性的认知过程。基于性能化防火视角的超高层建筑空间优化设计则是在传统视角的基础上，加上计算机模拟后的数据分析研究，从而提出必选方案和优化措施。

1. 整理归纳

整理和归纳国内外针对超高层建筑性能化防火的相关文献和近年来的超高层综合体

新建工程的防火报告，进行系统的分析和总结，得出本书的理论基础和基础大数据，为后文的策略归纳和性能化模拟方案提供依据。

2. 案例分析

笔者通过参与国家科技部的课题"大型及重要建筑结构抗爆防火关键技术"的超高层建筑防火新技术部分的研究以及参与编写《建筑设计资料集》（第三版）[①] 的建筑消防部分，接触了大量的国内外超高层建筑实例和前沿资料，分析相关案例，梳理国内外超高层综合体的先进的防火技术和防火经验，为本书的研究工作提供了真实而有效的一手资料，成为本书扎实而可靠的理论基础。

3. 实地调研

通过对国内一线城市（北京、上海、天津、广州、武汉、深圳等）的超高层综合体的充分调研，笔者考察了现有超高层综合体内传统的防火设计措施及已经采用的防火性能化设计的具体手法，并进行对比研究，重点调研以下几个方面：① 超高层综合体在我国的分布情况及基本描述；② 超高层综合体中火灾荷载的数据及分布情况；③ 超高层综合体中各空间的火灾危险隐患情况及人员疏散心理调研等，用以完善实验数据。

4. 对比模拟

根据各典型空间所存在的火灾难点，运用火灾烟气模拟软件 FDS 及人员疏散模拟软件 BuildingEXODUS、Pathfinder，建立各典型空间火灾场景的对比模型，处理数据并分析，得出空间优化建议和结论。依据空间类型，对每种空间类型进行不同项目的分组对比研究。

1.5 创新点

1. 理论层面

本研究提出的超高层建筑的典型空间的防火性能化优化设计策略不仅对现行的国家防火技术规范未明确规定的、条件不适用的或遵循防火技术规范确有困难的设计方案进行防火性能化设计的评估论证，还优化了国家防火技术规范框架内的设计方案，具有更普遍的适用性，具有科学及实践意义。

2. 方法层面

适用于我国的超高层建筑防火性能化设计相关参数涉及国家各地区法规的相互借鉴与融合，本书通过梳理文献和实地调研，获得了相对完善的我国超高层建筑防火性能化设计的重要基础数据，具有一定的实用性。

以"典型空间"的视角出发研究超高层建筑的防火性能化设计的研究思路在现有文献中甚少出现，对"典型空间"进行抽象化、理想化的对比模拟研究从而初探火灾过程

---

① 中国建筑工业出版社，中国建筑学会. 建筑设计资料集（第三版）[M]. 北京：中国建筑工业出版社，2017.

的影响因素，并得出初步结论，具有独创性。

3. 实践层面

将研究结论运用到实际工程中，指引拟建的超高层建筑的防火设计和空间设计，为我国逐步形成独立的防火性能化设计规范进行初步探索，具有先进性。无论是从研究领域来看，还是从研究思路来看，本研究均有创新性，填补了国内外研究的空白。本研究的实施将有助于突破现有防火规范条款的不足与局限，有助于完善现有性能化防火技术的理论研究，有助于探索防火技术与空间类型研究的结合，有助于指引工程实践发展趋势，使我国在该领域的研究居世界领先水平。

第2章 超高层综合体防火性能化研究综述

2.1 我国超高层建筑防火的现状及问题

新发布的《建筑设计防火规范》对以往规范中相互矛盾的地方进行了补充和统一，对已经滞后的规范条款进行了完善和改进，使现有的建筑防火规范更具有时效性和可靠性。为了更好地适应超高层建筑的发展趋势和防火需求，自"十二五"国家科技部科技支撑计划项目"重要大型建筑结构功能提升关键技术研究与示范"启动以来，科技部组织专家对国内现有的超高层建筑进行了新技术上的探索，并编写了相关技术指南，对超出现有规范或规范概括不到的超高层建筑的各项技术问题进行总结和规范。其中，对于超高层建筑的防火问题也作了专题研究，将性能化防火技术纳入防火新技术范畴，对现有建筑规范进行了较全面的完善。相关领域内的不同学者和设计师对区域内各城市、经济特区及特别行政区的建筑法规之间的差异性展开讨论，并提出了超高层建筑设计的相关条文的相互借鉴与优化的可能性，以更加适应大湾区的一体化建设。

我国现行的一系列建筑防火规范和针对某些特殊要求所制定的新技术指南、标准及规程等均为国家强制性规范，具有法律效力，然而，关于防火的设计条目存在普遍性和特殊性问题，许多国家已将此部分内容从以往的建筑设计规范的相关章节中分离出来，独立编制。目前，国内常规的建筑消防设计都是按照现行的相关消防规范和标准进行的。超高层建筑涉及的消防设计规范有：《建筑设计防火规范》GB 50016、《消防给水及消火栓系统技术规范》GB 50974、《自动喷水灭火系统设计规范》GB 50084、《泡沫灭火系统设计规范》GB 50151、《气体灭火系统设计规范》GB 50370、《建筑防烟排烟系统技术标准》GB 51251[①]、《火灾自动报警系统设计规范》GB 50116、《建筑灭火器配置设计规范》GB 50140、《人民防空工程设计防火规范》GB 50098 以及《汽车库、修车库、停车场设计防火规范》GB 50067[②] 等。

中国内地规范与中国香港规范，中国内地规范与美国规范在超高层建筑防火问题上的对比见表 2-1、表 2-2。

---

① 公安部四川消防研究所. 建筑防烟排烟系统技术标准：GB 51251—2017［S］. 2017. 后文简称《建筑防烟排烟系统技术标准》。
② 中华人民共和国公安部. 汽车库、修车库、停车场设计防火规范：GB 50067—2014［S］. 2014. 后文简称《汽车库、修车库、停车场设计防火规范》。

中国香港、中国内地建筑防火规范对比

表 2-1

对比项目	中国香港	中国内地
规范名称	Code of Practice for Fire Safety in Buildings（2011）《最低限度之消防装置及设备守则》（1998）	《建筑设计防火规范》GB 50016—2014（2018年版）《建筑防烟排烟系统技术标准》GB 51251—2017（2017年版）《上海市建筑防排烟技术规程》DGJ 08—88—2006（2006年版）[①]
编制思路	条文式＋性能化防火规范（补充条文式）	仅使用条文式进行规定
建筑分类	对建筑的性质进行相对细致的划分，在后文的分类叙述中均有分类要求	① 对于民用建筑，仅按照住宅和公建划分，针对公建，没有根据其建筑性质进行细分。② 对不同性质的建筑仅在防火分区和人员疏散的问题上进行了简要的分类要求
防火分区	① 按照建筑性质给出要求；② 对于某些大型公建，在增加其耐火极限的情况下，防火分区可扩大至 10500m² 及更多，满足建筑大空间的使用需求；③ 每类建筑的防火分区有明确的耐火极限要求	① 按照建筑等级进行分类（仅对营业厅、展厅、地下商店和步行街这四类空间进行的后续分述）；② 防火分区的最大值远远不及中国香港规范，滞后于某些建筑大空间的使用需求；③ 防火分区的耐火极限并未作明确要求，仅在后续的部分特殊空间中给予要求，并不全面
中庭	① 防火分隔的耐火极限：不应小于周边其他空间的耐火极限。② 空间限定：28000m³，高度 15m，至多贯穿 3 层，要求相对具体。③ 特殊中庭空间（超大、超高）需要专家论证	① 防火分隔的耐火极限：防火隔墙 1h，防火玻璃墙 1h，防火卷帘 3h。② 空间限定：面积需要叠加计算，按照规范统一进行防火分区划分，高层建筑防火分区的面积为 1500m²，多层建筑防火分区的面积为 2500m²，缺少竖向上的尺寸要求，缺乏针对性。③ 对特殊中庭空间（超大、超高）没作特别要求
自然排烟	两地设计要求相同，在机械排烟系统定义中强调了应提供补风以令烟雾层以下维持特定无烟地带，并对自然排烟系统作出了更详细的说明，特别指出了自然排烟系统是利用自然流动原理，即利用防烟分区、局部风管、固定墙体洞或自动开启的窗口、屏板或由烟雾探测器启动的外露气窗把烟雾及燃烧产生的物质排离指定防火分区的排烟系统。 还规定只有满足以下三个条件时，才能以自然排烟系统代替机械排烟系统： ① 防烟分区面积不大于 500m²，且固定或自动操作的挡烟垂壁按相关规定安装在顶棚下面； ② 防烟分区与楼宇装有散烟出口用途的窗户、屏板或外露气窗的外墙之间水平距离不超过 30m，而防烟分区中一面须连接外墙； ③ 作为散烟出口用途的窗口、屏板或外露气窗的总面积不少于该系统有效范围内楼面面积的 2%，且这些散烟口由自动装置启动	
排烟系统的设置	① 说明更加简明，其中根据建筑使用功能分类，列出了各类建筑所需的消防装置及设备，而在其后的章节内则具体说明了各消防装置或设备的设计要求及安装要求。② 特别说明，若防火分区高度超过 12m，呈不规则形状或面积特别大时，消防处可要求进行火灾模拟来确认是否需要设置排烟系统。③ 排烟系统的设置，以体积、燃烧时释放量为评判标准来确定是否需要设置排烟系统。一般要满足大于 7000m³ 以及燃烧时释放量大于 1135MJ/m³ 的要求	需要设置排烟系统的区域更多，以面积为主要评判标准

---

① 公安部上海消防研究所，上海市消防局 . 上海市建筑防排烟技术规程：DGJ 08—88—2006［S］. 2006. 后文简称《上海市建筑防排烟技术规程》。

对比项目	中国香港	中国内地
排烟量的设计要求	① 以唤气次数为标准； ② 如防火分区体积不足 7000m³，皆以 7000m³ 来计算最小排烟量； ③ 所有的排烟系统都要配置相应的补风设备，补风量为排烟量的 80%； ④ 补风口及排烟口的风速要求为不应大于 6m/s； ⑤ 机械排烟系统设备须用风机或马达，这比上海地区规范及国标要求严格	① 对于小于 500m² 的房间，则用 60m³/（h·m²）来计算最小排烟量； ② 只对酒店内走道有排烟量不小于 9000m³/h 或 13000m³/h 的规定； ③ 上海地区规范及国标则要求补风量应为排烟量的一半； ④ 上海地区规范及国标对排烟口的风速要求为不宜大于 10m/s
疏散方面	更关注楼层的容纳能力	侧重于建筑物的有效面积和建筑高度
疏散区域人员荷载设定标准	① 几乎所有类型的建筑均根据建筑面积按照消防评估时需要设置的初始分布人数计算。 ② 对各种类型的建筑初始人员荷载进行了明确的规定，但限制了特殊情况下灵活处理的自由空间	① 只有 5.5.21 条为了计算疏散通道宽度才规定了录像厅、放映厅、歌舞娱乐放映游艺场所和商店营业厅等的疏散人数计算方法。 ② 由于对大多数类型的疏散区域在进行消防评估时应设置的人员荷载规定不明确，导致火灾性能化设计评估工作中这一方面没有统一的标准可以遵循，但为防火性能化设计留下了更多的空间
疏散门和安全出口数量	安全出口、疏散门的数量应经计算确定，且不应少于 2 个	
疏散通道和单元的宽度	疏散门和安全出口的净宽度不应小于 0.90m，疏散走道和疏散楼梯的净宽度不应小于 1.10m，另外，5.5.19、5.5.20、5.5.21 对大部分类型的公共建筑的疏散通道总宽度计算方法给予了明确说明	所有使用类型的建筑内房间门的最小宽度和楼层每条疏散路线的最小宽度都应该根据规范中房间或楼层可容纳的人数来确定
安全疏散距离	使用了"行走距离"的概念	按照不同的建筑类型和建筑耐火等级对建筑进行划分
疏散单元防火特性	内地的防火规范本身就是建筑防火规范，所以疏散单元的防火特性设计要求贯穿整个规范的行文之间；而香港制定的安全守则是《1996 年提供火警逃生途径守则》《1996 年耐火结构守则》《2004 年消防和救援进出途径守则》的完善和发展，相关人员疏散设计要求和疏散单元防火特性要求要比内地更加完备	

美国、中国内地建筑防火规范对比 表 2-2

对比项目	美国	中国内地
规范名称	Life Safety Code (NFPA101, 2018)[1] Building Construction and Safety Code (NFPA5000, 2018)[2] Standard for Fixed Guideway Transit and Passenger Rail Systems (NFPA130, 2017)[3]	《建筑设计防火规范》 《建筑防烟排烟系统技术标准》 《建筑防排烟技术规程》
消防标准性质	采用自愿性的消防标准体系，其消防标准体系构成的主要部分为自愿协商一致标准[4]	分为强制性标准和推荐性标准，强制性标准的比例为 83%，是在全国范围内或行业内部强制执行的标准

[1] 美国消防协会编制。
[2] 美国消防协会编制。
[3] 美国消防协会编制。
[4] "自愿协商一致标准组织"是美国非政府标准化组织中的一种主要组织形式，这类组织的成员来自各行业、各部门，其制定标准的程序是共同协商，广泛征求意见，通过投票表决，自愿达成一致意见，从而对标准进行修改或制定。因此，其所制定的标准本身不具有强制性，即使是前面提到的由 ANSI 审核通过的国家标准也不具有强制性。但是，一旦经过政府部门的法律、法律引用，就具有强制性，必须严格执行。

续表

对比项目	美国	中国内地
标准制定	民间机构的消防行业协会和专业协会在标准制定中占据主导地位	政府主导
编制思路	NFPA5000 明确指出设计人员可采用两条途径来确保建筑物满足规范的要求，既可采用"性能化设计方法"，亦可采用传统的"处方式设计方法"	仅使用条文式进行规定
建筑分类	① 对不同性质的建筑仅在防火分区和人员疏散的问题上进行了简要的分类要求； ② 对建筑有详细的划分，既依据建筑功能，也参考使用性质，除基本防火要求外，对各类建筑附加单独的说明和要求，并区分现存和新建两种情况	仅按照住宅和公建划分，针对公建，没有依据其建筑性质进行细分
防火分区	① 防火分区按照建筑分类给出要求，并且考虑火灾风险等级，更加具有针对性。 ② 明确给出耐火极限的要求，区分是否具有自动喷淋系统	基本的防火分区是按照建筑等级进行分类，且防火分区的耐火极限并未作明确要求
构件耐火能力	基本的防火分区是按照建筑等级进行分类，且防火分区的耐火极限并未作明确要求 ① 根据建筑的结构类型确定的； ② 承重结构一般为3~4h，围护结构小于3h	① 根据该建筑物的耐火等级确定的； ② 防火墙的要求为3h
中庭	中庭排烟规范为 NFPA—92B，对净空高度无明确要求，但 NFPA—92B 是以"大空间"未定义，在 NFPA—92B 中，中庭空间被定义为"大空间"对净空高度无明确要求	① 防火分隔的耐火极限：防火隔墙 1h，防火卷帘 3h。 ② 空间限定：面积需要叠加计算，按照统一规范，统一防火分区进行划分，高层建筑防火分区的面积为 1500m^2，多层建筑防火分区的面积为 2500m^2，缺少竖向的尺寸要求，缺乏针对性。 ③ 对特殊中庭空间（超大、超高）没作特别要求
疏散区域人员荷载设定标准	① 几乎所有类型的建筑都提供了按照建筑面积计算消防评估时需要设置的初始分布人数的计算依据。 ② 对于各类建筑内人员密度的标准规定得非常详尽，囊括各类建筑不同区域的人员荷载数据	① 只有 5.5.21 条为了计算疏散通道宽度才规定了录像厅、放映厅、歌舞娱乐放映游艺场所和商店营业厅等的疏散人数计算方法。 ② 由于对大多数类型的疏散区域在进行消防评估时应设置的人员荷载规定不明确，导致火灾性能化设计评估工作中这一方面没有统一的标准可以遵循，但为防火性能化设计留下了更多的空间
疏散门和安全出口数量	对于新建商业建筑，每个楼层至少应设置2个安全出口，且在每个楼层的每个部分都应能到达2个独立的出口。若楼层的人数大于 500 人但不超过 1000 人，则应至少设 3 个出口；若超过 1000 人，则应至少设 4 个出口	安全出口、疏散门的数量应经计算确定，且不应少于2个
疏散通道宽度	NFPA101中规定，现有建筑的疏散通道最小宽度应为 710mm；新建建筑出口通道的宽度除非另有规定，否则不得低于 915mm。引向某一安全出口的多条出口通道，每一条的宽度均应满足该出口人数所需的宽度容量	疏散门和安全出口的净宽度不应小于 900mm，疏散走道和疏散楼梯的净宽度不应小于 1100mm。 对单个疏散通道的划定方法并未提及，内容还需要不断完善
安全疏散	按照不同的建筑类别，分别规定疏散距离。在设计疏散距离时，对消防设备的要求比较高，例如有无喷淋直接影响疏散通道的长度，总体来说，美国的疏散距离小于中国	按照公共建筑和住宅建筑两种类别分别划定安全疏散距离

通过梳理以上规范,可归纳出现行规范对超高层建筑内竖向贯通空间设计的指导依旧存在以下具体问题:

1. 防火分区的规范条款滞后于水平超大的空间需求

《建筑设计防火规范》中规定,不同耐火等级建筑的允许建筑高度或层数、防火分区最大允许建筑面积应符合表2-3的规定。

超高层建筑防火分区最大允许建筑面积   表 2-3

名称	耐火等级	允许建筑高度或层数	防火分区的最大允许 建筑面积（m²）	备注
高层民用建筑	一、二级	按规范第 5.1.1 条确定	1500	对于体育馆、剧场的观众厅,防火 分区的最大允许建筑面积可适当增加

注:1. 表中规定的防火分区最大允许建筑面积,当建筑内设置自动灭火系统时,可按本表的规定增加1.0倍;局部设置时,防火分区的增加面积可按该局部面积的1.0倍计算。
2. 裙房与高层建筑主体之间设置防火墙时,裙房的防火分区可按单、多层建筑的要求确定。

资料来源:《建筑设计防火规范》中表5.3.1。

《建筑设计防火规范》中规定,防火分区之间应采用防火墙分隔,确有困难时,可采用防火卷帘等防火分隔设施分隔。

在实际工程中,300层以上的大楼,为保证使用系数,单层建筑面积肯定大于2000m²,因此个别部位的防火分区面积较大,同时疏散距离也将增大,无法进行完全的防火分隔,那么也就无法完全满足建筑设计防火规范中的规定。此外,在现代高层办公建筑设计中,通常会在建筑内部设计出连通多层空间的内庭或中庭共享空间,用以解决大面积、大进深区域的采光和通风问题,同时给予建筑设计相对通透的室内效果。在此需求下,在共享空间周边分隔措施严密的前提下,可探求取消防火卷帘的设置使整个中庭空间成为一个防火分区,那么,这个防火分区的面积的计算方式就得重新界定。在超高层综合体内,每个功能区域内的火灾荷载各有不同,如对建筑体的高区的营运场所进行人数限制,空间的防火分区是否可以不完全按照规范进行限定。

2. 防排烟规范条款滞后于超高超大的中庭设计

现行防火设计规范对于大型中庭内的火灾探测系统的设计形式、安装方式未作出明确规定,对于大型中庭内的自动喷水灭火系统未作明确要求,对于大型中庭内的排烟系统的设计形式、工作方式未作出具体规定。现代办公建筑内设计的中庭空间,高度有几十米甚至上百米,由此必然引发和带来一些在空间视觉上,火灾探测、自动灭火和防排烟设计以及通风空调方面的问题。

3. 塔楼幕墙设计的规范条款滞后于连续界面的审美需求

《建筑设计防火规范》中规定,建筑外墙上、下层开口之间应设置高度不小于1.2m的实体墙或挑出宽度不小于1.0m、长度不小于开口宽度的防火挑檐;当室内设置自动喷水灭火系统时,上、下层开口之间的实体墙高度不应小于0.8m。当上、下层开口之间设置实体墙确有困难时,可设置防火玻璃墙,但高层建筑的防火玻璃墙的耐火完整性不应低于 1.00h，多层建筑的防火玻璃墙的耐火完整性不应低于 0.50h。外窗的耐火完整性不应低于防火玻璃墙的耐火完整性要求。然而，在实际玻璃幕墙设计中，为了满足建筑外观的需求，对于无窗间墙和窗槛墙的玻璃幕墙，其楼板外沿设置的不燃烧实体墙裙无法满足规范中的最小值，而且尽量不对玻璃幕墙与建筑楼板、隔墙处的缝隙进行严密填实。因此，火灾时塔楼的玻璃幕墙处常常形成"引火风道"，严重威胁建筑防火安全。

《建筑设计防火规范》中规定，建筑外墙为难燃性或可燃性墙体时，防火墙应凸出墙的外表面 0.4m 以上，且防火墙两侧的外墙均应为宽度不小于 2.0m 的不燃性墙体，其耐火极限不应低于外墙的耐火极限。建筑外墙为不燃性墙体时，防火墙可不凸出墙的外表面，紧靠防火墙两侧的门、窗、洞口之间最近边缘的水平距离不应小于 2.0m；采取设置乙级防火窗等防止火灾水平蔓延的措施时，该距离不限。建筑内的防火墙不宜设置在转角处，确需设置时，内转角两侧墙上的门、窗、洞口之间最近边缘的水平距离不应小于 4.0m；采取设置乙级防火窗等防止火灾水平蔓延的措施时，该距离不限。

设计办公空间时，为追求空间通透性和景观化效果，采用大面积玻璃或玻璃幕墙，将会出现防火分区两侧的门、窗、洞口之间最近边缘的水平距离小于 2.00m 的情况，也可能出现 U 形、L 形等高层建筑的内转角两侧墙上的门、窗、洞口之间最近边缘的水平距离小于 4.00m 的问题。火灾有可能在此向相邻防火分区蔓延，但在某些具体情况下（如一侧防火分区为上空或完全排除存在可燃物的情况），火灾却不会发生蔓延。

4. 疏散楼梯的规范条款滞后于纵向超长的交通流线

《建筑设计防火规范》中规定，楼梯间应在首层直通室外，确有困难时，可在首层采用扩大的封闭楼梯间或防烟楼梯间前室。当层数不超过 4 层且未采用扩大的封闭楼梯间或防烟楼梯间前室时，可将直通室外的门设置在离楼梯间不大于 15m 处。

在实际工程中，对于某些大型综合办公建筑，为满足高层人员疏散宽度和疏散距离等要求，往往将疏散楼梯间远离建筑外墙设置，在首层需要经过大堂或走道才能疏散到建筑外，若首层大堂或走道火灾危险性较高，则上层通过疏散楼梯进入首层的人员的安全将可能受到影响。

5. 逃生通道的规范条款滞后于复杂多样的内街形式

《建筑设计防火规范》中规定，建筑内的安全出口和疏散门应分散布置，且建筑内每个防火分区或一个防火分区的每个楼层、每个住宅单元每层相邻两个安全出口以及每个房间相邻两个疏散门最近边缘之间的水平距离不应小于 5m。

一、二级耐火等级建筑内疏散门或安全出口不少于 2 个的观众厅、展览厅、多功能厅、餐厅、营业厅等，其室内任一点至最近疏散门或安全出口的直线距离不应大于 30m；当疏散门不能直通室外地面或疏散楼梯间时，应采用长度不大于 10m 的疏散走道通至最近的安全出口。当该场所设置自动喷水灭火系统时，室内任一点至最近安全出口的安全疏散距离可分别增加 25%。

现代高层办公建筑多采用大空间办公室形式，由此导致进深大、疏散距离增加而使人员寻找安全出口的难度增加，到达安全区域需要的时间增长，人员疏散安全性更容易受到火灾威胁。

6. 消防灭火的规范条款滞后于相对落后的救援条件

现行规范对室内消防救火用水量的计算依据为建筑物的高度、体积、类型、荷载等几个方面。在很多扑救超高层综合体火灾的实例中，消防用水量最大能达到 $80 \sim 120 L/s$。超高层综合体中消火栓给水系统的水量是根据大量灭火案例的统计资料确定的，一般考虑的是火灾的发生期和中期所需的用水量，而对于大型火灾以及火灾发展期，消防供水量就远远达不到需要的水平了。

我国现阶段能够对超高层综合体火灾进行灭火救援工作的专用消防车比较少，消防所用登高车的垂直延伸高度非常有限，并且有些车本身的消防设施不齐全，根本无法充分开展救援工作。有些高层塔楼在建造的时候没有设置消防专用电梯，发生火灾后所有人都从楼梯向下疏散，消防队员也只能通过楼梯进入建筑内部开展救火救人工作。消防队员和疏散人群产生对流，使得扑救工作极为困难，若火势发展到了楼梯间，救援工作更是无法展开。

综上所述，防火设计的核心内容是经验和数据相结合的产物，因此对现有规范进行适当的调整是不可避免的，调整后的规范势必会令超高层综合体的设计更加务实有效。

2.2 性能化防火研究现状与发展

以英美为首的西方发达国家在性能化防火领域的研究与应用自 20 世纪 70 年代开始已相继取得不同程度的成果，其中包括火灾行为学和灾时疏散等子课题的研究，许多相关领域的研究机构和大学研究所都参与其中，大量的关于性能化设计方法的分析与应用类的论文在防灾科学的国际权威期刊中被录用，防火性能化设计的研究一度成为国际防灾科学领域的热搜词，并在此趋势下得到快速的发展[1][2]。

美国在开展防火性能化设计与分析研究的历程中扮演着拓荒者的角色，并应用这一设计方法建造了最多的规范内不能满足的建筑。先后发布的《国际建筑性能规范》和《国际防火性能规范》[3] 完成了从性能目标到性能分级的确定。英国从 1973 年开始逐步形成性能化防火思想及相关标准、指南，目前，同时采用标准的防火设计规范和《建筑火灾安全工程》（BSDD240）[4] 进行防火设计。澳大利亚从 1996 年发布新规范至今一直在寻求防火设计的依据，以此弥补传统规范中的不足和缺陷，为设计师探求法规以外的可能性提供出路。新西兰于 20 世纪 80 年代末开始着手研究性能化规范，于 1992 年颁布了第

① TAVARES R M. An analysis of the fire safety codes in Brazil: Is the performance-based approach the best practice [J]. Fire Safety Journal 2009, 44(50): 749-755.

② A Borg. O Nja, Concept of validation in performance-based fire safety engineering [J]. Safety Science, 2013, 52: 57-64.

③ 李引擎. 建筑防火的性能设计及其规范［J］. 建筑科学，2002，10.

④《建筑火灾安全工程》（Fire Safety Engineering in Buildings 1997）（BSDD240）。

一部建筑安全法规《新西兰建筑法规》（NABC，New Zealand Building Code），为建筑设施制定了明确的目标、功能要求和具体性能要求，要求设计人员在进行建筑防火设计时，必须从火灾发生、逃生通道、火灾蔓延以及火灾中的结构稳定性这四个方面予以综合考虑。与此同时，《消防安全设计指南》[①]可与建筑规范配套使用，主要用于进行性能设计的工程计算。日本政府自1970年左右逐渐开始认识到传统规范中存在的问题，并制定了发展性能化防火分析与设计的五年研究计划和包含功能要求以及防止火灾相互蔓延等五个部分的性能化建筑消防安全框架，于2000年颁布了《消防安全实施令》。此后，此法案中关于火灾烟气的测试方法及相关条款一再被修改，有些内容和条款可采用ISO标准代替，使其与性能化评估方法保持一致。

自20世纪90年代起，国际标准化组织（ISO）[②]对性能化设计方法与分析进行重点研究，并专门建立了分委会[后期为"火灾安全技术"委员会（SAC/TC113）[③]]管理火灾安全工程的有关事务。国际建筑协会（CIB）对此课题展开了积极的研究，对于性能化设计及其分析的讨论在国际上颇有影响。

我国对火灾模化的研究起步较晚，《火灾模化方法的发展》是由公安部天津消防研究所在1986年编写的译文集，首次较系统和全面地介绍了当时国际上影响力较大的几种计算机火灾模拟程序，并对相关程序在我国的应用前景作出分析与讨论，此后，天津消防研究所对建筑火灾进行了较深层的研究，主要为建筑火灾烟气的蔓延规律及烟气动机学等学科领域的研究。

20世纪末期，我国受到国际上整体研究热点趋势的影响，开始对性能化设计进行研究。自1997年的"天津论坛"后，我国开始探求本土的防火性能化设计方法并尝试制定相应规范。同年，公安部发布的《建筑工程消防监督审核管理规定》[④]为我国采用性能化的分析与设计方法解决"超规范"建筑防火安全问题提供了可能性并创造了条件。2000年，全国性的"消防安全工程学"工作组[⑤]成立。这种协调机制使我国的防火性能化设计分析与研究有了质的提升。在此趋势下，我国于2005年颁布了公安部行业标准（GA）《建筑物防火性能化设计通则（草案）》。

"九五"期间，天津消防研究所通过对国外有关火灾模拟和疏散程序的分析和研究，

---

① 由新西兰坎特伯雷大学高级工程中心研究制定。

② 国际标准化组织（International Organization for Standardization）。

③ 委员会开展了关于建筑防火安全的标准化研究，分别对火灾安全性能概念在防火设计中的应用、火灾的发展与烟气的运动、火向起火房间外部蔓延、火灾探测与灭火、生命安全等方面进行研究，现正在确定防火性能化设计的基本流程。

④ 其中规定："对于我国消防技术标准尚未规定的消防设计内容和新材料、新技术带来的有关消防安全问题，应当由省一级消防监督机构或公安消防局会同同级建设主管部门组织设计、施工、科研等部门的专家论证，提出意见，作为消防设计审核的依据。"

⑤ 该工作组的任务主要是搜集、整理、分析国外相关资料，研究、提出我国消防安全工程标准的发展规划，推进相关的火灾基础科学研究，开发建筑物消防安全性能评估方法，建立基础数据库，研究制定性能化设计方法及相关标准。

对大型建筑的地下商业空间内人员疏散的模型（Egress）[1]进行了全面的开发，对我国的防火性能化设计产生了极大的推动作用。"十五"期间，科技攻关项目对大型复杂建筑性能化设计方法的研究也开始进行重点关注和扶持。"十一五"期间，国家科技支撑计划项目也在该领域取得了突破性进展。在北京奥运会和上海世博会期间新建的体育场馆、博物馆和办公酒店综合体等大型项目为我国防火性能化设计实践提供了有利的机会。"十二五"期间，国家科技部科技支撑计划项目"重要大型建筑结构功能提升关键技术研究与示范"[2]也对防火性能化设计研究给予了有力支持。

目前，我国实施建设防火性能化设计的法律基础为《建设工程消防性能化设计评估应用管理暂行规定》（公消〔2009〕52号）[3]，其中包括机场、铁路与地下车站、超高层建筑、超大型商场等在内的众多公共类建筑，但普通的住宅建筑和办公楼不可采用性能化设计。伴随着《粤港澳大湾区规划纲要》的出台，区域内一批地标性的超高层建筑均采用了性能化技术为其防火安全提供保障，大批超高层在建工程为性能化防火理论的进一步拓展与发展带来了巨大的机遇及挑战。现在我国各高校发挥其在科研能力上的优越性，以中国科学技术大学火灾科学国家重点实验室为代表，各大学站点纷纷加入了性能化防火理论的研究中。

综上所述，性能化设计方法与当今大多数消防措施的设计方式截然不同。它使火灾科学发展到了应用现代科学技术进入定量分析的阶段，使得火灾科研在控制火灾损失方面取得了明显的效果。其中的定量分析包括概率性程序和决定性程序，前者可估算发生不可预测的火灾的可能性，后者可对火灾中火势的蔓延、烟气的扩散和人员的移动进行定量化计算。

2.3 防火性能化模拟软件及计算

2.3.1 防火性能化模拟软件

1. 火灾烟气蔓延模拟软件

本书中，使用 PyroSim 作为模拟火灾烟气蔓延的主要软件。PyroSim 是在 FDS[4] 的基础上发展起来的辅助软件，用于火灾模拟（FDS）前处理和后处理。其优势在于可将前处理功能三维图形化（图2-1），相比较之前 FDS 复杂的命令行和枯燥的建模界面，PyroSim 能够边编辑边查看所建模型，实现可视化编辑效果。在使用过程中，首先进行几何模型的建立、火源位置及荷载的设置、模拟范围及边界条件的设置、空间内各燃烧材

① 该模型在考虑人流方面具有突出的特点。
② 项目编号2012BAJ07B05，本书依托于子课题五"大型及重要建筑结构抗爆防火关键技术研究"。
③ 由公安部消防局编制。
④ 由美国的 Thunderhead Engineering 公司开发。

料的设置、消防设施的性能设置、模拟时长和精度的设置等，然后通过 FDS/smokeview 进行模拟计算（图2-2），并将结果进行后处理[①]。可通过模型的设置，在模拟结果中显示模型内各部分火灾烟气的能见度的分布、温度的分布及有害气体浓度等。

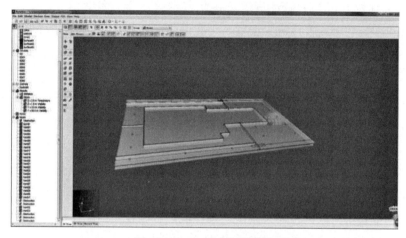

图 2-1　PyroSim 建模界面

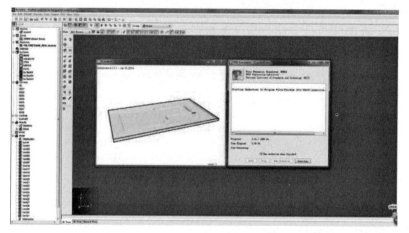

图 2-2　PyroSim smokeview 和 FDS 模拟运算界面

2. 人员安全疏散模拟软件

本书中，使用BuildingEXODUS[②]和Pathfinder两种软件作为模拟人员安全疏散的主要模拟软件。

1）BuildingEXODUS

BuildingEXODUS 善于关注人群在火灾过程中的群体行为、个体行为之间的相互作用关系，而不仅仅关注人在逃生过程中与物理空间的相互关系，模型可跟踪每一个人在建筑物中进出或被火灾侵害的移动轨迹，是典型的精细网格"行为"模型[③]。在此软件中，

---

① 陈兴、吕淑然. 基于PyroSim的复杂矿井火灾烟气智能控制研究［J］. 数字技术与应用, 2012（10）：9-10.

② 英国格林威治（Greenwich）大学 FSEG（Fire Safety Engineering Group）开发。

③ ZHENG W. Application of computer simulation technology [CST] in buildings, performance-based fire protection design.

由人员、移动、行为、毒性和危险这5个交互的子模型组成。网格代表每个小空间的节点，弧线表示节点之间的距离，整个建筑模型由相当数量的节点和弧线共同构成，可基本反映出建筑的平面特征。节点的不同属性分别代表不同的空间属性，其组合能反映出建筑内的安全出口位置、防火分隔的各项指标、障碍物的设置等信息，弧线的不同属性可反映出人员从一个位置到达另一位置的过程。

BuildingEXODUS适用于模拟大跨空间或净空较高的大型空间及有大量人群逃生的大型场所等，同时根据对逃生者的年龄、性别、体征与熟悉度等属性参数的设定，设置不同人员的实际比例，在计算机画面中显示逃生者在逃生过程中的移动情况，并可读取逃生时间、逃生速率、不同安全出口的逃生人数等信息，其模拟结果可作为紧急安全疏散设计的依据。其结论可用于分析灾情对人员疏散的影响程度，并可预测人群逃生路径存在的优势及问题。

2）Pathfinder

Pathfinder主要由建模用户界面、仿真器、3D结果显示器三个模块组成，属于精细化网格模型，是一种高效、准确的人员疏散逃生评估系统。其优点在于可直接导入图形文件，建立模型，直观性和可视性较强，同时该软件有一定兼容性，可自动提取相关信息，设置电梯运行情况，且人员属性的设定可按类设定而非逐个设定，人员疏散的方向为360°任意行走，且路线均为所在点的最佳疏散路线，操作使用相对容易。

Pathfinder支持不受他人影响进行疏散至出口的SFPE模式和与实际情况更类似的行走时受到相互碰撞影响的steering模式两种运动模拟方式。模拟结果可以三维动画的形式展示出来，可视性强。研究者对整个疏散过程内的各项信息一目了然，较容易读取受困者的逃生路线及逃生时间等数据，有利于对人员的疏散策略进行分析及优化设计。

2.3.2 相关参数的计算

1. 火灾增长模型的计算

火灾增长模型的计算分析可有效地控制烟气蔓延和烟气的排放，从而提供安全可靠的人员疏散通道，争取更多的消防救援时间，减少火灾对建筑结构的损坏，防止建筑物在灾时的倒塌，安排与计划灾后重建的工作。因此，火灾增长模型的分析和计算是进行建筑火灾性能化设计的基础。

t^2模型、MRFC模型和FFB模型等均为火灾增长的数学模型，根据经验和实验室的大量测试结果，通常使用t^2模型（时间平方火灾模型）来描述特定空间内早期火灾的发展过程。

$$Q_f = \alpha t^2 \qquad\qquad 式（2-1）$$

其中，热释放速率用Q_f（kW）表示，用于描述t^2模型的增长速率；时间用t（s）表示；火灾增长系数用α（kW/s^2）表示。

美国消防协会标准《排烟排热标准》（Standard of Smoke and Heat Venting）（NFPA204M，

2002）中定义的四种标准 t^2 火灾情形见表 2-4，不同功能的建筑物设计采用的不同火灾增长系数（α）的 t^2 模型见表 2-5，不同材料的最大热释放速率及其释放时间见表 2-6。

火灾增长系数（α）　　　　　　　　　　　　表 2-4

火灾类别	代表性可燃材料	α（kJ/s³）	$Q_f = 1000kW$ 的时间（s）
慢速火	硬木家具	0.0029	600
中速火	棉质／聚酯床垫	0.012	300
快速火	装满的邮件袋、木制货架托盘、泡沫塑料	0.047	145
超快速火	池火、快速燃烧的装饰家具、轻质窗帘	0.187	75

资料来源：美国消防协会标准《排烟排热标准》（Standard of Smoke and Heat Venting）（NFPA204M，2002）

不同建筑物设计采用的 t^2 模型　　　　　　　　表 2-5

建筑类型	火灾类别	建筑类型	火灾类别
住宅寓所	中速火	旅馆接待处	中速火
设计类办公室	中速火	旅馆卧室	中速火
商店	快速火	画廊美术馆	慢速火

资料来源：美国消防协会标准《排烟排热标准》（Standard of Smoke and Heat Venting）（NFPA204M，2002）

不同材料的最大热释放率及其释放时间　　　　　　表 2-6

火源类型	火灾成长率	最大热释放率（kW）	经过时间（s）	火源类型	火灾成长率	最大热释放率（kW）	经过时间（s）
纸类	慢	18	400	棉织品	中	117	240
电器类	中	290	640	木材类	大	650	70

资料来源：美国消防协会标准《排烟排热标准》（Standard of Smoke and Heat Venting）（NFPA204M，2002）

　　在建筑消防设计中常采用自动喷淋系统作为有效的消防设备，因此，在描述火灾增长模型时需要考虑在有自动喷淋的情况下火灾发展的情形。用时间和热释放速率表示自动灭火系统对火灾发展的影响（图 2-3）。

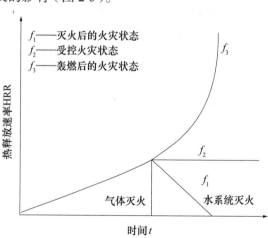

图 2-3　自动灭火系统对火灾发展的影响

2. 最大火灾规模的计算

1）按照水喷淋动作时间计算

设置有自动喷水灭火系统的火灾场景，其最大火灾规模可利用 t^2 模型进行求解，具体方法为：确定首个喷头启动的动作时间，此时间即为火灾达到最大热释放功率的时刻，计算此时刻的热释放功率即最大火灾规模。

2）按照上海地标确定

参考上海市地方标准《上海市建筑防排烟技术规程》对最大火灾规模进行计算（表2-7）。

各个火灾场所的热释放量　　　　　　　表 2-7

场所	热释放量 Q（MW）
设有喷淋的商场	3.0
设有喷淋的设计类办公室、客房	1.5
设有喷淋的公共场所	2.5
设有喷淋的汽车库	1.5
设有喷淋的超市、仓库	4.0
设有喷淋的中庭	1.0
无喷淋的设计类办公室、客房	6.0
无喷淋的汽车库	3.0
无喷淋的中庭	4.0
无喷淋的公共场所	8.0
无喷淋的超市、仓库	20
设有喷淋的厂房	1.5
无喷淋的厂房	8.0

注：设有快速响应喷头的场所按本表减少40%。
资料来源：《上海市建筑防排烟技术规程》

3）自动灭火系统失效，则通过计算确定房间最大火灾规模

采用 Thomas 轰燃经验公式，选取由房间面积和通风因子决定的着火房间轰燃时的热释放速率作为最大火灾规模的计算依据。

$$Q_0 = 7.8A_T + 378A_0 \times H_0^{1/2} \qquad 式（2-2）$$

其中，房间轰燃时火灾热释放速率用 Q_0（kW）表示；起火房间内表面积用 A_T（m²）表示；开口面积用 A_0（m²）表示；开口高度用 H_0（m）表示。

3. 火灾荷载的计算

火灾荷载是指火灾中可燃物燃烧时所产生的热量总值[1]，用字母 Q 表示。此概念是根据建筑内燃料的可用总量和所产生的总能量描述在一段时间内一个房间或一个建筑的火灾危险性。它既可以是建筑内的所有可燃物的燃烧热值，也可以是部分空间内的燃烧热

[1] 李引擎.建筑性能化设计［M］.北京：化学工业出版社，2005.

值。火灾荷载与发生火灾的危险性成正比，也与扑救难度成正比。

火灾荷载是以等效木材的质量的热值进行表述的，当由塑料或其他材料存在时，需要进行一次质量的转换，即将这些塑料或其他材料的热值乘以其数目再除以木材的质量。火灾荷载包括固定式火灾荷载（用 Q_1 表示）、活动式火灾荷载（用 Q_2 表示）和临时火灾荷载（用 Q_3 表示），三者的区别在于可燃物在建筑内的位置的固定性、可变性和临时性。在此定义下，火灾荷载可用以下公式进行表达：

$$Q = Q_1 + Q_2 + Q_3 \qquad\qquad 式（2-3）$$

单位面积的火灾荷载总值是火灾荷载密度（以字母 q 表示），火灾荷载密度用来反映火灾的严重程度。火灾荷载密度关系到火灾过程预期的时间长度，一旦燃料的燃烧被室内空气所控制，那么可以通过控制室内提供空气的开口，如门窗，来控制在此期间火灾产生的室内总热量。对于火灾延续时间的分析，普遍认为所有的门窗都是开放的。假设火灾以一个恒定的速率进行燃烧，已知材料每分钟被烧毁的质量，可得到总燃烧时间。

事实上，可燃物分散放置可减少形成大型火源的机会，比集中摆放相对安全。日本和我国所统计出来的被认可的建筑物各功能空间内的火灾荷载密度的平均数值见表 2-8、表 2-9。

各种建筑物中火灾荷载密度数值 表 2-8

建筑用途	空间用途		可燃物密度	
			平均	分数
公共	办公室	一般	30	10
		设计	50	10
		行政	60	10
		研究	60	20
	会议室		10	5
	接待室		10	5
	资料室	资料	120	40
		图书	80	20
	厨房		15	10
	客房	固定座位	2	1
		可动座位	10	5
	大厅		10	5
通道	走廊		5	5
	楼梯		2	1
	玄关		5	2
商店	服饰、寝具		20	10
	家具		60	20

续表

建筑用途	空间用途	可燃物密度	
		平均	分数
商店	电气制品	30	10
	台所、生活用品	30	10
	食品	30	10
	书籍	40	15
	银行	10	10
	超级市场	30	10
	仓库	100	30
饮食店	小吃店	10	6
	饭店	15	10
	料理店	20	10
	酒吧	20	10
旅馆	客房	10	5
	宴会厅	5	5
	衣物室	20	5

资料来源：李引擎．建筑性能化设计［M］．北京：化学工业出版社，2005.

适合我国基本国情的火灾荷载密度 表 2-9

房屋类型	平均火灾密度（MJ/m^2）	分位数（MJ/m^2）		
		80%	90%	95%
宾馆卧室	310	400	460	510
办公室	420	570	670	760
商场	600	900	1100	1300
图书馆	1500	2550	2550	

资料来源：李引擎．建筑性能化设计［M］．北京：化学工业出版社，2005.

2.3.3 烟气蔓延的计算

1. 烟气流动的计算

在火灾发展的早期阶段，燃烧材料被点火源灼热燃烧，大量极小的、可见的颗粒产生并分布到周围的大气中。在此过程中，这些颗粒通过极少的能量与空气运动传送，产生如一氧化碳（CO）和二氧化碳（CO_2）的大颗粒和气体。随着火焰的发展，热气体形成羽流上升，未受污染的空气被吸入或"夹带"进入羽流，增加它的体积。由于羽流夹带冷气，其浮力减小。

烟气流率的计算是严控系统设计的基础条件，计算中涉及若干物理模型。最理想的模型是将火源布置在没有任何墙壁或顶棚的空旷空间中。火源被认为是自由燃烧，由燃油控制。这种情况可以代表在室外的火源或者火源远远小于空间体积。图 2-4（a）为设计火源烟流的示意图，图 2-4（b）为理想化的轴对称火源烟流模式。

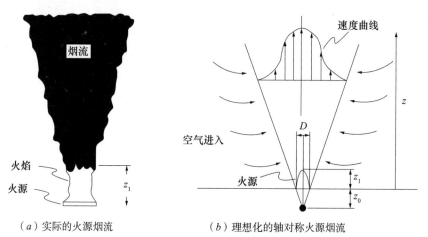

（a）实际的火源烟流　　　　　　（b）理想化的轴对称火源烟流

图 2-4　火源烟流模式

2. 烟气质量流率的计算

对于烟气质量流率的计算，不同国家的计算方式不同。

1）英国的计算方式

按照以下三种火源类型对火源上方的火焰高度进行计算：① 轴对称烟流中的小直径火源，即远离墙面、位于底面的火源，其烟流预期会发展为轴对称烟流，此火源具有一个假想火源点，空气会从周遭流入并且沿着烟流的高度方向流动，直到烟流在顶棚下方形成烟层。② 轴对称烟流中的大直径火源，即直径为 d_s 的圆形火源火势或边长为 d_s 的正方形火源。③ 长条形火源，即长边 d_s 大于其短边 3 倍以上的长方形火源。

2）美国的计算方式

美国 NFPA92B 提出了虚拟火源的质量流率计算公式为式（2-4），根据此公式，推算出了火源虚拟高度及烟流直径的简化方程式。

$$M = C_1 Q_c^{1/3} (z-z_0)^{5/3} \cdot [1 + C_2 Q^{2/3} (z-z_0)^{-5/3}] \qquad 式（2-4）$$

其中，烟流在高度 z 处的质量流率用 M（kg/s）表示；火源的对流释放率用 Q_c（kW）表示；系数 $C_1 = 0.07$；系数 $C_2 = 0.026$。

3）日本的计算方式

日本的烟气质量流率的计算，根据火源空间下部流入的空气质量流率等于火源所产生的烟流率，可表示为：

$$M = C_m (\rho_0^2 g / C_p T_0)^{1/3} Q^{1/3} (z+z_0)^{1/3} \qquad 式（2-5）$$

其中，烟层高度用 z（m）表示；假想点热源距离用 z_0（m）表示；空间内下部空气层的密度用 ρ_0（kg/m³）表示；空间内下部空气层的温度用 T_0（K）表示；g 表示重力加速度，$g = 9.8 \text{m/s}^2$；C_m 表示气流环境系数，絮流 $C_m > 0.21$；Q 表示火源热释放率（kW）；C_p 表示烟流气体比热容，kJ/（kg·℃）。

3. 烟填充时间的计算

对特殊大空间建筑进行烟控的目的是确保人员在火灾中的及时疏散和安全。稳态火源填充和非稳态火源填充为烟填充时间的两种计算方式。

1）稳态火源填充的情形

Smoke Management Systems in Malls，Atria，and Large Areas（NFPA92B，1991）中提到的稳定火源填充方程式，是根据实验所得到的，其关系式如下：

$$z/H = C_7 - 0.28\ln\left[\left(tQ^{1/3}H^{-4/3}\right)/\left(A/H^2\right)\right] \qquad \text{式（2-6）}$$

其中，顶棚的高度用 H（m）表示；时间用 t（s）表示；稳定火源的释放率用 Q（kW）表示；大型空间的截面积用 A（m²）表示；系数为 $C_7 = 1.11$；火源上方开始产生烟层的高度用 z（m）表示。

将火源上方开始产生烟层的高度设定在过渡区之上，将使式（2-6）较为保守。另一个假设是烟流将不与墙接触，因为烟流与墙接触将会减缓空气的流动，所以这个假设也会使得式（2-6）较为保守。

式（2-6）中的截面积对高度而言视为定值，对于其他外形的大空间，可以使用物理模式和计算流体力学（CFD）分析。这两种方式可以对复杂形状的特殊大型空间以定量方程式无法解决的填充时间作精确的分析。

2）非稳态火源填充的情形

对一个 T-squared 火灾，烟层界面的位置可由非稳态填充方式来估测。

$$z/H = C_8\left[tt_g^{-2/5}H^{-4/5}\left(A/H^2\right)^{-3/5}\right]^{-1.45} \qquad \text{式（2-7）}$$

式中，火源上方烟层的初期高度用 z（m）表示；室内净高用 H（m）表示；时间用 t（s）表示；成长时间用 t_g（s）表示；大型空间的截面积用 A（m²）表示；C_8 为系数，取 0.91。

式（2-6）也是根据实验数据所得到。同样假设火源上方开始产生烟层的高度和烟流没有与墙接触，所以方程式也是可守恒的。

在日本，烟层下降时间的计算公式中，K 为综合系数，如下：

$$t = \left[\frac{\left(\frac{1}{z+z_0}\right)^{\frac{2}{3}} - \frac{1}{(H+z_0)^{\frac{2}{3}}}}{\left(\frac{2}{n+3}\right)\left(\frac{K}{A}\right)\alpha^{\frac{1}{3}}}\right]^{\frac{3}{n+3}} \qquad \text{式（2-8）}$$

通过式（2-8），可根据物质或商品的不同燃烧特性计算烟层下降的速度，再以此烟层下降速率配合建筑物的避难方案，即可估算出适当的排烟量。

在英国，烟气沉降时间的计算分为两种情况：单一区域的烟填充计算和有开口空间的烟填充计算。

单一区域的烟填充的情形中（图 2-5），其排烟设备的最基本作用是在规划的避难时间内维持火场附近区域一定的烟流高度，因此研究区域空间内烟气流动的基础物理模式为预测烟层积累的最准确方法。

$$(dZ/d_t) + M/\rho_0 (gh)^{1/2}h^2 + Q = 0 \qquad 式（2-9）$$

其中，$Z = z/h$，于是可求解 z 与 t，利用此结果则很容易估计区划中烟层沉降的速度是否会威胁人员之避难与逃生安全。

在有开口空间的烟填充情形下，如果有各种不同的对外开口（例如门、窗等），则烟流扩散及积累的情况会有明显的不同，当新鲜空气经由火源房间的开口流入时（图2-6），其水平方向的质量流率可表示成：

$$M = 0.09 (Q_c W_0^2)^{1/3} h_0 \qquad 式（2-10）$$

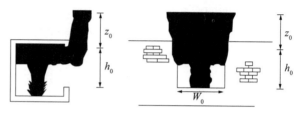

图 2-5 单一防烟区划的烟流示意图 　　图 2-6 从火源房间开口流出的垂直烟流

通过对三个国家的烟控相关计算方程的比较，可得出结论：① 各国计算公式的考虑思路和基本假设大体相同；② 在相同的活负荷条件下，除个别的计算方法外，各国烟填充方程式的模型逻辑差别不大；③ 各国公式对烟气沉降高度的计算及由此求得的人员逃生所需时间，其计算误差量应在人们可接受的范围之内。

4. 排烟量的计算

主要参照日本规范中给出的室内火灾烟量和有效排烟量的公式进行排烟量计算。

1）发烟量

发烟量按照下列公式计算：

$$V_s = 9 \left[(\alpha_1 + \alpha_m) A_{room} \right]^{1/3} \left[H_{low}^{5/3} + (H_{low} - H_{room} + 1.8)^{5/3} \right] \qquad 式（2-11）$$

式中，H_{low} 为从该场所底面最低位置算起的顶棚平均高度（m）；A_{room} 为该室内的地板面积（m^2）；H_{room} 为从该室内底面最高位置算起的顶棚平均高度（m）。

α_1、α_m、H_{low}、A_{room}、H_{room} 各自代表下列数值（表2-10、表2-11）：

α_1 为每平方米上可燃物的热释放量	表 2-10
$\alpha_1 \leqslant 170$ 时	$\alpha_1 = 0.0125$
$\alpha_1 > 170$ 时	$\alpha_1 = 2.6 \times 10 - 5q_1^{2/3}$

α_m 所代表的数值	表 2-11
属于不燃性材料的装修	0.0035
令第一百二十九条第一项第二号所示的装修	0.014
令第一百二十九条第一项第一号所示的装修	0.056
木材及其他类似材料的装修	0.35

2）有效排烟量

有效排烟量 V_e 根据楼层面积的大小而有不同的计算公式。

当着火间楼板面积大于 1500m^2，该场所内部的顶棚下面有高 30cm 以上的挡烟垂壁将每 1500m^2 划分为一个防烟分区时，可依据下列公式算出其数据：

$$V_e = \min(A \cdot E) \qquad \text{式（2-12）}$$

式中，V_e——有效排烟量（m^3/min）；A 是根据在距地面 1.8m 以上的墙壁或是顶棚上的开口位置算出的排烟效果系数（无有效开口时为零）；E 依照设置在该防烟区的排烟设备的不同，可依排烟设备的设置算出其数值（m^3/min）。

当着火间楼板面积小于 1500m^2 时，依照式（2-13）可算出其有效排烟量的数值。

$$V_e = 0.4\left[(H_{st}-1.8)/(H_{top}-1.8)\right]E \qquad \text{式（2-13）}$$

式中，V_e——有效排烟量（m^3/min）；H_{st}——距有效开口处上端，由基准点算起的平均高度（m）；H_{top}——距离该室基准点的顶棚最大高度（m）；E——根据排烟设备的规格确定（m^3/min）。

2.3.4 安全疏散的计算

超高层综合体具有多元化的功能构成，其功能均有自身特定的目标顾客群体，为整个综合体提供附属服务设施的停车场等除外，各功能的有机融合可能会造成目标群体的扩大，同时，功能的创新设计也可能对使用人群的构成造成影响。总体来说，这些群体因年龄、性别、背景构成等属性的不同而产生不同的行为模式和灾时应对能力。

1. 计算的假设条件

本次研究的疏散模型基于以下限制及假设来模拟建筑物中人员疏散情况：

（1）模拟只考虑有行动能力的人员，残障人士则假设采用由消防队员或地铁管理人员协助等其他方式离开。

（2）疏散人员与主流反向而行的情况将不予考虑。

（3）模拟采用更细小分割的 0.25m^2 的网络系统，运算时间会相对延长，但运算结果基本不变。

（4）模拟会根据疏散时的拥挤状况而对所设定的行走速度及出口可容纳流量作出自动的间接调整。

（5）模拟的步长时间以 0.1s 来运算，人员以 45° 角向八面移动。

（6）模拟疏散时间会因人员特性、所处位置及选择的出口、疏散方向的不同而在不同运算中得出有些细微差别的结果。

2. 设置疏散人员的特性

1）疏散人员性别构成

有大量相关研究表明，男性在火灾中倾向于采取主动行动，女性则更倾向于保证安全，两者之间具有明显的性别特征差异。美国学者 Mulilis 的研究显示：紧急情况下，人的逃生行为与性别有相关性，学者 Brayn 对火灾逃生过程中男女行为的差异进行了量化统计（表 2-12）。

男性和女性在火灾中的行为差异　　　　　　　　表 2-12

第一反应	男性比例	女性比例
寻找火源	14.9	6.3
通知他人	16.3	13.8
向消防部门报警	6.1	11.4
离开该建筑	4.2	10.4
寻找家人	3.4	11.0
采取灭火措施	5.8	3.8
进入室内	2.3	0.9
电话通知他人	0.8	1.6
什么都不做	2.7	2.8
打开火灾警铃	1.1	1.9
移走可燃物	1.1	2.2

资料来源：DECICCO P R. Evacuation from fires [M]. Baywood Publishing Company, INC, 2002.

　　超高层综合体中因男女不同的需求和行为模式会导致某一功能区域内的使用者出现较为明显的性别指向，诸如休闲甜品店、精品购物等针对女性客群的区域，其空间设计中人群相关参数也会具有一定的针对性，同理，诸如台球会所、游戏馆等场所的相关参数的设置则会更偏向男性化。由此可见，在疏散模拟的人员参数的设定中，对不同空间内的男女比例的设置必须基于实际情况，而在疏散设计中，其疏散路线的设置和指引也应具有一定性别区分。

　　2）弱势群体的灾时行动能力

　　根据前文分析的超高层综合体的使用人群构成，在现有的具有观光价值的超高层综合体中，在建筑高区往往设有供人参观的观光平台，此区域内的参观者往往包含了行动不便的老人和孩童，并且占有相当的比例。这些弱势群体比一般人员面临更危险的生存处境。虽然强制条例中已明确无障碍设计并要求当前大型复杂建筑中全部按照规范建设，但是对于在超高层高区的弱势群体而言，火灾时垂直向下快速逃离几乎是办不到的，这是存在于防火疏散设计中的重要问题，因此，在超高层综合体的防火疏散设计中需重点关注对行动不便人群的疏散设计引导。

　　3. 确定疏散人员的数量及密度

　　1）超高层综合体疏散人数的确定

　　以各层建筑面积为基数，按照商业业态、规模和所处楼层的不同进行相应系数的折算，超高层商业裙房部分的营业厅面积和疏散人数可按下列公式进行计算：

$$S_1 = K_1 \times K_2 \times S \qquad\qquad 式（2-14）$$

$$P = \alpha \times S_J \qquad \qquad 式（2-15）$$

其中，每层营业厅的计算面积用 S_J（m^2）表示；商业建筑规模修正系数用 K_1 表示；商业建筑业态修正系数用 K_2 表示[①]；商业建筑每层总建筑面积用 S（m^2）表示；每层营业厅疏散人数用 P（人）表示；营业厅不同楼层的疏散人数换算系数用 α 表示。K_1 的取值见表 2-13。

商业建筑规模修正系数值 K_1　　　　　　　　　　　　　表 2-13

楼层商业总建筑面积（m^2）	K_1
大于 5000（大型）	50%
1000～5000（中型）	60%
小于 1000（小型）	70%
地下室部分	70%

资料来源：尹楠. 基于防火性能化设计方法的商业综合体典型空间的防火优化设计研究［D］. 天津：天津大学，2013.

对于塔楼及其他不能明确人员数量或密度的区域，可通过参考相关的技术文献来确定。2002 年 7 月日本建筑学会提供的人员密度数据见表 2-14。

有效留出系数和步行速度选取表　　　　　　　　　　　　表 2-14

建筑物用途	空间用途		计算避难者数	
			密度（人/m^2）	人数（人）
公共建筑或区域	办公室		0.125	
	会议室		0.2	座位数
	接待室		0.5	座位数
	图书馆	开架式书房	0.2	
		阅览室	0.5	座位数
	食堂		1.0	座位数
	厨房		0.1	
	集会室（包括剧场、电影院等）	固定席		座位数
		可移动席	1.5	座位数
		临时看台	3.3	座位数
	前厅		0.2	
	案内、等候室		1.0	
饮食店	食堂、餐厅、料理店、酒吧等		1.0	座位数

[①] 当商业建筑采用一、二级耐火等级且商业经营内容为大中型百货商店、商场、专卖店、菜场和设计时无法确认经营内容的其他类商业建筑时，K_2 取值 0.85，地下商业建筑 K_2 取值 0.9。

续表

建筑物用途	空间用途		计算避难者数	
			密度（人/m²）	人数（人）
商店	和服、衣服、寝具、家电、厨房、生活用品、食品、书籍、宝石、贵金属、超市等		0.35（包括店铺内通道）	
	连续店铺及商店街的过道		0.25	
文化、集会	美术馆、博物馆、展览室		0.5	
剧场	舞台	戏剧	0.25	
		演唱会	1.0	
		传统戏剧	0.1	
	后台		0.1	
娱乐	围棋、象棋		0.7	座位数
	弹子房等		1.5	座位数
	迪斯科、摇滚音乐会		2.0	

2）超高层综合体人员疏散密度的确定

超高层综合体人员疏散密度从活动秩序和避灾人群心理两个方面影响人群的疏散活动，是影响疏散安全的一个重要因素。在突发事件中，过小的人均面积将导致人与人之间的肢体接触升级为挤压甚至踩踏，最终造成伤亡。如在此过程中，个人由于不了解现有环境和灾情的发展势态，产生无助和恐慌，于是不知所措地原地滞留，有些人甚至承受不住突发事件带来的压力出现了不理智的行为，而发生不必要的伤亡。由于大型复杂建筑商业业态的时间线差异，很容易在某一特定区域出现大量人群聚集，因此，考虑人员密度对安全疏散的影响是很重要的。据统计，控制疏散通道空间最大人员密度的一项重要指标为人均占有面积，即 0.28m²/人。在 Fruin 编著的《步行区规划与设计》中建议人员疏散速度为：水平走道 0.51～1.27m/s，楼梯斜面 0.36～0.76m/s，并在密度较低时有较大变化；建议疏散密度为：水平走道上为 0.43～2.15 人/m²，楼梯上为 0.08～2.69 人/m²；建议在水平走道上，疏散流量设定为 0.55～1.37 人/（m·s），在楼梯上行时，疏散流量设定为 0.33～0.87 人/（m·s），在楼梯下行时，疏散流量设定为 0.44～0.98 人/（m·s）。

4. 设置疏散行动参数

1）人员的反应时间

据统计，不同的建筑类型和不同的功能区域内，人员对火灾的确认与反应时间有较大的差异性。在英国规范《建筑火灾安全工程》（Fire Safety Engineering in Buildings）（BSDD240，1997）中，根据不同建筑的功能划分，预测其区域内的人对火警的反应情况，相应地设置了报警系统和预动时间，相关统计数据见表 2-15。

各种用途的建筑物采用不同报警系统时的预动时间统计结果　表 2-15

建筑物用途及特性	行为和反应 T_b（min）		
	报警系统类型		
	W1	W2	W3
商店、展览馆、博物馆、休闲中心等（使用者处于清醒状态，对建筑物、报警系统和疏散措施不熟悉）	< 1	3	> 4
旅馆（使用者可能处于睡眠状态，但对建筑物、报警系统和疏散措施熟悉）	< 2	4	> 5
公寓（使用者可能处于睡眠状态，对建筑物、报警系统和疏散措施不熟悉）	< 2	4	> 6

注：表中的报警系统类型为：
W1——实况转播指示，采用声音广播系统，例如设有闭路电视设施的控制室；
W2——非直播（预录）声音系统和／或视觉信息警告播放；
W3——采用警铃、警笛或其他类似报警装置的报警系统。
资料来源：尹楠.基于防火性能化设计方法的商业综合体典型空间的防火优化设计研究［D］.天津：天津大学，2013.

　　根据现有资料，笔者针对本书的研究对象——超高层建筑综合体内的多种使用功能，对不同类型的室内空间火灾时人员的行为和反应时间 T_b（min）进行取值，将成为后文模拟人员疏散中参数设置的主要依据（表 2-16）。

本书模型火灾场景中对于 T_b 的取值　表 2-16

火灾场景	T_b（min）
商铺火灾	2
中庭火灾	2
标准层火灾	1
商业内街火灾	2

资料来源：郭勇.高层建筑火灾状况下安全疏散性状研究［D］.重庆：重庆大学，2001.

2）人员的速度

　　由于在火灾疏散时，分散在建筑不同区域的人员瞬间集中在狭长的疏散通道中，人员密度陡然增大，因此不论是水平向的移动速度还是竖直向的移动速度，均因人群密度的增大而下降，可见人员的逃生速度与人员密度有直接关系，而人员密度和人员的距离二者理论上的关系可用式（2-16）表达：

$$距离 = 1/密度 \qquad 式（2-16）$$

　　定义距离是一个人的中心到前面一个人的中心的距离，从正面看和从侧面看，都采用这个定义。

　　当一个人在另一个人身后行走时，他们之间的距离是关键因素，人员的速度会受到前面人的速度的影响。如果已经知道或已经确定了行走速度和人流密度，那么在通道或疏散路线上的一组人的流动就可以确定了。

（1）水平步行速度

假设一组人员在一个出口的通道内，人流通过系数、人流密度和人员之间的距离将形成对应的数量关系（图2-7）。在一般情况下，最大人流量的人流密度值产生于通道中部，而最小人流量的人流密度值产生于通道的出口处。假设一组人员在一个被限制的空间内，人员通常会保持一个密度值，从而不至于影响其他的人员，这个距离（或者密度）也给出了通道中最大的人员流量。

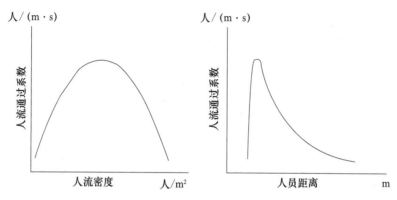

图2-7　人流通过系数、人流密度及人员之间距离的关系

步行者的速度和人员密度密切相关，在间隙较大的情况下可以以正常的步伐快速进行，而间隔越近步行者的速度就会越慢，直至最后的情况就是只能拖拽双脚缓慢移动。各种人员密度下队列的流动情况见表2-17。

各种人员密度下队列的流动情况　　　　　　　　　　　　　　表 2-17

分类	人均面积	人与人之间的距离（m）	队列的流动情况
A	＞1.2	1.2	受轻微限制
B	0.9～1.2	1.1～1.2	受限制
C	0.7～0.9	0.9～1.1	受限制
D	0.3～0.7	0.6～0.9	严重受限制
E	0.2～0.3	0.6	不可能
F	＜0.2	—	不可能

资料来源：李引擎. 建筑性能化设计［M］. 北京：化学工业出版社，2005.

8人/m^2为步行者的临界密度值，当超过这个值后，人与人之间几乎没有空隙。在这种情况下，震动波会在人群中产生，已达临界密度的人群中多数人对震动波所产生的力是难以承受的，它会使每个人本能地横向移动。相关调查结果显示：造成踩踏事故死亡的首要原因是人群密集导致呼吸困难，进而窒息，而挤压、踩踏次之，多数人的鞋子和衣物均会被挤掉。

此外，《SFPE 消防工程手册》（第五版）（*SFPE Handbook of Fire Protection Engineering*，2015）和日本《避难安全验证法》提出了几种情况下的水平步行速度和出口系数，有效流出系数和水平步行速度同人员密度紧密相关，常用的数据资料见表 2-18。

有效流出系数和步行速度数据表　　　　　　　表 2-18

疏散设施	拥挤状态	《消防工程手册》			日本《避难安全验证法》	
		密度（人 /m²）	速度（m/min）	流出系数 [人/(min·m)]	速度（m/min）	流出系数 [人/(min·m)]
走廊	最小	0.5	76.2	39.4	60（一般）	80（走廊有足够容量时，其他情况应通过计算获得）
	中等	1.1	61.0	65.6		
	较大	2.0	36.6	78.7		
	大	3.2	18.3	59.1		
对外出口	—	—	—	—	60	90

人员密集度实际上与人所占空间有关。在对某空间进行设计时，Fruin 建议 450mm×450mm 的矩形面积为一个人所占空间，相当于 0.21m²。针对我国的实际情况，通过测量肩宽和体厚，按投影为椭圆与矩形两种情况计算人体平均面积，得到的数据分别为 0.146m² 和 0.197m²。我们在计算时将上述两值分别取为 0.15m² 和 0.20m²。规定出人体投影面积的实际意义是为了给计算机模拟疏散过程提供必要的数据。

人员行走速度取值：开敞空间为 1.2m/s，较为拥挤空间为 1.0m/s，若需要精确的计算结果，可通过下列公式进行计算：

$$V = 1.4（1-0.226D）　　　　　　　式（2-17）$$

其中，人员步行速度用 V（m/s）表示；人员密度用 D（人 /m）表示。

（2）垂直步行速度

对于人员在楼梯上的行走速度的计算参见式（2-18），其中系数 K 见表 2-19。

$$V = K（1-0.226D）　　　　　　　式（2-18）$$

人员在楼梯上的行走速度　　　　　　　表 2-19

踏步高度（m）	踏步宽度（m）	K	最大行走速度（m/s）
0.20	0.25	1.00	0.85
0.18	0.25	1.10	0.95
0.17	0.30	1.15	1.00
0.17	0.33	1.25	1.05

资料来源：李建鹏.教学楼火灾疏散数值模拟与性能化分析［D］.哈尔滨：哈尔滨工程大学，2012.

此外，《SFPE 消防工程手册》和日本《避难安全验证法》还提出了几种情况下的垂直步行速度和出口系数，有效流出系数和垂直步行速度同人员密度紧密相关，常用的数据资料见表2-20。

有效流出系数和步行速度数据表 表 2-20

疏散设施	拥挤状态	《消防工程手册》（SFPE Handbook of Fire Protection Engineering）（第五版）			日本《避难安全验证法》	
		密度（人/m²）	速度（m/min）	流出系数[人/(min·m)]	速度（m/min）	流出系数[人/(min·m)]
楼梯	最小	0.5	45.7	16.4	27（上）36（下）	60（楼梯有足够容量时，其他情况应通过计算获得）
	中等	1.1	36.6	45.9		
	较大	2.0	29.0	59.1		
	大	3.2	12.2	39.4		

加拿大的 Pauls 已研究模拟了高层办公楼中的人员疏散，被测试人员没有暴露在烟和热中，但是在演练中制造了一定程度的心理压力。在大多数案例中，通过楼梯间的疏散并不会受到烟的影响。根据测量结果，Pauls 提出了"有效宽度"的模型。苏联时期的 Predtetchenski 和 Milinski 的研究结果显示了楼梯间中人员的行走速度与人员密度的变化关系。

实验是在一个长 5.1m、坡度为 32° 的楼梯内进行的。踏步高 17cm、宽 27cm，扶手之间的楼梯宽度为 1.34m，从墙壁到扶手中心的距离为 7.5cm。根据 Pauls 的方法，则楼梯的有效宽度为 1.16m，也就是每一侧扶手的宽度减去 9cm，这里只有楼梯一侧有墙。实验由两个部分构成，第一部分是学生们单独地下楼梯，第二部分是学生们组团下楼梯。在这两个实验中，所有时期的步行速度和人员的流量都可以测量出来（表 2-21）。

在实验中得到的楼梯疏散的结果 表 2-21

在楼梯中运动方向	人员密度（人/m²）	速度（m/s）	流量（人/s）	类型
下	—	1.0	—	一个接一个
下	2.5	0.88	2.3	成组
下	2.4	0.82	2.0	成组
下	2.2	0.91	2.3	成组
上	1.5	0.57	1.3	成组
上	1.5	0.76	1.3	成组
上	2.0	0.72	1.4	成组
上	—	0.8	—	一个接一个

在一些案例中，对楼梯坡度的影响进行了研究，规律是较小的楼梯坡度可以使人员更有效地流动。有关研究表明，楼梯间的人员密度通常是 1.5~2 人 /m²，这个密度在人员疏散时是一个可以被接受的密度，相当于人与人之间的间隔为 0.7~0.8m，在此人员间隔下的人员流量出现最大值。笔者根据文献绘制了人群下楼梯时的速度和人群流量的研究成果（图 2-8、图 2-9）。

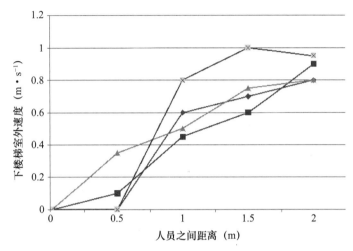

图 2-8　下楼梯速度的一些实验数据

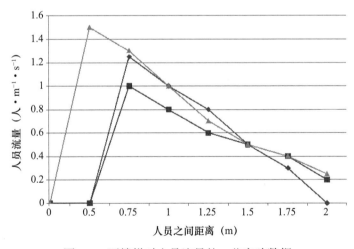

图 2-9　下楼梯时人员流量的一些实验数据

上述均默认人员逃生以下楼梯行走为主，因为上楼梯疏散的情况不常见，因此，有关上楼梯行走速度的文献非常少，但对于有地下空间的超高层综合体来说，地下空间必须要作此考虑。在对上行疏散进行研究时，要考虑由于人员的疲劳感在加重，人员上楼梯的速度会越来越慢。在瑞典，相关研究人员进行了一些简单的实验，用以研究上、下楼梯时人员行走速度和人员流速之间的差别。这次的实验结果和其他国家进行的类似实验的结果见图 2-10。

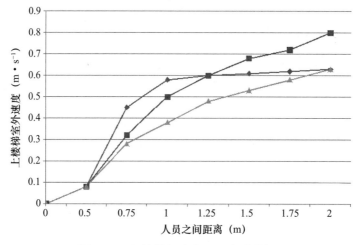

图 2-10 上楼梯行走的一些实验数据

（3）设置人员种类的步行速度

超高层综合体裙房内的顾客构成年龄跨度大、来源广泛，其种类受到年龄、性别、职业等多层次的划分。此外，人群因身体素质、社会身份、对环境的熟悉度等不同因素，其移动速度也将受到影响。不同身份及不同性别、不同年龄的人群在安全情况下的步行速度见表 2-22。

人员步行速度分类表　　　　　　　　　　　　　　表 2-22

人员特点		人群的行动能力			
		平均步行速度		流动系数	
		水平速度	楼梯向上速度	水平疏散	楼梯向上速度
对建筑的位置、通行路线不熟悉的人员	旅馆的客人、商店的顾客及随行人员	1.0	0.5	1.5	1.3
对建筑的位置、通行路线熟悉且身心健康的人员	建筑物内服务人员、保卫人员等	1.2	0.6	1.6	1.4
不能自主行动的人员	重病人、年老体衰的人员、幼儿、精神病人、残疾人员	0.8	0.4	1.3	1.1

资料来源：王烨. 大型商业综合体建筑火灾安全策略与方法研究［D］. 天津：天津大学，2011.

不论是紧急状态下还是正常状态下，不论是男人、女人还是老人和儿童，其行走速度均受到火灾烟气蔓延的程度、心理恐慌的程度、应急照明的好坏等因素的影响，因此，不同人在不同情况下的行走速度差别很大（表 2-23）。

人员行走的速度　　　　　　　　　　　　　　表 2-23

种类	成年男性（m/s）	成年女性（m/s）	儿童（m/s）	老人（m/s）
步行速度	1.2	0.95	0.7	0.6

资料来源：张树平. 建筑防火设计［M］. 北京：中国建筑工业出版社，2009.

2.3.5 安全评估指标的计算

1. 引燃火灾极限

建筑的可燃材料即使不接触明火，只要与火源的距离在一定的范围内也有被引燃的可能性。由英国标准学会（BSI）提供的部分材料的引燃极限值见表2-24，不同建筑材料的辐射热通量范围见表2-25。

材料点燃的辐射热通量及温度 表2-24

材料	辐射热通量（kW/m^2）	表面温度（℃）
木材	12	350
纸板	18	—
硬板	27	—
PMMA（聚甲基丙烯酸甲酯）	21	270
柔性聚氨酯泡沫	16	270

资料来源：尹楠. 基于防火性能化设计的商业综合体典型空间防火优化设计研究［D］. 天津：天津大学，2013.

不同建材的热通量范围 表2-25

点燃能力	热通量范围（常用值）（kW/m^2）
容易（如新闻用纸）	＜14.1（10）
普通（如装潢、家具）	14.1～28.3（20）
很难（如厚度超过25mm的木料）	＞28.3（40）

资料来源：尹楠. 基于防火性能化设计的商业综合体典型空间防火优化设计研究［D］. 天津：天津大学，2013.

2. 人体的耐受度

烟气温度在火灾中对人体的影响十分显著，一方面烟气温度在火灾发展阶段不断升高，通过直接接触灼伤人体，由实验可得，65℃为人体短时间接触烟气的极限温度；另一方面，烟气的热辐射强度随着烟气层的下降而逐渐加强，由实验可得，人体受热辐射强度与耐受时间见表2-26，可见，2.55kW/m^2是人体危险状态的临界值，这个数值等效于在1.2～1.8m以上的烟气层的温度在180℃时的危险状态。

人体对辐射热的耐受时间 表2-26

热辐射强度（kW/m^2）	＜2.5	2.5	10
耐受时间（s）	＞300	30	4

资料来源：李亚峰，马学文，张恒. 建筑消防技术与设计（第二版）［M］. 北京：化学工业出版社，2017.

3. 有毒气体

发生火灾后可燃物燃烧将会产生大量的有毒有害气体，主要为危险性极强的一氧化碳（CO）、过量的二氧化碳（CO_2）、二氧化硫（SO_2）、氰化氢（HCN）、氮氧化合物、氯化物及其他毒性气体。这些有毒气体和烟尘颗粒会对人体的呼吸道产生堵塞使其窒息而亡，这在火灾死亡的原因中占据很大比例，具体影响情况见表2-27、表2-28。

CO 对人体的影响　　　　　　　　　　　　　　　　　　　　　　　表 2-27

空气中CO含量（%）	对人体影响程度	空气中CO含量（%）	对人体影响程度
0.01	影响不大	0.5	剧烈头疼，20~30min后有死亡危险
0.05	1h 内影响不大	1.0	可失去知觉，12min后即可死亡
0.1	1h 后头痛、呕吐		

资料来源：赵新辉.高层建筑防火性能化设计研究［D］.西安：西安建筑科技大学，2011.

有毒气体允许体积分数　　　　　　　　　　　　　　　　　　　　表 2-28

毒性气体	允许体积分数	毒性气体	允许体积分数
氯化氢（HCl）	1×10^{-7}	氨气（NH_3）	3×10^{-7}
光气（$COCl_2$）	2.5×10^{-9}	氰化氢（HCN）	2×10^{-8}

资料来源：赵新辉.高层建筑防火性能化设计研究［D］.西安：西安建筑科技大学，2011.

4. 能见度

能见度对人体行走速率有直接影响，人体在有刺激性和无刺激性两种状态下的行走速度随减光系数的增大而降低，在有刺激性的状态下，其行走速度呈现陡然下降的趋势（图 2-11）。在模拟计算中，通常规定其危险状态的临界时间为能见度下降到 10m 的时间 T_4。

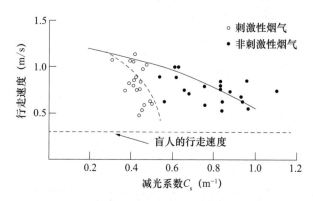

图 2-11　在刺激性与非刺激性烟气中人的行走速度
资料来源：李引擎.建筑性能化设计［M］.北京：化学工业出版社，2005.

5. 安全疏散时间的评估

在建筑防火安全设计中，疏散效果的好坏与人员安全和经济损失有直接关系，因此火灾疏散的设计至关重要。当"可用疏散时间 T_{ASET} ＞必需疏散时间 T_{RSET}"时，可判定其疏散为安全疏散。因此，可用疏散时间 T_{ASET} 和必需疏散时间 T_{RSET} 为判定标准的两个关键参数，如图 2-12 所示。

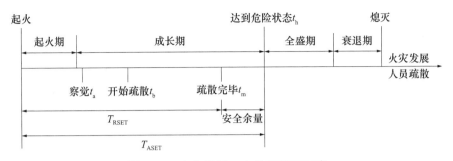

图 2-12　火灾发展—人员疏散时间线

$$T_{RSET} = t_a + t_b + t_m < T_{ASET} \qquad 式（2-19）$$

$$T_{RSET} = T_{ASET} + T_{安全余量} \qquad 式（2-20）$$

可用疏散时间 T_{ASET} 是指从起火时刻到火情对人员安全构成危险状态的时间，这个时间与火灾的蔓延以及烟气的流动密切相关，同时取决于建筑材料及其构件、控灭火设备等方面。《建筑物防火性能化设计通则》中规定：

$$T_{ASET} < \min\ (T_{fr},\ T_f) \qquad 式（2-21）$$

其中，结构的耐火极限用 T_{fr} 表示；在可能最不利火灾条件下结构的失效时间用 T_f 表示。T_{ASET} 为起火到发出报警的时间 t_d 和发出报警到烟气蔓延达到人体承受极限的时间 t_h 之总和。

必需疏散时间 T_{RSET} 是指从起火时刻到人员疏散至安全区域的有效时间，T_{RSET} 的设定与建筑特征、人员特征及火场特征等各方面有关，图 2-13 所示为人员对信息的处理过程。

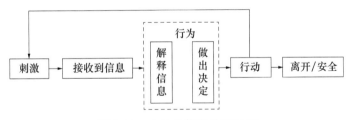

图 2-13　人员的信息处理过程

避难设计安全评估的人性标准为避难人员可以安全逃离火灾危害场所，确保人身安全。而生命得以确保安全，可能有几种方式：一是火灾发生后，迅速逃离危害现场，到达户外避难；二是避难至远离火、烟，生命不受威胁的地方；三是在消防人员抵达后，被救出来。这样的逻辑理论就造成了避难安全的基准值有所差异。对于各国所规定的避难安全基准值主要以自主性完成避难安全逃生动作作为认定标准，因为等待消防救援或逃生至相对安全区，并不能确保绝对安全。因此，现行避难安全基准值主要表征人处于热、毒性气体、缺氧的情况下，多长时间可以抵达避难安全处所。

对于简单的建筑形式，可以采用上述方法手动计算出疏散行动时间。但是对于复杂情况，手动工作量很大。针对该问题，一些科研人员提出了一些用于疏散分析的计算模型，并编制了相应的计算机软件，这些模型或软件为分析疏散问题提供了有力的手段。

第3章　超高层综合体空间构成及火灾危险性分析

3.1　典型空间的提炼

3.1.1　建筑空间的构成要素

建筑空间的构成要素可分为五项：边界、场所、出入口、通道、标志。这五项空间要素既可以独立存在，也可以相互联系，彼此依存[①]。在整个建筑空间中的各局部空间，每个要素都有被其他要素取代或替换的可能，以杜克能源中心（Duke Energy Centre）为例进行具体说明。

1. 边界

边界是限定空间的要素，是将空间和周边分隔开来的截面。空间的边界要素按照其材质的不同和设计手法的不同，可分为视线通过不可达、视线通过且可达、视线不通过且不可达三种类型。在超高层建筑中，视线通过且不可达的边界常出现于裙房的店铺周边；视线通过且可达的边界常出现于共享空间周围；视线不通过且不可达的边界常出现于动静空间之间。

2. 场所

场所是指被边界限定在内的宽广的活动场地，这里特指建筑内部，以人和物的流动为中心来描述的建筑中可以被使用的部分。在空间形态上，场所在平面形制、面宽、进深和高度上各不相同。

3. 出入口

出入口是存在于建筑边界上的开口，用于联系和区分相邻场所，具有打开和闭合建筑空间的作用。出入口可分为两种类型，一种是边界的接口，一种则是单纯存在于空间周边，成为边界的另一种形式，具有标志性。

4. 通道

通道是联系不同场所的线形要素，用于疏导和分散人与物。空间组织的丰富性会导致场所间的联系越来越复杂，因此，联系这些场所的通道也愈来愈具有各自特点。通道的连续性与节奏感根据场所功能需求以及方向属性各有不同。

5. 标志

标志是一个空间中具有象征意义或发挥着引导作用的符号，这里特指建筑内部的标

---

① （日）芦原义信. 外部空间设计［M］. 尹培桐，译. 北京：中国建材工业出版社，1985.

识，常为引导人流的抽象导视图像或便于理解的招牌符号。

对于超高层综合体，不论将其看作一个整体超大空间还是将其看作局部空间的合成空间，每一部分的空间都可以分解为以上五种构成要素，不同的是，有的要素特征显著，有的要素特征较不明显甚至缺失。而这五项空间要素组合后的共同特征将决定对应空间的火灾性能。

3.1.2 典型空间的提炼

1. 依据超高层火灾的经验教训

超高层综合体内的人员与物资相对集中，火灾发生后，人员伤亡和经济损失惨重，对社会的影响巨大。近年来，恐怖袭击和自然灾害带来的火灾事故频频曝光，事故率呈现增长的势态，从中央电视台新址北配楼的文化中心（TVCC）的火灾开始，一系列的火灾案例将对超高层这种火灾敏感度极高的建筑类型的安全性的探索推到了一个新的阶段，引起了相关学者的特别关注，笔者梳理了近年来的火灾案例（表3-1）。

近年来超高层建筑火灾典型案例 表 3-1

时间	建筑名称	建筑描述	火灾描述
2009.03.27	广州市海珠区金海湾居民楼	楼高 42 层	楼盘 B、C 栋外墙霓虹灯起火，疑似短路引起
2009.03.15	广州天河区耀中广场	总楼层 43 层，楼高约 120m	31 楼发生火灾，一人死亡，一人重伤，两名死伤者均为空调维修人员，事故原因不排除违章施工及遗留火种
2009.02.20	广州珠江新城富力盈泰大厦	100m	顶层空调机组完全烧毁
2009.02.09	中央电视台新台址北配楼电视文化中心（TVCC）	159m	延烧 6 个小时，过火面积约 10 万平方米，1 名消防官兵牺牲，7 人受伤，损失超过 1 亿
2008.10.09	哈尔滨市"经纬 360"大厦	99.8m	违章电焊引燃天棚上的装修材料，导致火灾
2007.12.12	浙江温州温富大厦	28 层	底层裙房电线短路引起火灾，浓烟导致 21 人遇难
2007.09.04	广州珠江新城富力中心大厦	248m	17 楼的强电房一直延烧到 34 楼
2007.08.14	上海环球金融中心	491.9m	电焊火花引燃 26 层建筑废料，烟气沿电梯井蔓延至 80 层，数百工人疏散
2005.02.13	西班牙马德里 Windsor Tower	32 层，106m	延烧 6 个半小时，大楼顶部 6 层坍塌
2004.10.17	委内瑞拉中央公园东塔楼	56 层，221m	延烧数十小时，34 层以上的建筑物全毁，经济损失超 3 亿美元
2001.05.12	中国台湾台北汐止远东金融中心大楼	26 层，100m	延烧了 40 多个小时才被控制，经济损失达数百亿新台币，弘基电脑公司、顶新集团及多家网络公司停运

笔者对各项超高层综合体火灾案例中的致灾因子、起火位置和重灾区域进行了总结归纳，发现目前超高层综合体中最易发生烟气蔓延和人员伤亡的区域和位置常出现在高且窄的竖向空间、狭长的竖向缝隙空间和狭长的建筑通道中，此外，超高层综合体的商业裙房和高层办公区的特殊功能导致内部开敞空间内囤放有大量可燃物，导致火灾荷载

相对较大，是火势蔓延的典型区域。

2. 依据火灾烟气蔓延的规律

根据火灾烟气蔓延的规律对超高层综合体进行分析，某些特殊的建筑空间特性将会对建筑整体防火策略产生极大的影响。针对超高层建筑中的火灾重点问题进行思考，举例如下：

（1）烟囱效应带来的烟气扩散

超高层中的竖向空间导致烟囱效应增大，在火灾压力上升的同时，烟气通过细小的缝隙向整个建筑急速扩散，增加火灾危险性。

（2）超大空间的烟气水平蔓延较快

超高层总体的低层区域内，连续大空间难以用通高的实墙进行防火分隔，导致烟气在水平向肆意蔓延。

从人员安全疏散的视角对超高层中的避难行为和救援行为进行分析，某些特殊的建筑空间将会对建筑整体安全疏散策略产生极大的影响，具体如下：

（1）救援者到达火灾现场时间过长

尽管救援者第一时间可到达火灾现场，但到达着火区域仍需要时间，因此救援滞后的可能性很高。

（2）建筑内人员的疏散路线过长

超高层建筑的疏散流线是水平流线和竖向流线共同构成的，疏散路径到达避难层的距离和疏散时间均较长。

（3）救援活动的界限

在建筑高层部分，由于从外部地面救援有困难，主要依靠建筑内部救援。此外，通过与消防部门协商，为了能够使用直升机进行灭火和救援活动，需在楼顶设置直升机停机坪或直升机悬停空间。人员从火灾层到达避难层的距离（时间）越长，从建筑物外面的救助及灭火活动也就越困难，因此将火灾阻止在限定的范围内是十分重要的。

针对上述问题进行分析，找出对应的空间类型，从而归纳出超高层建筑中需要防火的典型空间类型和对应的防火设计的重点与难点，得到四类典型空间——竖向贯通空间、超大扁平空间、水平狭长空间、地下空间。这四类空间的特殊性往往超出了条文式规范，其设计难以得到有效的约束和限制，每类典型空间中的防火难点又是此类建筑防火性能化设计的核心内容（图3-1、图3-2）。

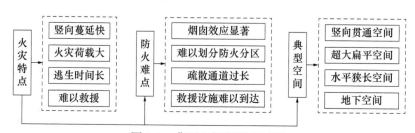

图3-1　典型空间的形成过程

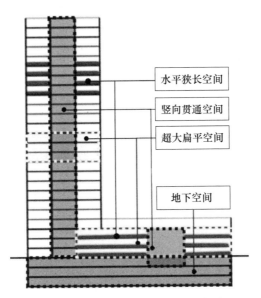

图 3-2 超高层建筑典型空间的提炼

3.1.3 典型空间的描述

笔者对四种典型空间进行了具体的举例和描述，归纳了每种空间所对应的火灾问题（表 3-2）。

超高层建筑典型空间的描述　　　　　　　表 3-2

典型空间		举例或描述	火灾重点问题	构成要素描述
竖向贯通空间	中庭空间	入口中庭 高层共享中庭	烟囱效应 竖向蔓延	边界：视线通过不可达；场所：开敞、形制多样、高度大；出入口：一般设置在底层；通道：仅竖向连接
	交通核	疏散楼梯间 电梯间		边界：视线不通过不可达；场所：规整、面积有限；出入口：一般设置在底层；通道：仅竖向连接；标志：导向性强
	设备竖井	风道 垃圾道		边界：视线不通过不可达；场所：面积小；无出入口、无通道、无标示
	竖向缝隙空间	玻璃幕墙与楼板间的缝隙		边界：视线通过不可达；场所：面积极小；无出入口、无通道、无标示
超大扁平空间	高区标准层	开敞办公空间	避难人数多 空间过于开敞	边界：视线通过不可达；场所：开敞、形制多样、高度有限；出入口：靠近交通核；通道：靠近交通核；标志：导向性强
	避难层	中间避难层		
水平狭长空间	疏散走道	通往楼梯间的通道	疏散路径过长 疏散时间有限	边界：视线（不）通过不可达；出入口：通往交通核；通道：方向性强、线路少；标志：导向性强
	非疏散走道	商业通廊 办公过道		边界：视线通过且可达；出入口：通往交通核或房间；通道：线路长、迂回；标志：导向性强
地下空间	地下活动空间	地下商业	难以扑救	边界：视线不通过不可达；场所：开敞、形制多样、高度有限；出入口：靠近交通核，通往地面；通道：靠近交通核；标志：导向性强
	地下停车空间	地下车库		

1. 竖向贯通空间

竖向尺寸远大于平面长度、宽度尺寸的空间类型，通常为建筑的中庭、管道井、电梯井、楼梯间以及部分上下贯通的缝隙空间，如上海会德丰广场，即为抽象建筑内的竖向贯通空间（图3-3）。

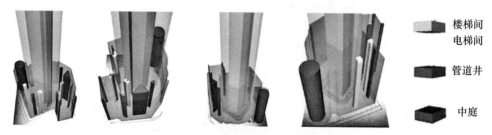

楼梯间
电梯间

管道井

中庭

图3-3 上海会德丰广场竖向空间

2. 超大扁平空间

平面长度、宽度尺寸远大于高度尺寸的空间类型，如超高层综合体中超大连续的裙房空间，其建筑层高一般不超过6m，而单层建筑面积却往往在10000m²以上。本书中所涉及的典型超大扁平空间主要为建筑开间和进深超大的商业裙房、塔楼内的开放型办公标准层以及超高层建筑内的避难层空间。笔者举例提炼了克拉克北街353号大厦的超大扁平空间（图3-4）。

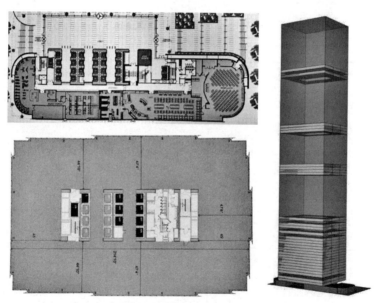

图3-4 克拉克北街353号大厦超大扁平空间

资料来源：作者根据案例绘制

3. 水平狭长空间

水平狭长空间以交通空间为主，用于串联超高层综合体内各功能用房、设备用房与辅助用房，此空间既是火灾发生时的疏散通道，也是人群密集的防火关键区。这类空间大体上分为两类，即建筑内具有疏散功能的通道和具有导向分流功能的商业内街走道。

狭长是一相对概念，对于裙房部分的商业内街而言，走道型商业内街相对于厅型商业内街，虽具有组织人员购物流线、联系各空间的功能，但其尺度更为狭长，面宽更为狭窄，人员密度更大。以 185 大厦为例，提炼了建筑内的水平狭长空间（图 3-5），对于塔楼标准层而言，其狭长空间为串联起电梯厅、防烟楼梯间、消防楼梯间、设备用房、卫生间、茶水间和打扫间等各个设备用房和辅助功能用房的疏散通道。

4. 地下空间

近年来，结合地下铁道和交通枢纽建设地下商业建筑，形成了形态多样的地下商业街，尤其在 TOD 模式发展兴盛的今天，地铁式商业空间盛行，许多超高层综合体的地下一层至地下二层空间与周边的地下功能空间整合使用，共享商业娱乐资源，而将辅助类的地下空间，如后勤服务、设备用房和停车库等设置在地下三层及以下的区域。为了交通便利，在超高层综合体的地下空间中，常有地下通道与周边大型交通枢纽进行连接，这种与城市交通节点连接的地下空间暂时不被考虑在此列。以上海陆家嘴的几个超高层综合体为例，调研其地下空间与城市的关系及其商业复合空间（图 3-6）。

图 3-5　185 大厦水平狭长空间构成　　　图 3-6　上海金茂大厦地下商业入口和环球金融中心的地下商业空间

3.2　超高层典型空间的组合分布方式

1. 塔楼与裙房的组合方式

超高层塔楼和裙房的组合方式大体上可归为并列、插入和围合三种方式。各组合方式的特点简析见表 3-3，在条件允许时，塔楼与裙房的组合也可几种方式并用。

并列式适用于占地较大的基地，裙房的一侧与塔楼相邻，既体现了塔楼的高大，突出了建筑的个性，也活跃了整体建筑的外部空间。插入式和围合式均适用于用地较紧张的超高层建筑，不同的是，围合式的塔楼只有部分与裙房相邻，留出的一侧通常设计成入口空间与城市广场相连，插入式的塔楼完全被包围在裙房内部，塔楼的入口和裙房共用一个入口空间。从防火的角度来看，其建筑的火灾隐患从并列式到围合式到插入式依次递增。

塔楼与裙房的组合方式简析 表 3-3

名称	简图	组合特点	实例	简介
并列式		① 塔楼与裙房部分拉开，两者均衡构图，体形均可变化；② 有利于各用房自然采光；③ 有利于塔楼与裙房结构区别处理；④ 有利于裙房部分自身的自由组合；⑤ 裙房部分占地较大，水平路线较长	西格拉姆大厦	157m，38 层，钢铁、铜和玻璃，1958 年竣工
			马利纳城	179m，61 层，混凝土，1964 年竣工
			杭州坤和中心	127m，41 层，2009 年竣工
			百年汇豪生酒店	2008 年竣工
围合式		① 塔楼围合状，中庭空间丰富；② 塔楼内各公共部分联系密切，路线短；③ 体形简洁，外墙面积少；④ 塔楼内交通路线长，且有转折；⑤ 中庭过多不经济	金茂大厦	420.5m，88 层，不锈钢、花岗石、玻璃和钢铁，1999 年竣工
			台北 101 大厦	509m，101 层，钢铁、玻璃和混凝土，2004 年竣工
			上海环球金融中心	492m，101 层，钢铁、混凝土和玻璃，2008 年竣工
			深圳绿景大厦	272m，61 层，2011 年竣工
			成都明宇金融大厦	206m，47 层，2012 年竣工
插入式		① 塔楼为主体，裙房为基座；② 建筑内交通路线短；③ 表面积/体积较小，较经济，占地面积小；④ 裙房无法自然采光通风；⑤ 塔楼体形可自由变化	佩重纳斯大厦	452m，88 层，混凝土、钢铁和玻璃，1998 年竣工
			迪拜阿勒玛斯大楼	360m，74 层，2008 年竣工

2. 典型空间的组合方式

研究超高层综合体的典型空间的组合方式主要针对的是分布于塔楼内的超大扁平空间、竖向贯通空间和水平狭长空间这三种空间。

1）竖向贯通空间的布置

中庭大多数布置在裙房内，用于疏散人流和组织人流的竖向流通。部分塔楼因景观环境的需要，布置贯穿数层的中庭，用于休憩和采光。

核心筒的设置往往与超高层的建筑结构一致，在平面上，常见的布置方式有集中式和边缘化布置两种，在竖向上，电梯井的布置也因为其停靠的楼层不同而有着不同的布置方式。

2）超大扁平空间的布置

根据不同功能空间的特点，具有商业功能的超大扁平空间常设置于裙房、地下层或塔楼的底层部分，以期望给街面带来繁华热闹的景象，从大厦外部召集顾客。这类超大扁平空间大多为大厅及展示场所，因人流量大、占用层数少，因此其主要的竖向交通系统不依赖于通往塔楼高层部分的交通核，而是利用不同大小的中庭解决竖向上的联系。

从人群路径的角度考虑，此类空间设置在综合体的底层便于获取外部休息场所空间，便于确保疏散流线，便于独立运营等。从空间结构上考虑，在功能上需要没有柱子的超大扁平空间多布置在综合体的裙房内，以便在结构上被更少地制约。从功能使用的角度考虑，在这类空间中常复合以饮食、商业设施为首的各种相关用途的子空间。灵活运用眺望的优势，可在塔楼高区布置以饮食为中心的商业子空间和展陈空间。从交通组织的角度考虑，为减少运输量，提高运输效率，节省能源，可将交通量较大的人员密集度高的水平空间置于建筑下部。从安全疏散的角度考虑，将人员密集度低的展陈空间设置在塔楼高区，提升心理安全感（表3-4）。

3）水平狭长空间的布置

水平狭长空间往往贯穿于裙房空间，或者围绕核心筒周边布置。对于裙房部分来说，典型空间的组合主要为超大卖场—中庭交通—走道空间，对于塔楼部分来说，典型空间的组合主要为开敞标准层—核心筒—疏散走道（表3-4）。

典型空间的组合方式简析　　　　表3-4

建筑区域	名称	图例	举例
裙房部分	内外包裹		胡志明市金融大厦
			法拉克福歌剧院
	分散串联		杭州坤和中心
			大阪和风大厦
			成都明宇金融广场
			新卡根中心
塔楼部分	内外包裹		克拉克北街353号大厦
			和谐大厦
			清水公司总部大厦
			伦敦桥大厦
			广发证券总部大楼
	分散串联		大阪和风大厦
			香港 The ONE 大厦

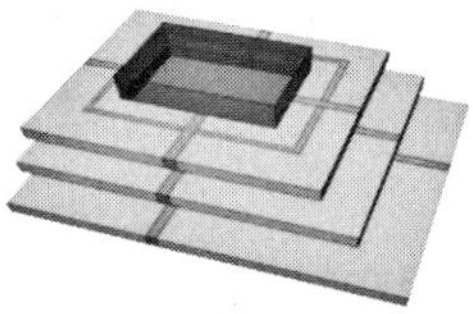

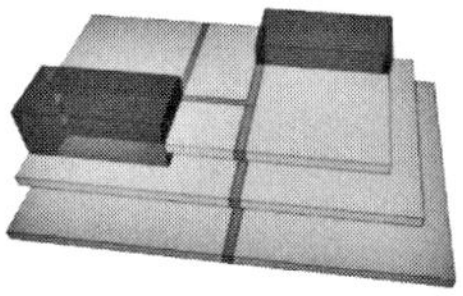

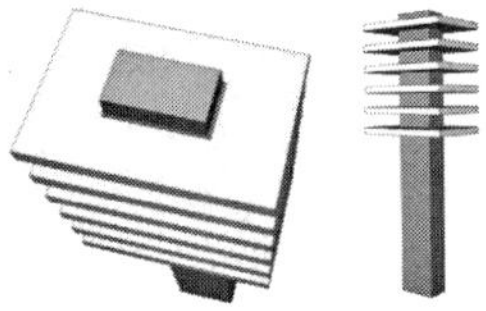

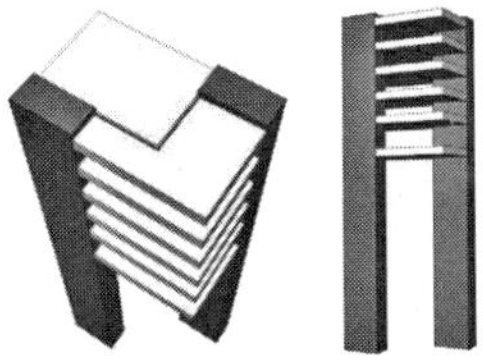

3.3 典型空间的火灾危险性分析

3.3.1 竖向贯通空间的火灾危险性

1. 中庭火灾荷载密度分析

对于中庭空间内的可燃物数量及分布，考虑中庭平时主要用于人员交通和集中休息。

引发火灾的火源主要为流动人员自身所携带的可燃物，而这类可燃物的火灾荷载相对较小，分布分散，燃烧一般也仅限于最初被点燃的物品，且持续时间不会太长。NFPA92B（2000）给出了一些物品的火灾规模实验数据。参照实验数据，考虑一定的安全系数，将中庭内的火灾规模定为2MW。另外，考虑到节日期间，中庭内可能会布置装饰树之类的装饰物，火灾荷载较大，可认为此时的中庭为最不利火灾场景。假设节庆期间在中庭内布置的一个重50kg的圣诞树燃烧，火灾规模可达4.1MW，考虑其他不确定因素，在模拟中庭火灾时取火灾最大热释放速率为5MW（图3-7）。

上海 IAPM 环贸中庭　　　　　上海金茂大厦中庭　　　　　　天津水游城

图 3-7　中庭火灾荷载调研

2. 竖向贯通空间火势蔓延的危险性

超高层建筑内的楼梯间、电梯井及各类管道井大多在竖向上贯通整个建筑，即便不是整体贯通，也会分段贯通建筑数层，这些空间是超高层建筑火灾时的薄弱环节，其烟囱效应带来的火灾烟气在此空间中的迅速蔓延往往会在较短时间内对整个建筑产生致命的威胁。

上海金茂大厦最著名的酒店中庭空间，纵向贯通35层，直径27m，净高152m，围绕在中庭周边的客房数为555个。这种超高层的大型中庭，一旦其内部发生火灾，或者任何一层的客房发生火灾，火势将迅速蔓延，后果严重（图3-8）。

3. 楼梯间人员疏散的危险性

相关文献显示，在没有火灾的正常情况下，当人流密度在1～5人/m²时，则水平向的人流速度为0.60～1.35m/s，垂直向的人流速度为1.5～3.6m/s，可见，不论是水平向的速度还是垂直向的速度，均远远滞后于烟气的扩散速度。一旦火灾发生，电梯及自动扶梯停运，大量人流涌向消防楼梯间，人流密度增大，其疏散速度必然会进一步降低，危险性进一步增大。

图 3-8　上海金茂大厦中庭

实验数据显示，消防员从 70 层的消防楼梯间的顶层逃生至底层需要 28min。加拿大有关研究给出了不同层数和不同人数在 1.10m 宽的疏散楼梯内进行疏散所需要的时间列表（表 3-5）。通过列表内的数据可知，在理想的情况下，即便是每层仅有 60 人，从 100m 的高空逃离至地面至少需要 20min，如果考虑人员拥堵的因素，疏散的难度将持续增大。

不同层数、人数的高层建筑，使用楼梯疏散需要的时间　　表 3-5

建筑层数	疏散时间		
	每层 240 人	每层 120 人	每层 60 人
50	131	66	33
40	105	52	26
30	78	39	20
20	51	25	13
10	38	9	9

资料来源：应晨耕. 浅谈电梯在高层建筑火灾中的作用 [J]. 科技咨询，2011.

3.3.2 超大扁平空间的火灾危险性

1. 标准层的火灾荷载密度统计及分析

通过文献梳理，得出了各标准层中的不同种类办公用房的面积分布比例（表 3-6）。在这个比例中，综合类办公房间的面积占总面积的 54%，平均值为 96m²，占据了最大比重。综合类办公室属于开敞性大空间，多人同时办公，卡位之间没有小隔间，因此综合类办公室的火灾荷载密度为主要研究对象。

不同类型房间面积统计表　　表 3-6

房间类型	房间面积		
	最大值	最小值	平均值
行政办公室	102	7.35	25.07
综合办公室	162	30.42	96.21
会议室	132	19.60	57.13
接待室	56	11.00	24.74
其他	88	6.8	26.58
总共	162	6.8	45.95

资料来源：王能胜，翁庙成，余龙星，等. 高层办公建筑火灾荷载调查与统计分析研究 [D]. 重庆：重庆大学，2011.

这种综合类办公室大多为设计绘图室，进深较大，同时容纳人数较多，室内没有任何形式的建筑分隔，火灾荷载形式主要为电脑和办公桌椅，火灾荷载密度在 224～881MJ/m²

范围内，均值为560.3MJ/m²。为了进一步分析，计算出每个工位的火灾荷载情况（表3-7），因此在进行标准层的火灾荷载模拟时，选取最不利值，即900MJ/m²。

每个工位火灾荷载汇总统计表　　　　表 3-7

物品	材质	质量（kg）	数量	热值	荷载（MJ）
桌子	三合板	50	1	18.9MJ/kg	945
椅子	三合板	7	1	18.9MJ/kg	132.3
书本资料	木质	15	1	18MJ/kg	270
电脑	塑料	—	1	120MJ/kg	120
打印机	塑料	—	1	80MJ/kg	80
垃圾篓	塑料	1	1	37MJ/kg	37
汇总		1584.3MJ/kg			

资料来源：王能胜，翁庙成，余龙星，等 . 高层办公建筑火灾荷载调查与统计分析研究［D］. 重庆：重庆大学，2011.

2. 超大扁平空间火势蔓延的危险性

风力是助长超高层火灾迅速蔓延的一大因素。据测定，如在10m高处的风速为5m/s，则在30m高处的风速为8.7m/s，在60m高处的风速为12.3m/s，在90m高处的风速为15m/s。风速的增大使得火源与空气内的氧气充分接触，火场区的热对流也会加快，进一步加大火源的燃烧程度，使空间内的火势更早地进入火灾猛烈燃烧阶段，导致火情难以及时得到控制，人员难以及时得到救援。

3. 高区标准层的排烟困难

高区标准层空间室内外风压差过大，而空间的边界为不可开启的玻璃幕墙，这样的设计虽然可以自然采光，但是根本无法做到自然排烟，这时，机械排烟变得尤为重要，机械排烟口会相对较多，但是室内的某些装饰并未充分考虑到排烟口的重要性，一旦发生火灾，排烟口容易堵塞，影响排烟效率。在上海金茂大厦的高区观光层内，垂吊型挂饰布满整个建筑顶部，此为火灾隐患（图3-9）。

图 3-9　上海金茂大厦的高区观光层

3.3.3 水平狭长空间的火灾危险性

疏散走道连接商业内街和防烟楼梯间，起到疏散准前室的作用，其人流疏散方式见图 3-10。其路线要求简捷且通达。

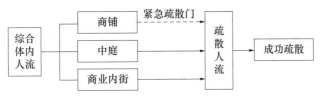

图 3-10 人流疏散方式示意图

1. 商业内街的火灾危险性

商业内街是整个建筑中人员密度最大的空间，因此人流的疏散自然具有最大的难度，加上为了有足够大的商业面积，导致内街的面宽一再被挤压，进深相对狭长，有些局部位置甚至出现了异形空间和转折，一旦发生火灾，拥堵的情况可想而知。商业内街的两侧店铺往往是建筑面积相对较小的体验店，不足以被独立地按照"防火单元"进行设计，而是多个店铺被共同划分成一个防火分区，店铺内的火灾荷载往往是内街最大的隐患，一旦店铺内着火，火灾烟气很容易蔓延至内街，降低疏散效率。

以日本秋叶原动漫大厦为例，至顶通高的书架构成了室内的分隔，大量消费者通过或者驻足浏览都增加了建筑本身的火灾荷载，一方面，书本和玩具等售卖品均为易燃的固定荷载，另一方面，聚精会神的阅览者在火灾发生时反应将会滞后，应急时间长且难以立即判断出正确的逃生方向（图 3-11）。

图 3-11 日本秋叶原动漫大厦商业内街及日本某商厦商业内街

2. 疏散走道的火灾危险性

在超高层综合体中，疏散走道通常作为辅助空间存在于建筑外缘，因此疏散走道与建筑主要空间的距离较远，对于商业裙房而言，为了提升消费者的购物体验，有些疏散走道必须要通过各种具有导视性的标志物才能被找到，隐蔽性较强（图 3-12）。

图 3-12 天津大悦城裙房疏散走道入口、上海环球金融中心塔楼
疏散走道入口及日本秋叶原高层疏散口

　　一方面，对于裙房空间，为了增加具有商业价值的店铺空间，疏散走道这种不产生价值的辅助空间的疏散有效宽度一般是按照规范内的下限进行设计的。另一方面，对于塔楼空间，防火规范中的要求是在核心筒周边设置宽度不小于 1.40m 的环形疏散走道，由于疏散走道和平时的交通走道一体化，为了体现建筑的档次和满足使用者的舒适性要求，走道宽度又被过分放宽。

3.3.4　地下空间的火灾危险性

1. 地下车库火灾荷载的确定

　　地下空间火灾荷载相较于其他空间内火灾荷载的最大不同是：火灾荷载的主体为汽车，考虑到超高层综合体内的地下车库所停放的汽车以小汽车为主，国内外文献资料显示，在假定燃料为汽油的小汽车为主的地下车库中，其火灾规模为 10MW，其他的相关参数见表 3-8。

评估地下车库的火灾规模及相关参数　　　　　　　表 3-8

汽车类型	火灾规模（MW）	火灾周长（m）	火灾成长系数	烟气温度（K）	烟气生成速率(kg/s)	CO 比例（%）	炭黑比例（%）	辐射比例（%）
小汽车	10	15	0.1878	595.62	24.95	2	6	30

　　资料来源：李磊，刘文利，肖泽南，等. 金融街地下车行系统消防安全性能化设计评估 [J]. 消防技术与产品信息，2004.

2. 排烟困难

　　由于空间处于地下，极少的外出入口和无对外开窗导致室内空间较封闭，不可能使用自然排烟方式。在此处发生火灾，仅靠机械排烟，容易发生轰然，产生更大的破坏。

3. 疏散困难

　　由于出口较少，烟气的蔓延与人流的逃生路线一致，而人员的速度远不如烟气蔓延的速度，加上恐慌和能见度的降低，疏散十分困难。上海金茂大厦的地下空间有两部自动扶梯与建筑入口大厅相连接，主要用于参观者购票和等候，每逢节假日，此处的人流量会突然增大，等候空间相对拥挤，一旦发生火灾，十分危险（图3-13）。

上海环球金融中心的地下空间，此部分空间主要为引导观光游客等候所用，在这部分空间里，游客人数多且对建筑内流线十分不熟悉，一旦发生火灾，难以快速疏散（图3-14）。

图3-13　上海金茂大厦地下空间　　　　　图3-14　上海环球金融中心

4. 营救困难

地下空间常因结构的问题造成信号屏蔽现象严重，求救信号难以向地面发射，无法通畅地交流使得救援人员不能及时地获得火灾现场的真实情况，大型设备也很难进入到地下，无法精准地捕捉到火源位置。上海金茂大厦的地下空间，为了空间效果，整个地下空间的主要入口为两部自动扶梯，一旦发生火灾，自动扶梯也会顺势引燃，烟气大量涌出，消防人员无法从此到达底部，而受灾人员也无法快速从此逃至地面（图3-15）。

5. 起火位置过多

汽车本身火灾荷载大，且具有随机性和移动性，各种原因都能使汽车着火，而汽车所停靠的位置有多重可能性，无法估计，火灾发生后，正在行驶的汽车由于视线不清、司机慌张等原因可能造成车车相撞或人车相撞的情况，容易引发二次火灾及更严重的人员伤亡。

6. 电气设备发生故障而引起火灾

地下空间采光主要依赖人工照明，一般都配置大量的通风和空气调节设备，因此电气设备多、用电负荷大。设计不合理或管理不善，很容易因电线短路，用电设备过热，引燃邻近的可燃物而发生火灾。地下空间由于无法自然采光，一旦发生火灾，人员的视线内将会一片漆黑，难以逃生（图3-16）。

7. 管理不善

对于特殊防火节点，由于管理的疏忽，常出现防火卷帘摆放物品或停靠车辆导致其无法落下等问题，一旦发生火灾，防火分区就会失去意义（图3-17）。

图 3-15　上海金茂大厦　　　图 3-16　上海环球金融中心　　　图 3-17　武汉协和医院
　　　　　地下空间　　　　　　　　　　　　　　　　　　　　　　　　　　　地下停车库

3.4　本章小结

　　根据超高层综合体的火灾特点和难点分析，归纳火灾发生时建筑内部最需要使用防火性能化方法的典型空间，即：竖向贯通空间、超大扁平空间、水平狭长空间和地下空间。这四类空间是超高层综合体防火的核心空间，也是现有防火规范中急需补充和完善之所在。每种空间类型都对应着建筑中不同的使用功能。竖向贯通空间包括：中庭、电梯井、楼梯间、管道井、玻璃幕墙和楼板之间的缝隙、外墙保温层间的缝隙等；超大扁平空间包括：建筑裙房、塔楼标准层、避难层；水平狭长空间包括：裙房内的商业内街和建筑每层的疏散楼道；地下空间包括：地下商业空间和地下车库。

　　在超高层综合体的防火设计中，需要把控每种空间类型内的功能空间的防火技术核心，对每种空间类型进行合理的布置，以便一种空间类型发生火灾时，烟气能有效控制在其空间范围内，确保其他空间类型中的人员能不受到太多干扰地进行有序逃生，对于建筑火灾，在最初设计阶段防患于未然。

第4章　竖向贯通空间的优化设计

4.1　竖向贯通空间的分类与防火难点

第3章中已经提及竖向贯通空间是指竖向尺寸远大于平面尺寸的空间形式。进一步依据此类空间在超高层综合体中的布置方式和功能性质的不同，对其进行细分，即竖向贯通空间由中庭空间、交通核、设备竖井和缝隙空间构成（图4-1）。

图4-1　超高层综合体竖向贯通空间的构成

以第3章论述的建筑空间的五大要素：边界、场所、出入口、通道、标志为依据，对中庭空间、交通核、设备竖井和缝隙空间进行空间属性上的界定，从而归纳出四种空间之间的区别和联系（表4-1）。

竖向贯通空间的特征分析　　　　　　　　　　　　表 4-1

要素	中庭空间	交通核	设备竖井	缝隙空间
边界	四周一般为玻璃挡板，周边为商业内街或店铺。除首层以外，其具有视线通过但人流不可达的特点。顶棚设采光天窗或封闭顶棚	位于建筑中部的交通核四周为封闭的防火墙，具有视线和人流均不可达的特点，并在结构上更具整体性。位于建筑周边的交通核（尤其是疏散楼梯间）会局部对外开窗	四周为封闭的防火墙具有视线和人流均不可达的特点。常与交通核紧邻，与电梯井通用剪力墙	一种为塔楼的玻璃幕墙与楼板的间隙，边界为玻璃幕墙和实墙。一种为建筑保温层与建筑结构层的间隙，边界为建筑保温层与实墙
场所	贯通上下数层的多层型大空间，作为公共场所，具有开放性或外向性的空间特点	多数贯穿整栋建筑，部分情况可通过避难层的转换在竖向进行分段设置。当塔楼内的交通核竖向过高时，电梯井按照人数需求分段设置，便于人流疏散	空间贯通整个建筑但层间有分隔并且要求封堵严实	幕墙缝隙内楼层间填充不可燃物质或耐火极限达到要求的连接构件；对于保温层缝隙内填充物的耐火极限有严格的要求
出入口	在中庭首层与整个建筑的主入口共用，是内外人流交换的主要开口，同时首层周边多方向设有逃生出口	每层通向交通核的出口均为惟一安全出口，电梯间和楼梯间的安全出口均与前室相连接	作为辅助功能，有部分检修开口，但常为封闭空间	—

续表

要素	中庭空间	交通核	设备竖井	缝隙空间
通道	竖直方向上，内设有自动扶梯及观光电梯，自成一个竖向体系；水平方向上，中庭周边常环绕商业内街或疏散走道。	交通核周边通常与安全通道相连或被安全通道环绕。	—	—
标志	首层空间的四周多有明显的安全出口标志。	每层出口处均设安全出口的标志，通往避难层的转换出口处也设有安全出口。	—	—
图示	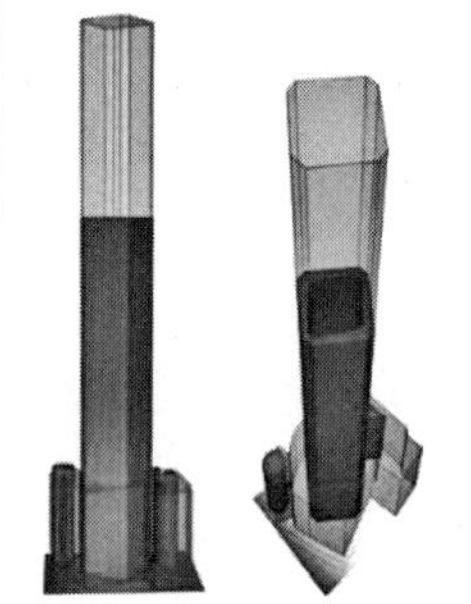	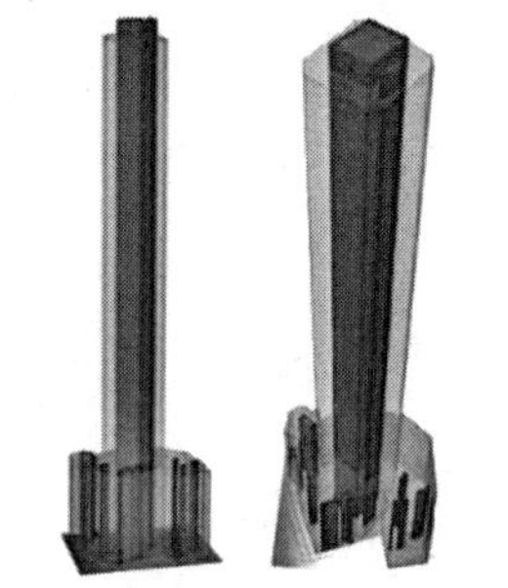	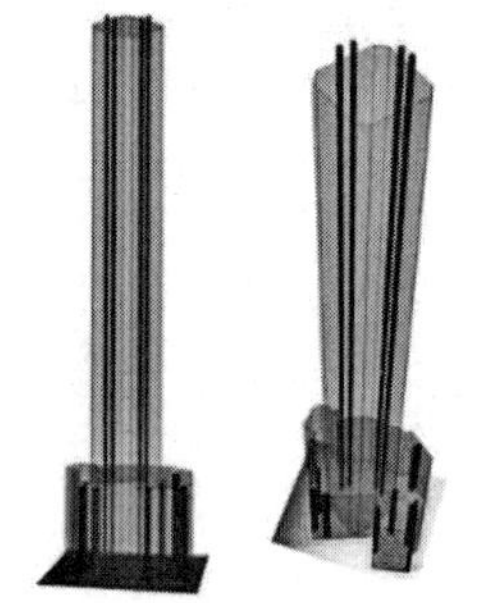	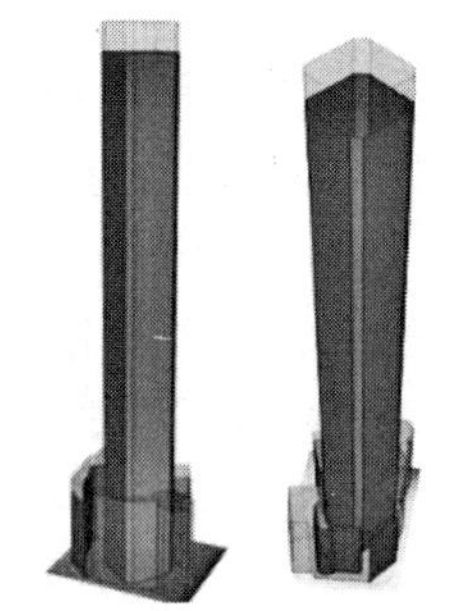

4.1.1 中庭空间的防火难点

超高层综合体的中庭空间属于典型的波特曼共享空间，是一种贯穿建筑数层甚至全楼的封闭式天井。然而，这种空间形式使其面积超出了防火分区的规定，即便将整个中庭空间与周边空间分隔开来，独立形成一个防火单元，也不可避免地超出了建筑规范中的防火分区的极限值。此外，中庭空间的封闭性和贯通性也导致了排烟散热困难，烟气和火势的蔓延速率加快，是显著的火灾隐患。针对此种极端现象，许多国家都进行了有效的研究，并制定了有关的规定。

据调查，现有的超高层综合体内的中庭在空间高度上和所处的建筑区域上均不断地向高空攀升，出现了高空中庭和超高中庭的案例。这种超高超大型中庭已经成为超高层综合体内划分功能的主要转换空间。通过对国内外超高层综合体内的中庭空间进行调研，试图总结出中庭空间中防火设置的共性及防火难点（表4-2）。

国内外设有中庭的超高层综合体举例 表4-2

序号	建筑名称	层数	中庭设置特点及消防设施
1	北京京广大厦	52	中庭12层高，回廊设有自动报警、自动喷水和水幕系统
2	广州白天鹅宾馆	31	中庭平面尺寸为70m×11.5m，高度为10.8m
3	上海宾馆	26	中庭高13m，回廊设有自动喷水灭火设备
4	北京长城饭店	18	中庭6层高，回廊设有自动报警、自动喷水系统，设有排烟系统、防火门

续表

序号	建筑名称	层数	中庭设置特点及消防设施
5	厦门海景大酒店	26	中庭6层高，回廊设有自动报警、自动喷水系统，设有排烟系统、防火门
6	西安凯悦饭店	13	中庭10层高（36.9m），回廊设有自动报警、自动喷水系统和防火卷帘
7	厦门水仙大厦	18	中庭3层高，设有自动报警、自动喷水灭火设备
8	厦门闽南贸易大厦	33	中庭设在裙房紧靠主体建筑的连接处，设有自动报警、自动喷水灭火设备
9	深圳发展中信大厦	42	中庭设在大道中间，回廊设有火灾自动报警系统和加密自动喷水灭火系统，房间通向走道的防火门为乙级防火门
10	上海国际贸易中心	41	中庭设在地下，高16m，设有自动报警、自动喷水灭火设备
11	上海金茂大厦	87	第53至87层，中庭直径27m，净高152m。弧形顶棚，玻璃栏板，螺旋上升，环绕中庭的是大小不等、风格迥异的555套客房
12	美国田纳西州海厄特旅馆	25	中庭25层高，设有自动报警、自动喷水灭火设备
13	美国旧金山海厄特摄政旅馆	22	中庭22层高，各种小空间和大空间相配合，信息交融
14	美国亚特兰大桃树广场旅馆	70	中庭6层高，设有自动报警、自动喷水水幕设备
15	新加坡泛太平洋酒店	37	中庭35层，设有自动报警、喷水和排烟设备
16	日本新宿NS大楼	30	贯通30层，防火重点是一、二层店铺火灾，用防火门和卷帘分隔，三层设两台摄影机、探测器

1. 空间规模超大化与人员疏散的矛盾

由于空间规模增大，中庭底面积早已超出规范要求，疏散最不利点与疏散出口的距离过大甚至超过了规范要求的极限距离，因此一旦发生火灾，原本聚集在中庭空间的人或逃生至此的人将难以疏散。

2. 空间垂直化与烟气蔓延的矛盾

中庭空间的高度越高，给人带来的视觉享受和空间感受就会越震撼，然而超高的中庭空间的烟囱效应极强，如果中庭在建筑高区位置，其顶棚和周边均无法开窗进行自然排烟，因此，在烟气快速蔓延的情况下，烟气和热量又得不到有效的疏散，会加剧室内人员的恐慌，不利于疏散。热量大量聚集，烟气快速升腾至屋顶，一旦顶棚塌陷，烟囱效应会加剧，造成二次伤害，危险系数再次增大。

3. 空间不规则化与防火分区的矛盾

在超高层综合体的裙房部位，中庭空间往往被用来体现个性设计和营造商业氛围，因此，其空间异形化趋势显著，很多中庭空间采用弧形界面和特殊节点来体现空间效果，如此一来，传统的防火墙已经不适用于防火分隔，而特殊节点处防火卷帘的需求量也将大大增加。此外，空间的不规则化导致中庭的实际面积难以计算，防火分区再次遇到难题，火灾烟气的蔓延也因此难以计算准确。

综上所述，中庭空间存在的火灾难点主要表现为：① 大量物资集中堆砌在首层，可燃物多，易造成重大财产损失；② 特殊功能的中庭聚集众多人群，易造成重大人员伤亡；③ 易形成"烟囱效应"，加快火灾烟气的蔓延速度，难以疏散；④ 功能综合性强，空间规模巨大，防火设计困难 [①]。

4.1.2　交通核的防火难点

交通核往往贯穿整个建筑空间，其烟囱效应和活塞效应在超高层综合体中尤为显著，其中电梯井（尤其是单井道电梯井）的烟囱效应和活塞效应均显著，而疏散楼梯间是以烟囱效应为主。在封闭的电梯井中，即便是双井道电梯，若两台电梯同时上下，依旧无法规避活塞效应的存在 [②]。

传统观念及现有规范中均认为，在超高层综合体中，火灾发生时楼梯疏散是惟一的人员疏散途径，而利用电梯进行人员疏散是不被允许的，这一强制性规范阻断了现有的超高层综合体防火应急方案中使用电梯进行人员疏散的可能性。然而，在超高层建筑的高度不断攀升的今天，仅使用疏散楼梯进行人员疏散的方式不再现实，这惟一的疏散方式日显弊端，急需采用新的疏散方式进行辅助 [②]。

1. 疏散楼梯间的防火难点

1）疏散楼梯自身的弊端

超高层综合体的建筑层数多，垂直距离长，疏散至室外或安全区域的时间远远超过了建筑的安全疏散时间。根据实验数据可得，一幢30层的高层建筑，按照每层240人计算，楼内的全部人员安全疏散至地面所需要的时间为78min；一幢50层的高层建筑，按照每层240人计算，楼内的全部人员安全疏散至地面所需要的时间为120min。火灾烟气蔓延至整栋楼所需要的时间仅30min，是人员疏散所需时间的四分之一，可见，仅用疏散楼梯进行疏散，根本无法满足安全疏散要求。

从楼梯间的设计角度出发，逃生者在逃生过程中，伴随着极度恐慌的心理状态，人员会快速地、大量地涌向楼梯间，并且往下移，极容易导致部分人员被挤出消防楼梯的挡板之外，若楼梯中缝开口过大，即便设置了符合规范高度要求的挡板，人员依旧有从楼梯中缝坠落的危险（图4-2）。对于楼梯间的底部，疏散楼梯的首层往往因裙房的进深大等空间特点而难以直接通往室外，这一点与规范中明确规定的超高层建筑的疏散楼梯首层必须直通室外

图 4-2　日本秋叶原电器商城的
疏散楼梯间

① 李华 . 高层建筑竖向空间防火设计［J］. 新乡学院学报（自然科学版），2012.
② 刘加根 . 赵洋 . 林波荣 . 超高层建筑环境性能模拟优化研究［J］. 建筑科技，2014.

相违背，这种情况需要进行特殊消防设计及论证。

2）疏散人群存在的问题

从逃生人员自身的角度分析，人员需要消耗大量的体力用于跑楼梯，难度相当大，此外，并非所有的逃生者都是健康的行为能力者，位于高空的老弱病残等弱势群体使用楼梯进行疏散更加不现实。原本就狭窄的疏散楼梯不仅要承担下行者还要承担向上救援的消防人员，两股相向而行的人流在狭窄的空间中同时行进，这对于超高层综合体来说几乎是不可能完成的任务[①]。

3）疏散手段单一是引发混乱和不必要的伤亡的根本原因

现有规范中允许的疏散方式仅为楼梯疏散，这种单一的疏散方式对超高层综合体来说显然是很大的挑战，楼梯疏散时的不确定因素较多，意外伤亡概率较大，若使用电梯辅助楼梯疏散，势必会减少不必要的伤亡和损失[①]。

2. 消防电梯的防火难点

消防电梯存在着与疏散楼梯间一样的火灾疏散问题与烟气的竖向蔓延问题，此外，消防电梯自身的机械性能的特殊要求导致救援工作难以进行。我国规范中不允许客梯进行疏散的原因有以下几点：

1）电梯井内的烟气蔓延

在电梯的通风设计中，其轿厢的上部和下部均设有通风孔，为了保证正常通风，有些轿厢还设置了风扇，这些通风设施都给火灾时的烟气蔓延带来了有利途径，轿厢内一旦进入烟气，会给在内的人员带来危险。上文中已经提到，轿厢在电梯井内的运行会加剧电梯井内的烟囱效应和活塞效应，导致井内的热气和烟雾更快地蔓延至其中，当电梯在停留层开门救援的时候，大量新鲜空气进入电梯井和轿厢，为火势的蔓延提供有利的因素。

2）客梯本身存在危险性

大多数客梯在设计时不考虑高温下的耐火性，因此，客梯的材质一旦遇到火源很快就会产生变形，失去电梯的正常运行能力，甚至无法在规定的楼层开启轿厢的门。另外，电梯内有大量的电气设备和线路，这些将是火灾快速蔓延的途径，一旦轿厢起火，电路损坏，层门无法开启，人员被困其中无法获得救援，势必对安全疏散产生适得其反的作用。

此外，1989年北京和平饭店新楼火灾案例的教训：电梯内的大量电气设备需要在规定的防水环境中才能有效运行，然而火灾救援时，大量的消防用水进入室内，由于电梯前室没有设计挡水设施，电梯井内被灌入大量消防用水，导致电气短路，漏电现象严重，电梯严重瘫痪。

4.1.3 竖向缝隙空间的防火难点

1. 玻璃幕墙与楼板间的缝隙

目前，国内外超高层综合体的外表皮设计愈来愈广泛地使用玻璃幕墙，在重要的办

---

① 禹洪. 高层建筑火灾中有课题参与时的疏散策略研究［D］. 北京：北京建筑大学，2015.

公写字楼、商场和酒店类型的建筑中，玻璃幕墙以其简洁、洗练的立面造型获得了设计师的青睐。然而，玻璃幕墙的设计势必会在其与每层建筑楼板之间产生缝隙，这种缝隙上下贯通，一旦防火处理不好，贯通的缝隙空间将成为火灾烟气蔓延的途径，是严重的火灾隐患。1980年2月美国希尔顿酒店的火灾中，大量的烟气和热流随着幕墙向上垂直蔓延，导致整个建筑在很短的时间内化为灰烬，损失惨重。从这一案例中，针对玻璃幕墙在火灾中的危害，可以得到以下几点教训：① 玻璃幕墙的耐火性能较差，玻璃的炸裂导致墙体脱落，不利于安全疏散；② 幕墙的设计导致开窗的面积较小，不利于自然排烟；③ 火灾烟气在其周边的蔓延较快。

2. 保温层与建筑外围结构层间的缝隙

火灾发生时，外墙外保温系统是消防设施触碰不到的不利位置。在外保温系统中，保温材料燃烧时会熔化收缩，导致保温系统内产生空腔，这种上下贯通的空腔形成了上下贯通的缝隙空间，引发烟气的快速蔓延。另外，燃烧剧烈的滴落物会在空腔内彼此引燃，造成二次火灾。大量的火灾实例证明，火灾发生时，烟气会以较快的速度蔓延至建筑外围结构中，保温材料的耐热性能差，易燃烧，将以更快的速度引燃整个建筑外围结构，而这种有机材料的燃烧所产生的有毒气体对人员的疏散也构成了威胁。

4.1.4 设备竖井的防火难点

超高层综合体的设备竖井包括：管道井、电缆井、排气道等，如果在施工中没有达到设计要求或者没有采取有效的防火分隔措施，一旦出现竖向贯通孔洞，必然成为烟囱效应最严重的位置之一，是烟气向上蔓延的重要通道，会助长火势蔓延。

4.2 竖向贯通空间的火灾性能化模拟

4.2.1 模拟中庭高度对火灾烟气蔓延的影响

1. 火灾场景的设置

构建五组中庭火灾对比模型，讨论在边界条件相同、中庭高度不同的情况下，烟气蔓延的规律。在五组对比模型中，五个中庭底面积相同，均为750m²，高度不一，分别为：20m、40m、60m、80m、100m。火灾荷载均设置在中庭中心处，其规模为5MW[①]（设置理由见第3章），中庭的顶棚和四周的楼板为A级材料，其他为B1级材料，由于中庭高度超过了12m，必须采用机械排烟，因此，在同一防火分区内，水平向每隔30m设置一个排烟口。五个模型的模拟运行时间为1800s（表4-3）。

---

① 热释放速率（Heat Release Rate Per Area，HPPUA）= 1000kW/m²。

五种高度的中庭平面、剖面图及 FDS 模型图　　　　表 4-3

火灾场景 A	平面图（火灾荷载，30m×25m，30m，25m，30m）	剖面图（火灾荷载，30m 30m 30m）高度 20m 中庭	FDS 模型图
火灾场景 B	平面图（火灾荷载，30m×25m，30m，25m，30m）	剖面图（火灾荷载，30m 30m 30m）高度 40m 中庭	FDS 模型图
火灾场景 C	平面图（火灾荷载，30m×25m，30m，25m，30m）	剖面图（火灾荷载，30m 30m 30m）高度 60m 中庭	FDS 模型图
火灾场景 D	平面图（火灾荷载，30m×25m，30m，25m，30m）	剖面图（火灾荷载，30m 30m 30m）高度 80m 中庭	FDS 模型图
火灾场景 E	平面图（火灾荷载，30m×25m，30m，25m，30m）	剖面图（火灾荷载，30m 30m 30m）高度 100m 中庭	FDS 模型图

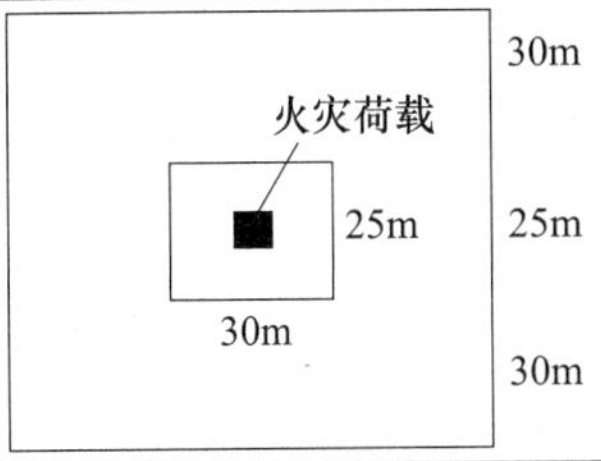

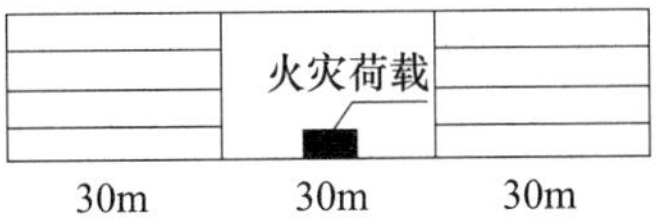

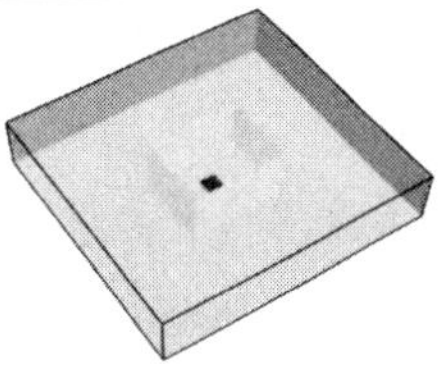

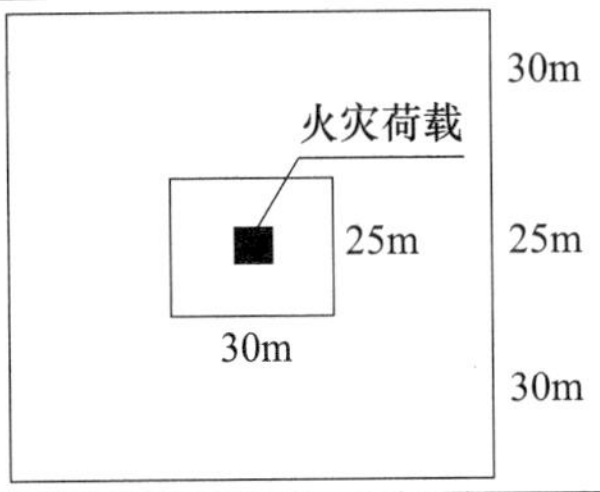

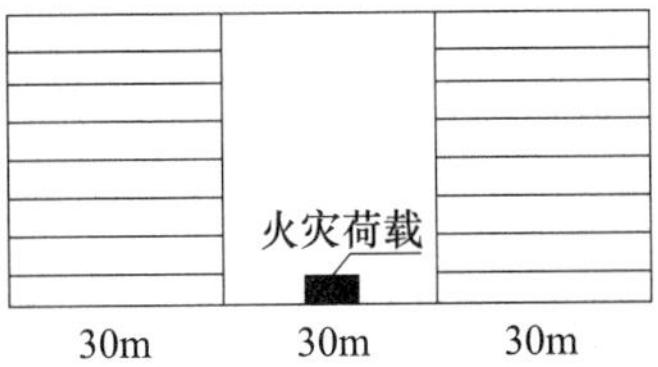

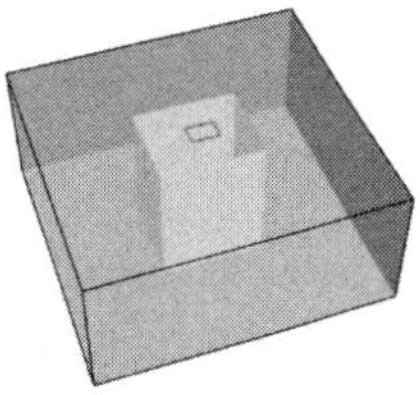

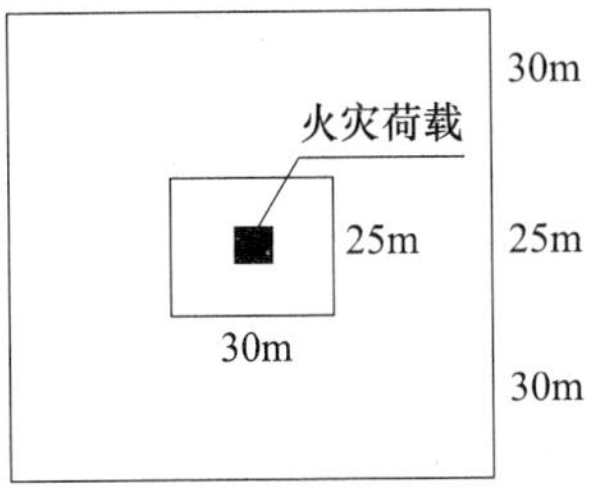

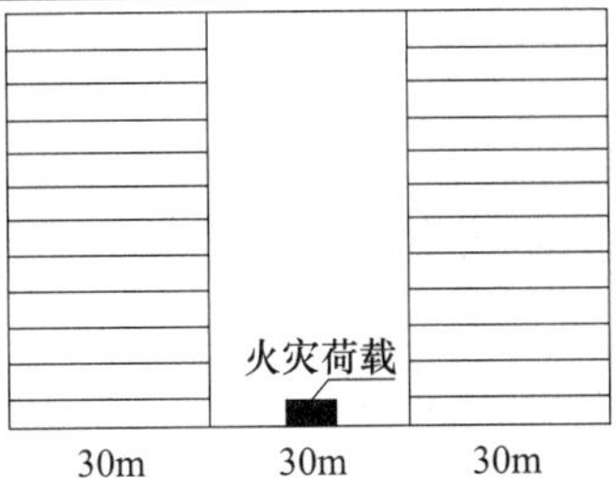

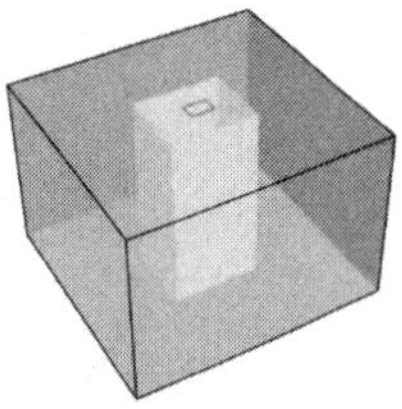

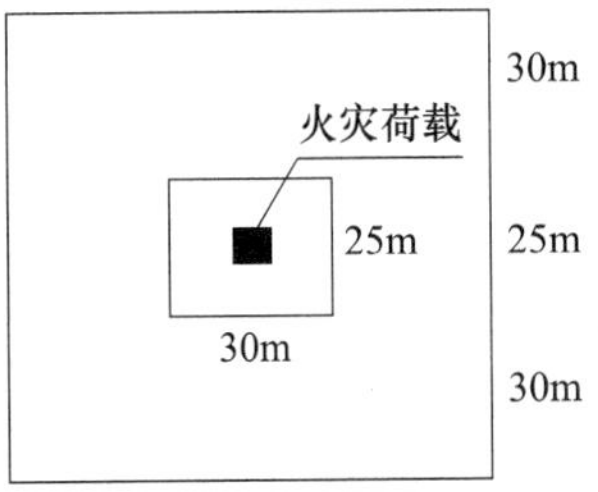

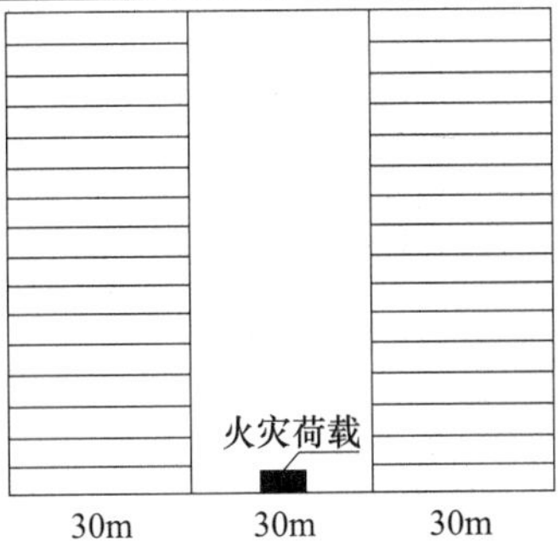

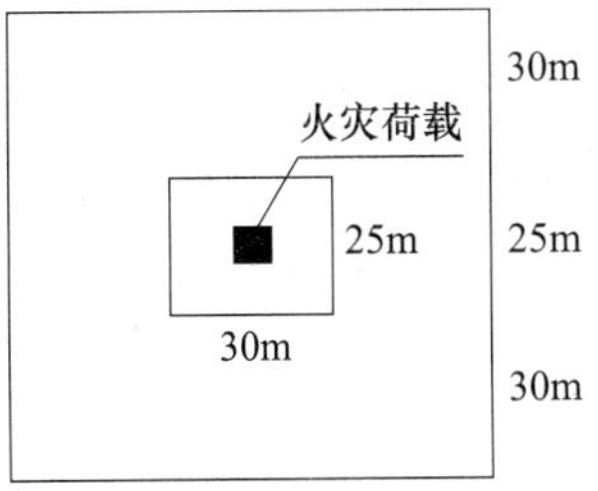

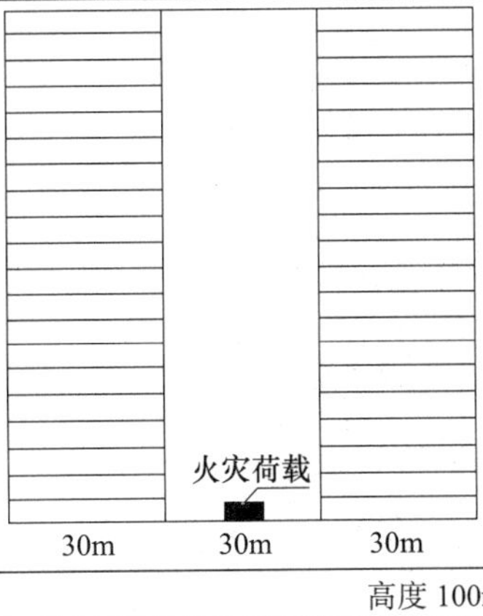

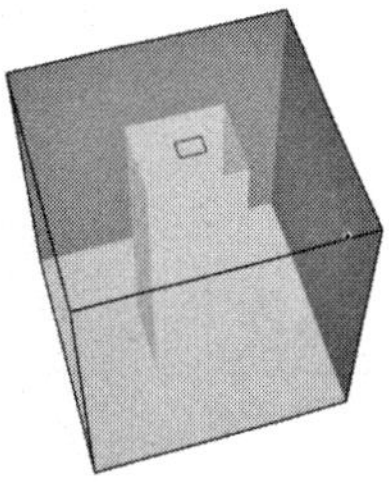

2. 运算结果及分析

1）水平烟气温度对比运算结果及分析

在五个对比模拟实验中，模拟结果在同一水平截面上的烟气温度云图见表4-4，取中庭距离底部 2m 高的横截面作为研究对象，观察其第 1800s 时的烟气温度分布情况，同时获取 0s 至 1800s 时火源上方 2m 处的烟气温度，考察其变化情况。五个火灾场景在 1800s 时距离中庭底面 2m 处高的水平向烟气温度云图对比结果显示为：

烟气温度对比结果（此表中图可扫增值服务码查看彩色图片） 表 4-4

火灾场景	$z = 2m$ 处截面温度云图，$t = 1800s$	火源上方 2m 处的温度变化曲线
火灾场景 A（$h = 20m$）	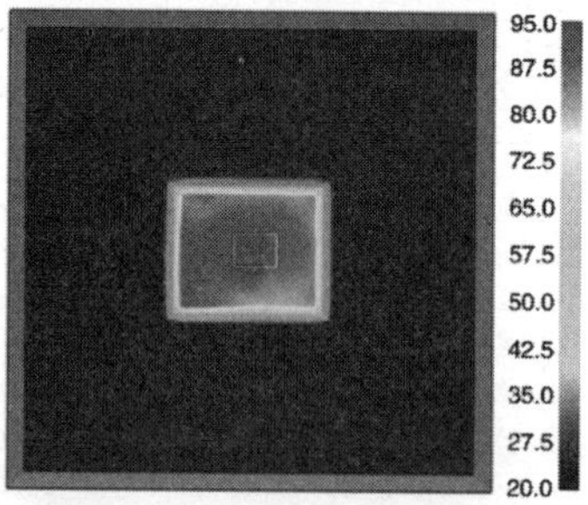	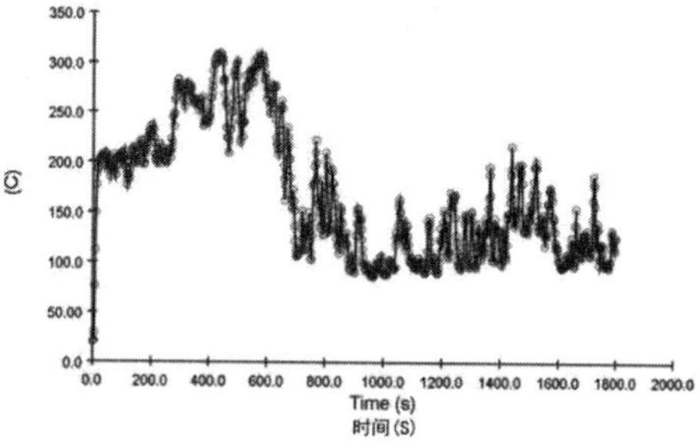
火灾场景 B（$h = 40m$）	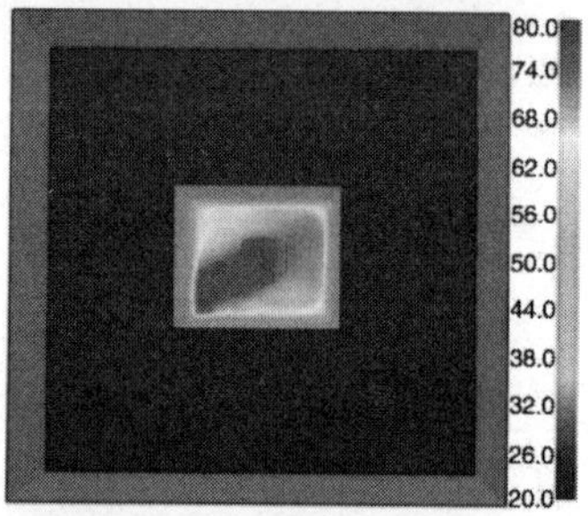	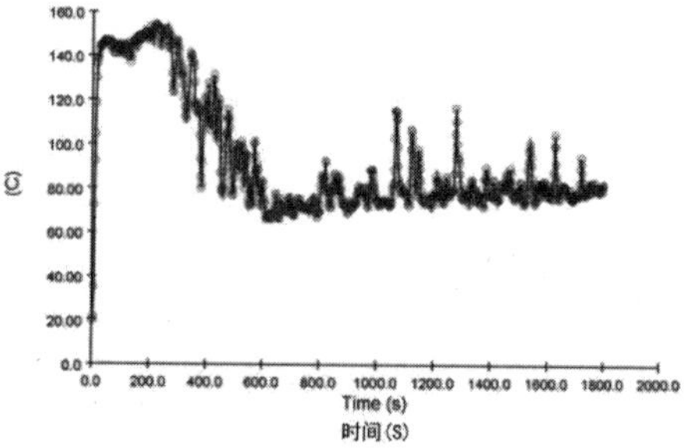
火灾场景 C（$h = 60m$）	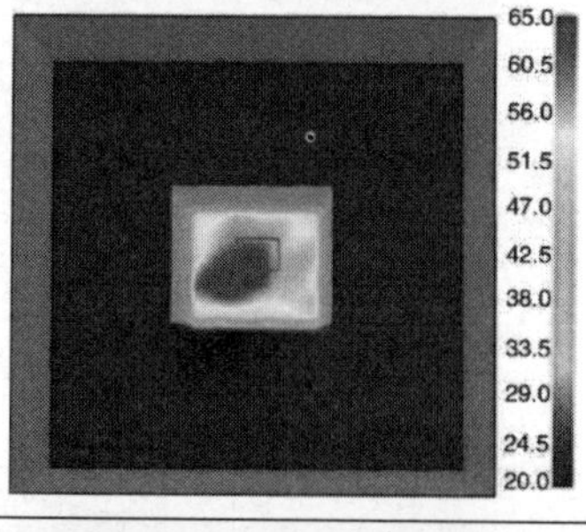	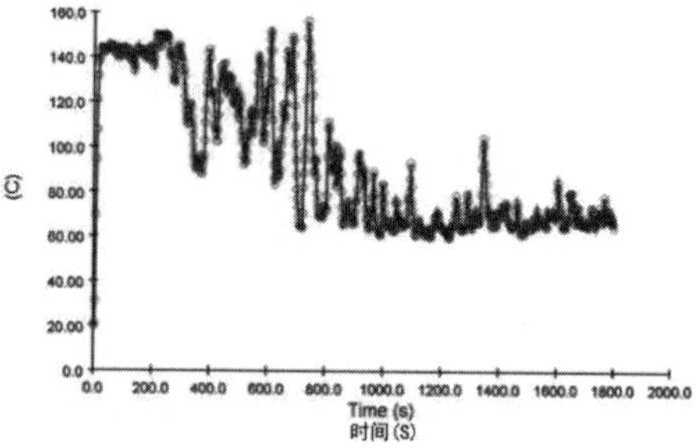
火灾场景 D（$h = 80m$）	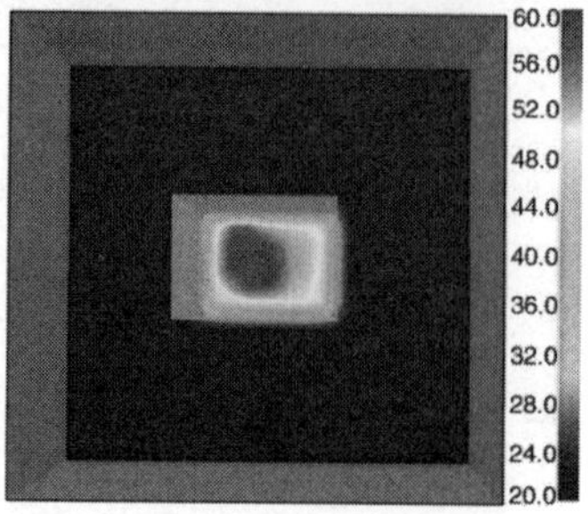	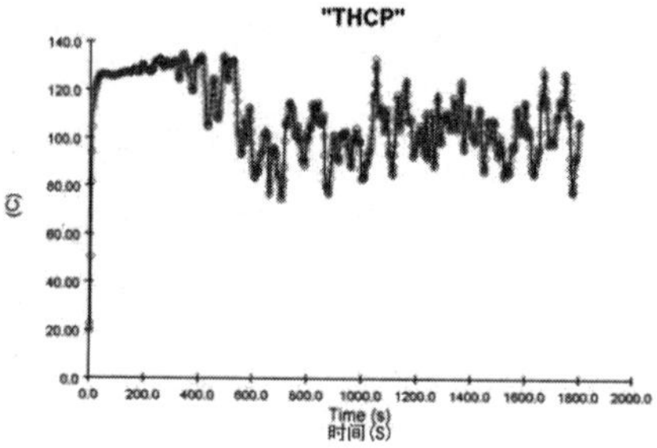

续表

火灾场景	z = 2m 处截面温度云图，t = 1800s	火源上方 2m 处的温度变化曲线
火灾场景 E（h = 100m）	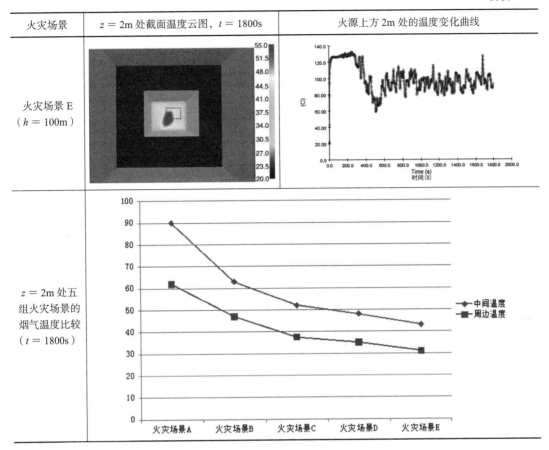	

（1）五个不同高度的中庭在火源上方 2m 处的温度分别为：火灾场景 A 温度最高，达到 90℃，其后依次是：火灾场景 B，达到 63℃；火灾场景 C，为 52℃；火灾场景 D，为 48℃；火灾场景 E，为 43℃。

（2）五个场景的中庭周边温度分别为：火灾场景 A 中最高，为 62℃左右，其后依次是：火灾场景 B，为 47℃；火灾场景 C，为 37.5℃；火灾场景 D，为 35℃；火灾场景 E，为 31℃。

（3）五个火灾场景的中心温度波动情况分别为：火灾场景 A 的最高温为 300℃，最低温为 100℃，温差为 200℃；火灾场景 B 的最高温为 160℃，最低温为 70℃，温差为 90℃；火灾场景 C 的最高温为 160℃，最低温为 70℃，温差为 90℃，但是较火灾场景 B 的烟气温度局部波动大；火灾场景 D 的最高温为 130℃，最低温为 70℃，温差为 60℃；火灾场景 E 的最高温为 130℃，最低温为 70℃，温差为 60℃。

将以上数据绘制成对应的曲线图，分析得：

（1）中庭高度越高，则中庭火源上方 2m 处，1800s 时的烟气温度越低，并且从开始到 1800s 之间的烟气温度波动幅度越小，即在人体有效高度处的烟气温度将会在高度较低的中庭内出现极高值。

（2）中庭的高度越高，中心火源产生烟气上升后再回落至周边的速度越慢，平面周边的烟气温度变化越慢，即在较高的中庭空间中，远离火源的中庭周边的烟气温度差较低，与同一平面处的火源温度的温差较大。

2）纵向烟气温度运算结果及分析

在五个对比模拟实验中，模拟结果在纵向上的烟气温度变化对比结果见表4-5，取中庭火源位置的纵剖面作为研究对象，观察第1800s时的烟气温度分布情况，同时获取0s至1800s时火源上方顶棚处的温度，考察其变化情况。模拟结果显示：

火灾荷载处纵断面烟气温度对比结果（此表中图可扫增值服务码查看彩色图片）

表 4-5

火灾场景	火源处纵截面温度云图，$t = 1800$s	火源上方顶棚处的温度变化
火灾场景 A（$h = 20$m）		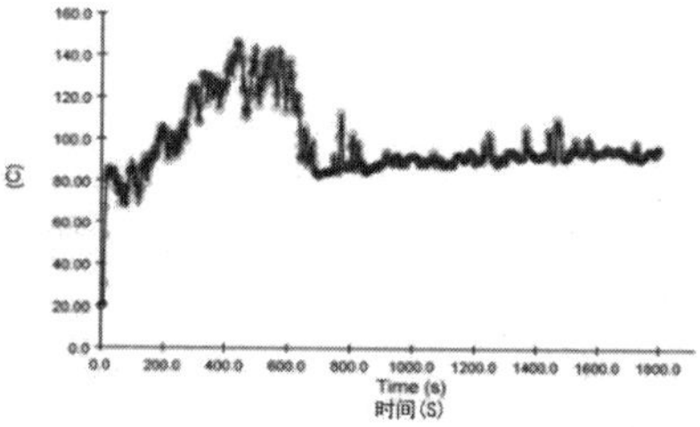
火灾场景 B（$h = 40$m）		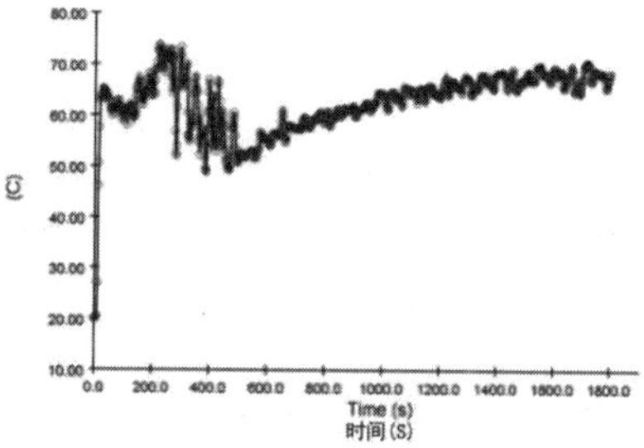
火灾场景 C（$h = 60$m）		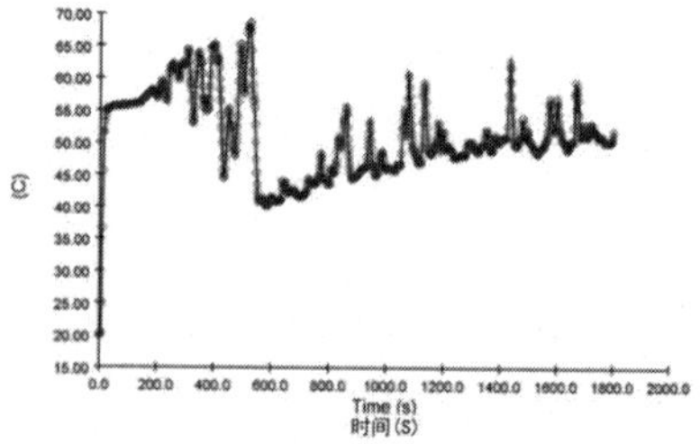
火灾场景 D（$h = 80$m）	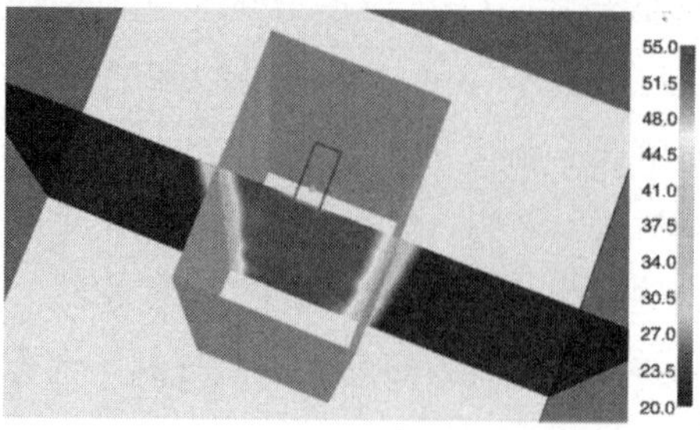	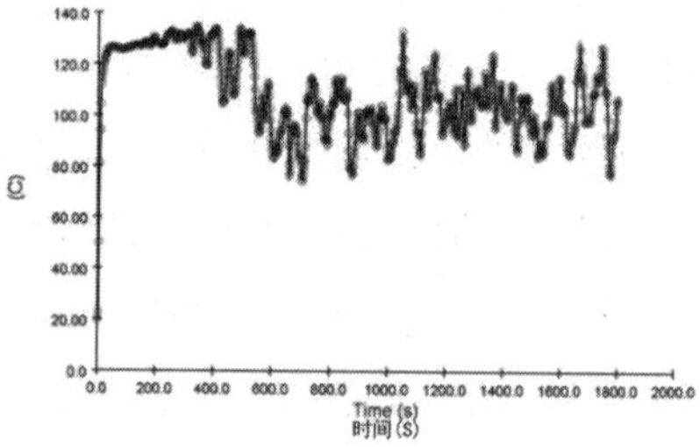

续表

火灾场景	火源处纵截面温度云图，$t = 1800\text{s}$	火源上方顶棚处的温度变化
火灾场景 E（$h = 100\text{m}$）	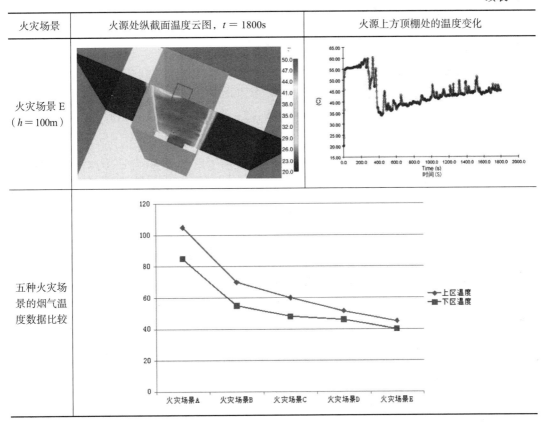	

五种火灾场景的烟气温度数据比较	

（1）五个火灾场景中，1800s 时火源纵断面处烟气温度云图对比显示：在火灾场景 A 中，顶棚附近区域的温度为 105℃左右，底面附近区域的温度为 85℃左右，上下区域温度相差 20℃；在火灾场景 B 中，顶棚附近区域的温度为 70℃，底面附近区域的温度为 55℃，上下区域温度相差 15℃；在火灾场景 C 中，顶棚附近区域的温度为 60℃，底面附近区域的温度为 48℃，上下区域温度相差 12℃；在火灾场景 D 中，顶棚附近区域的温度为 51.5℃，底面附近区域的温度为 46℃，上下区域温度相差 5.5℃；在火灾场景 E 中，顶棚附近区域的温度为 45℃，底面附近区域的温度为 40℃，上下区域的温度相差 5℃。

（2）五个火灾场景中，从 0s 至 1800s 的顶棚温度规律为：火灾场景 A 在 500s 时达到最高温 140℃，700s 时达到最低温 70℃；火灾场景 B 在 220s 时达到最高温 75℃，在 500s 时达到最低温 50℃，后逐渐上升至 70℃；火灾场景 C 在 400s 时达到最高温 70℃，在 600s 时达到最低温 40℃，此后逐渐升温至 50℃；火灾场景 D 在 500s 时达到最高温 140℃，在 600s 时达到最低温 65℃，此后逐渐升温至 100℃上下浮动；火灾场景 E 在 300s 时达到最高温 60℃，在 400s 时达到最低温 35℃，此后逐渐升温至 45℃。

将以上数据绘制成对应的曲线图可得：

（1）中庭在 1800s 时的整体烟气温度随着中庭高度的降低而增大，当中庭高度为 60m 时，其上区温度仅为 60℃，根本无法达到自动喷淋启动的温度限值。中庭上区和下区的温差也因其高度的增高而减小。

（2）1800s 时的顶棚温度随着中庭高度的提高而降低，在整个时间区域内，顶棚距离地面越远，火灾发生时顶棚达到最高温所需的时间越短，但其最高温的值越小，即中庭高度越大，顶棚处的峰值越小。

（3）如果顶棚距离地面较远，则趋于稳定状态时的顶棚处烟气温度较高度低的中庭顶棚处烟气温度更低，温度的波动幅度也会较小。

3）能见度运算结果及分析

在五个对比模拟实验中，模拟结果的能见度分布云图见表4-6，取距离中庭底部2m处横截面作为研究对象，观察第1800s时的人体有效高度处的能见度分布情况。根据模拟结果显示：五个火灾场景在火灾荷载为4MW的情况下，1800s时中庭大部分区域内的能见度均处于比较低的范畴内，低于人员逃生时所需要能见度的极限值。其中，火灾场景A的大部分区域的能见度为0.5m，远离火源的周边处为18m；火灾场景B的大部分区域的能见度为1.5m，远离火源的周边处为18m；火灾场景C的大部分区域的能见度为3m，远离火源的周边处为18m；火灾场景D的大部分区域的能见度为3.5m，远离火源的周边处为20m；火灾场景E的大部分区域的能见度为3.5m，远离火源的周边处为20m。此外，中庭的高度越高，中间火源的烟气上升后回落至中庭周边所需要的时间越长，因此，在同一时间内，能见度较高的区域面积也就越大。

中庭能见度云图，横断面 $z = 2.0m$，$t = 1800s$（此表中图可扫增值服务码查看彩色图片）

表 4-6

火灾场景 E，$h = 100m$	
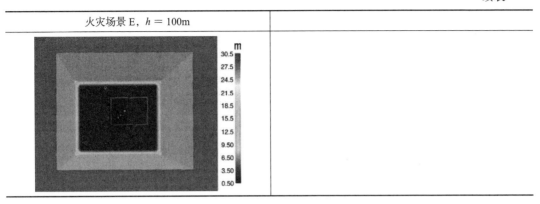	

4）气流速度对比及分析

在五个对比模拟实验中，模拟结果的中庭内气流速率随时间变化的折线图见表4-7，取距离中庭底部10m处横截面以及顶棚处横截面作为研究对象，观察第0s至1800s气流分别通过两截面时对应的热量变化情况。对比模拟结果显示：

中庭内气流变化对比 表4-7

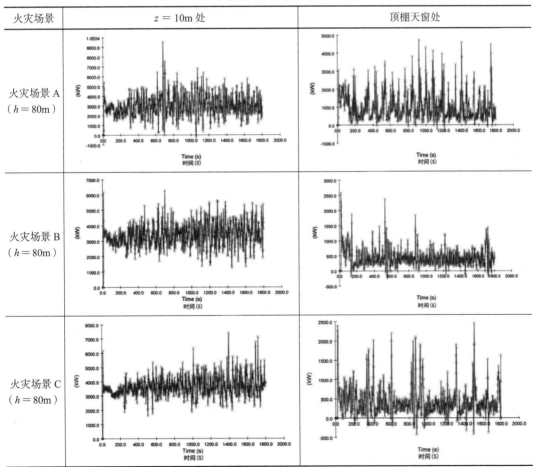

火灾场景	$z = 10m$ 处	顶棚天窗处
火灾场景 A（$h = 80m$）		
火灾场景 B（$h = 80m$）		
火灾场景 C（$h = 80m$）		

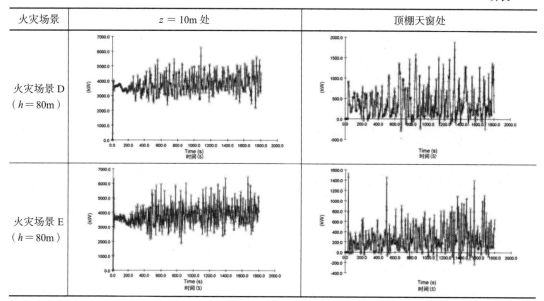

火灾场景	$z = 10m$ 处	顶棚天窗处
火灾场景 D（$h = 80m$）		
火灾场景 E（$h = 80m$）		

（1）五个火灾场景中的10m处热流速度与天窗处的热流速度分别为：在火灾场景A中，距离火源10m处截面的热流速率为3000kW/s上下振荡，天窗处的热流速率为500kW/s上下振荡；在火灾场景B和C中，距离火源10m处截面的热流速率为3500kW/s上下振荡，天窗处的热流速率为250kW/s上下振荡；在火灾场景D中，距离火源10m处截面的热流速率为4000kW/s上下振荡，天窗处的热流速率为250kW/s；在火灾场景E中，距离火源10m处截面的热流速率为4000kW/s上下振荡，天窗处的热流速率为200kW/s。

（2）比较每个火灾场景的中庭内热流与天窗处的热流，可以得出在不同高度的中庭中天窗释放热流的效率。火灾场景A的释放热流效率为500/3000 ＝ 16.67%；火灾场景B和C的热流释放效率为250/3500 ＝ 7.14%；火灾场景D的热流释放效率为250/4000 ＝ 6.25%；火灾场景E的热流释放效率为200/4000 ＝ 5%。可见，中庭高度越高，天窗的热流释放效率越低。

3. 结论与建议

1）不同高度的中庭的火灾烟气蔓延特点

总结五种高度的中庭的火灾特征，中庭的上区温度和下区温度均随其高度的增高而降低，1.8m处的能见度受到中庭高度的影响但变化不大，烟气热流速率见表4-8。

五种高度中庭的火灾烟气特征对比情况　　　　　　表 4-8

中庭高度	下区温度	上区温度	能见度	烟气热流速率
20m	最高	最高	较小	较小
40m	较高	较高	较小	中等
60m	一般	一般	较小	中等
80m	较低	较低	较小	较大
100m	最低	最低	较小	较大

2）顶棚处烟气温度随中庭高度的变化明显

中庭高度达到 60m 及以上时，中庭的顶棚附近在 1800s 时的温度处于 60℃以下，无法达到自动喷淋的开启温度值，因此自动喷淋不能及时发挥灭火的效用。建议自动喷淋的开启温度根据中庭高度的变化进行个性化设置，以保证所有的喷淋均能及时开启。

3）中庭内能见度与其高度呈正比，烟囱效应与中庭高度也成正比

高度大的中庭，一方面导致严重的烟囱效应，使得烟气向上蔓延的速度增大，另一方面，其在规定时间内的人体有效高度处的能见度会增大，有利于赢得更多的逃生时间。因此建议通过性能化模拟对不同的中庭制定出一个在烟气蔓延和人员逃生时间上均相对优越的最优高度区间。在此理想化模型中，根据烟气上升速度和能见度变化的对比结果看，100m 的高度区间为相对最优的高度区间（图 4-3）。

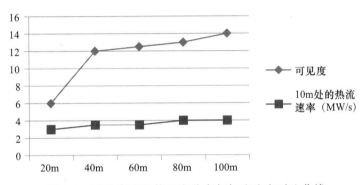

图 4-3　五种高度的能见度分布与气流速度对比曲线

4）中庭内的烟气速度在纵向上的分布受其高度影响

对于高度超过 12m 的中庭，按照规范，均需要进行机械排烟的设置，不同高度区间内烟气流通速率是不同的，若单纯地按照体积计算法对排烟口的排烟量进行设定，将会与实际情况产生较大出入，建议不同高度区域的排烟量要根据每层的中庭内风速设置。

5）其他结论

通过五组模拟数据可看出，1800s 时中庭在人体有效高度处（1.8m 处）中间区域的能见度均小于危险值，周边区域的能见度接近极限值，可见，中庭的能见度不仅与其高度有关，在底面上的分布也呈现出一定的规律。因此，控制中庭的高度与底面的比值有利于提高有效高度处的能见度。

4.2.2　模拟中庭界面形式对火灾烟气蔓延的影响

1. 火灾场景的设置

构建五组中庭火灾对比模型，讨论在边界条件相同、中庭界面围合程度不同的情况下，烟气蔓延的规律。五组火灾场景模型的中庭体积均为 9000m³，即：750m² 的基地面积和 12m 的中庭高度。如表 4-9 所示，将中庭界面形式分为单面实体界面、相邻两边实体界面、相对两边实体界面、三边实体界面、四边实体界面。在五组火灾场景中，均在

中庭中心设火灾规模为 5MW[①]（设置理由见第 3 章）的火灾荷载（表 4-9）。

五种界面的中庭平面和 FDS 模型图   表 4-9

火灾场景 A（单边实体界面）	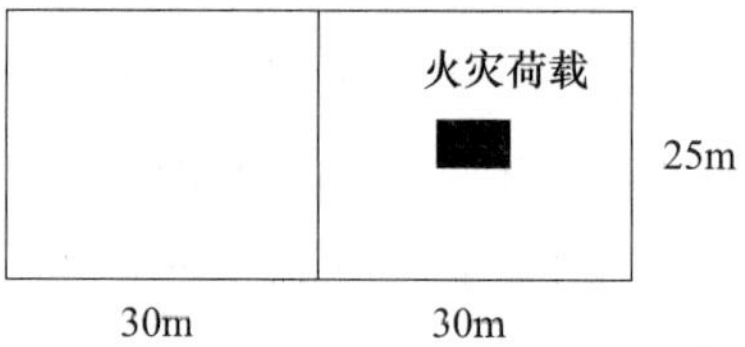 火灾荷载 25m 30m 30m	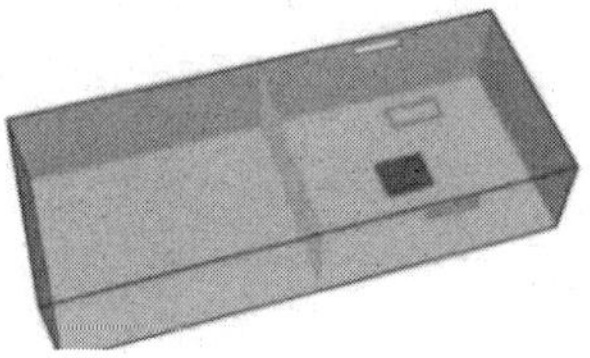
火灾场景 B（相邻两边实体界面）	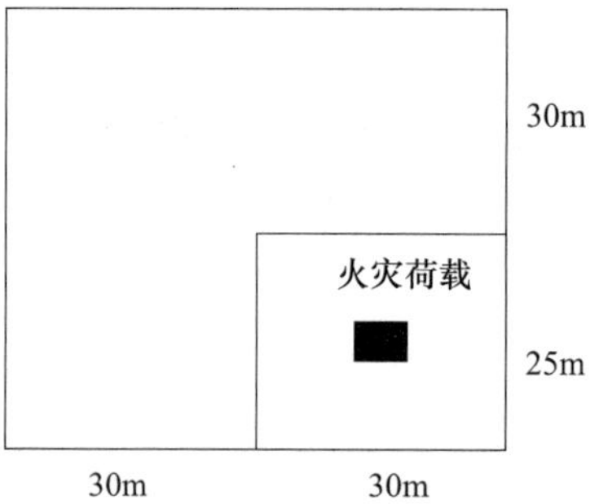 30m 火灾荷载 25m 30m 30m	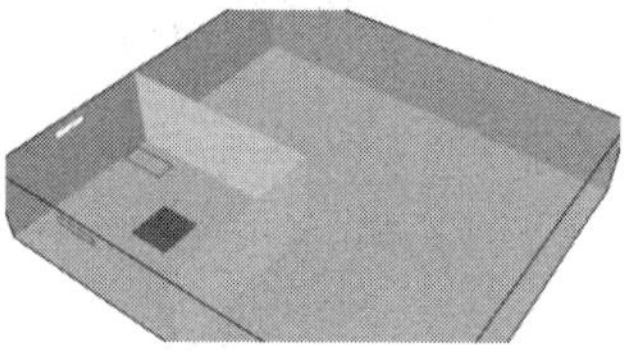
火灾场景 C（相对两边实体界面）	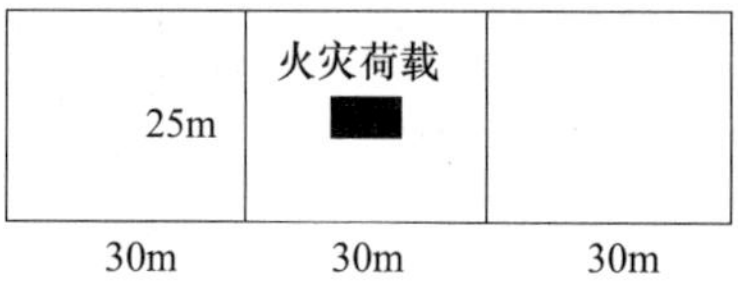 火灾荷载 25m 30m 30m 30m	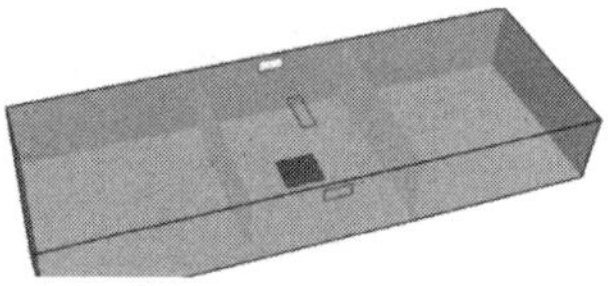
火灾场景 D（三边实体界面）	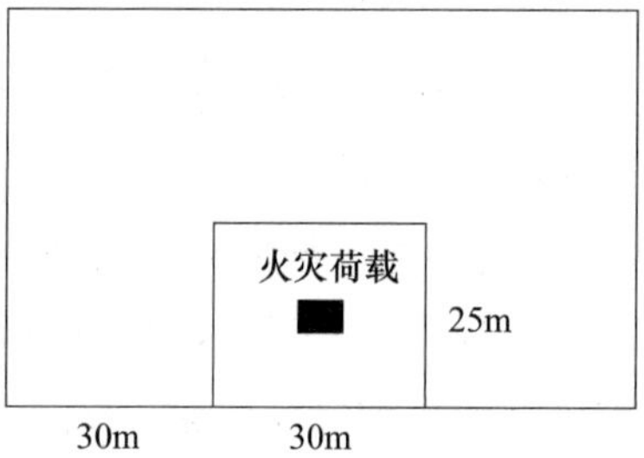 火灾荷载 25m 30m 30m	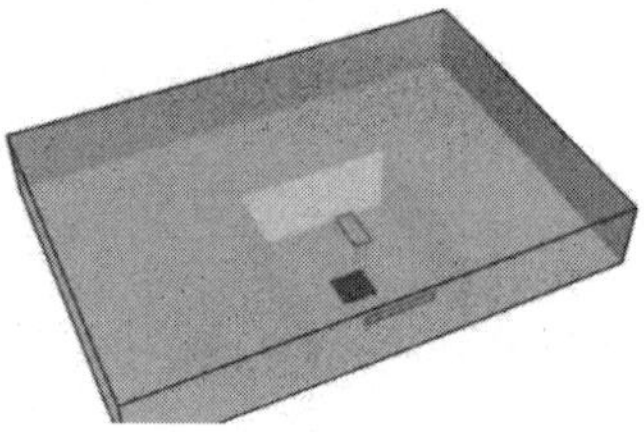
火灾场景 E（四边实体界面）	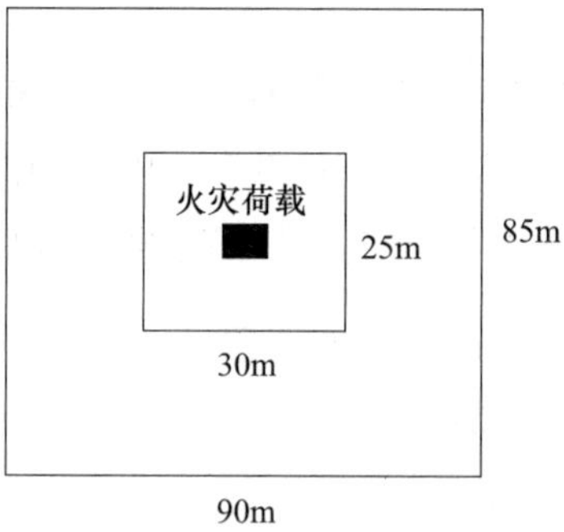 火灾荷载 25m 85m 30m 90m	

    12m 的中庭高度在现有规范中可仅设天窗或高窗进行自然排烟，而不设喷淋灭火系统。五个模型中的开窗面积至少为 $750m^2 \times 5\% = 37.5m^2$，在此取值为 $40m^2$。根据不同界

[①] 热释放速率（Heat Release Rate Per Area，HPPUA）= $1000kW/m^2$。

面的面积配比来分配总开窗面积，得到每个界面处的开窗面积（表4-10）。

排烟口位置及面积比例　　　　　　　　　　　表4-10

名称	$S_顶/S_{open 顶}$	$S_侧/S_{open 侧}$	$S_侧/S_{open 侧}$	$S_侧/S_{open 侧}$	$S_总/S_{open 侧}$
火灾场景 A	700/21	360/9.5	—	360/9.5	2020/40
火灾场景 B	700/21	360/9.5	360/9.5	—	2020/40
火灾场景 C	700/21	360/9.5	—	360/9.5	2020/40
火灾场景 D	700/21	—	—	360/19	2020/40
火灾场景 E	700/40	—	—	—	2020/40

2. 运算结果及分析

1）水平烟气温度分布对比及分析

五种火灾场景中水平面上的烟气温度云图见表4-11，取距离底部2m高处的横截面作为研究对象，观察第1800s时的烟气温度分布情况，并观察0s至1800s时火源上方2m处的温度变化情况。

烟气温度模拟对比结果（此表中图可扫增值服务码查看彩色图片）　　　表4-11

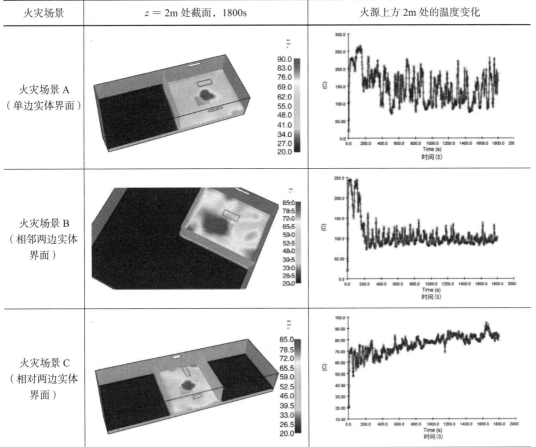

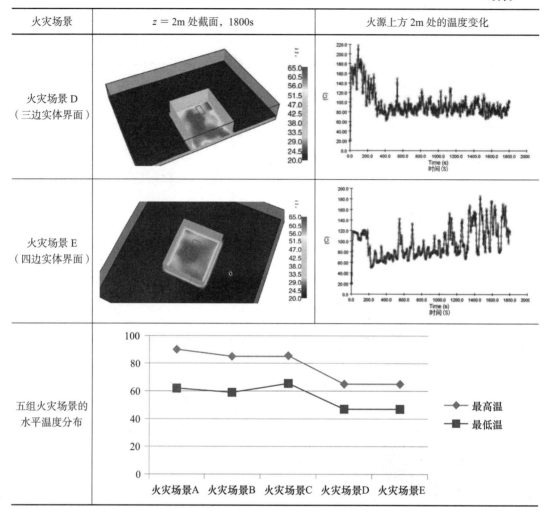

火灾场景	$z = 2m$ 处截面，1800s	火源上方 2m 处的温度变化
火灾场景 D（三边实体界面）		
火灾场景 E（四边实体界面）		
五组火灾场景的水平温度分布		

（1）根据五个火灾场景的 $z = 2.0$m 处横断面的烟气温度云图所示：火灾场景 A 中，火源上方温度最高为 90℃，四周温度分布均匀，为 62～69℃；火灾场景 B 中，火源上方温度最高为 85.0℃，四周温度分布不均，为 59.0～72.0℃；火灾场景 C 中，火源上方温度最高为 85.5℃，四周温度分布均匀，为 65.5～72.0℃；火灾场景 D 中，火源上方温度最高位为 65.0℃，四周温度分布不均，为 47.0～65.5℃；火灾场景 E 中，火源上方温度最高为 65.0℃，四周温度分布不均，为 47.0～65.5℃。

（2）根据火源上方 2m 处的温度变化曲线图所示：火灾场景 A 中，温度在 150s 时达到最高 250℃，随即在 80～200℃之间振荡；火灾场景 B 中，温度在 150s 时达到最高 250℃，随即在 100℃上下振荡；火灾场景 C 中，温度在 150s 时达到 60℃，随即逐渐上升至 80℃；火灾场景 D 中，温度在 150s 时达到最高 200℃，随即下降至 80℃；火灾场景 E 中，温度在 200s 时达到 120℃，随即下降至 60℃。可见天窗释放热流的效率比侧高窗更高。

2）纵向烟气温度分布对比及分析

五种火灾场景纵向上的烟气温度云图见表4-12，取中庭火源位置的纵剖面作为研究对象，观察其第1800s时的烟气温度分布情况，并观察0s至1800s时火源上方顶棚处的温度变化情况。

烟气温度对比结果（此表中图可扫增值服务码查看彩色图片）　　表 4-12

火灾场景	火源处纵断面，$t = 1800s$	火源上方顶棚处的温度变化
火灾场景 A（单边实体界面）	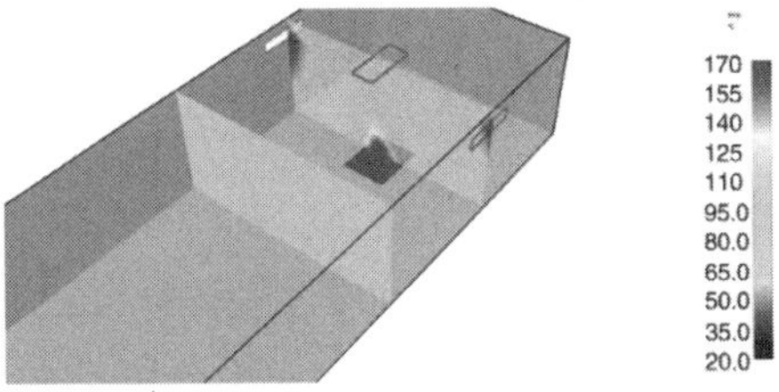	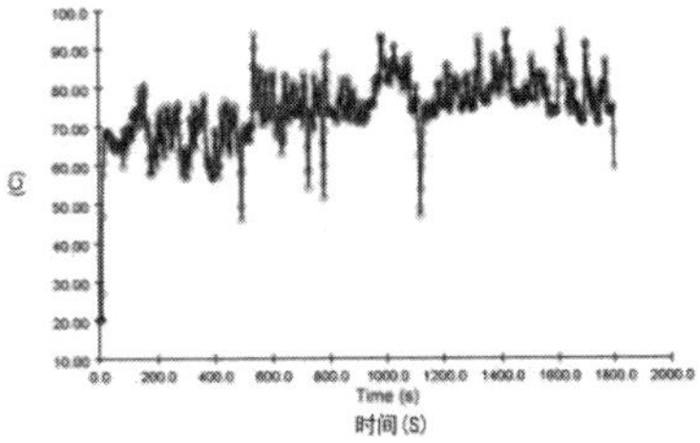
火灾场景 B（相邻两边实体界面）	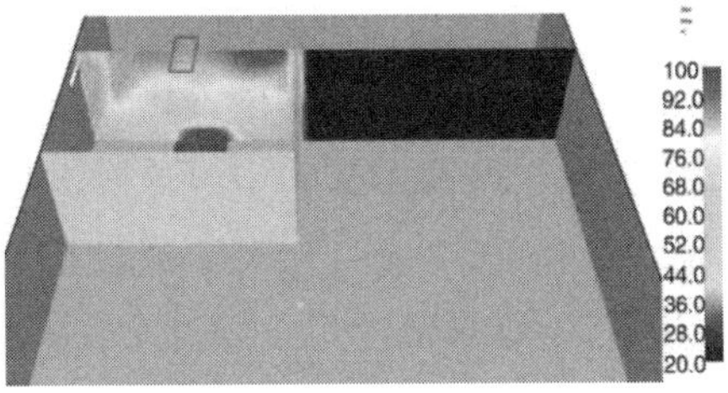	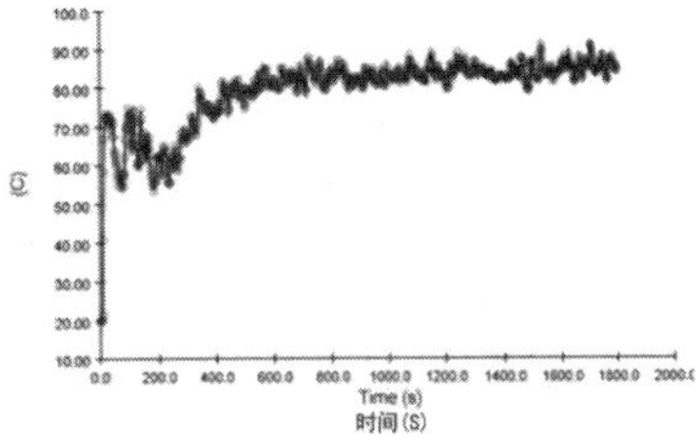
火灾场景 C（相对两边实体界面）	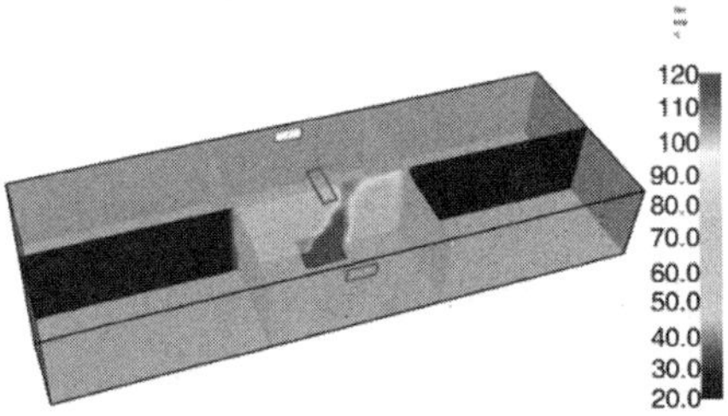	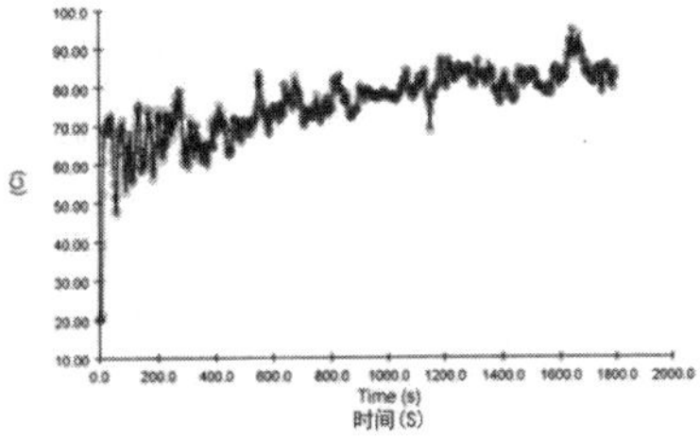
火灾场景 D（三边实体界面）	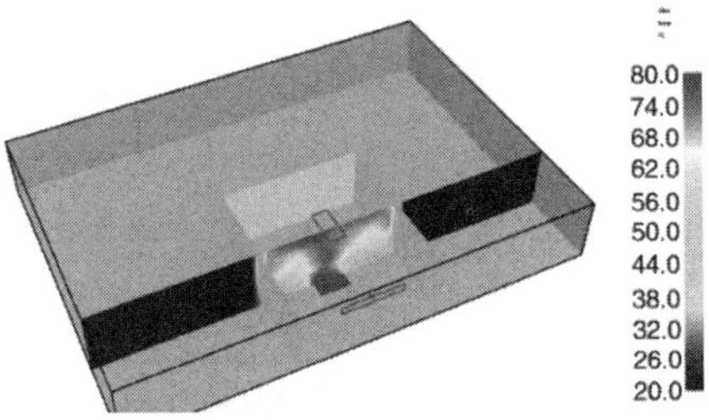	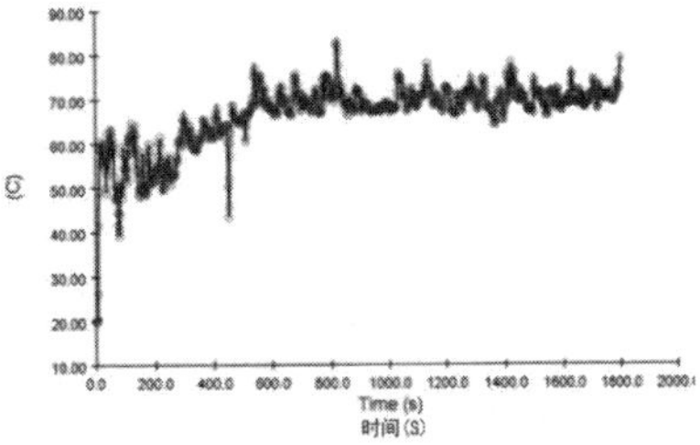
火灾场景 E（四边实体界面）	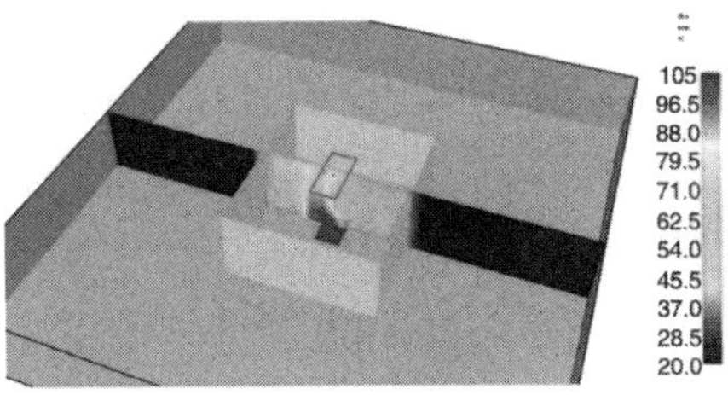	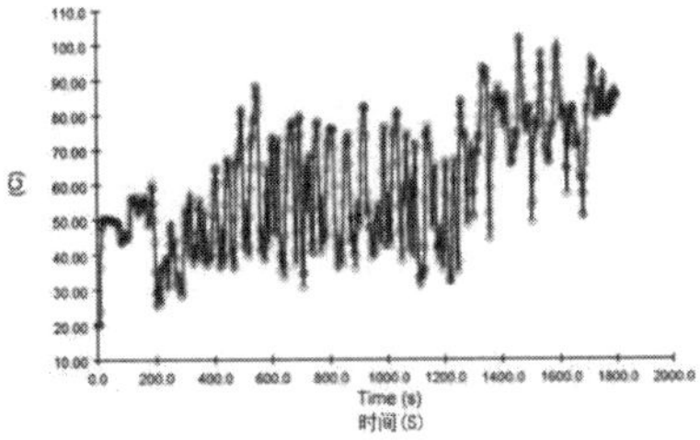

续表

火灾场景	火源处纵断面，$t = 1800\mathrm{s}$	火源上方顶棚处的温度变化
五组火灾场景的纵向温度分布		

（1）五个火灾场景的火源处纵断面的烟气温度云图对比结果为：在火灾场景 A 中，顶棚附近区域的温度在 80～95℃之间，底面附近区域的温度为 65℃左右，相差 15～30℃；在火灾场景 B 中，顶棚附近区域的温度在 92～100℃之间，底面附近区域的温度为 60℃，相差 32～40℃；在火灾场景 C 中：顶棚附近区域的温度在 100～110℃之间，底面附近区域的温度为 60℃，相差 40～50℃；在火灾场景 D 中，顶棚附近区域的温度为 80℃，底面附近区域的温度为 50℃，相差 30℃；火灾场景 E 中，顶棚附近区域的温度在 71～80℃之间，底面附近区域的温度为 62.5℃，相差 8.5～17.5℃。通过五组火灾场景的温度云图对比可知，火灾场景 A 的底面温度最高，并且温差较大，场景 D、E 最小；火灾场景 C 的顶棚温度最高，并且纵向温差最大，火灾场景 E 的顶棚温度最小，并且纵向温差最小。

（2）根据火源上方顶棚处的温度变化的结果所示：在火灾场景 A 中，顶棚处的温度几乎均在 80℃上下振荡；火灾场景 B 中，顶棚的温度从一开始的 60℃逐渐上升至 80℃；火灾场景 C 中，顶棚的温度从一开始的 60℃缓慢上升至 80℃；火灾场景 D 中，顶棚的温度从一开始的 50℃缓慢上升至 70℃；火灾场景 E 中，顶棚的温度从一开始的 50℃缓慢上升，在 30～80℃之间来回振荡。可见顶棚处的天窗释放热流的效率比侧高窗更高。

3）能见度对比及分析

五种火灾场景的能见度分布云图见表 4-13，取距离底部 2m 处横截面作为研究对象，观察其第 1800s 时的烟气能见度分布情况。根据 1800s 时五个火灾场景的横断面 $z = 2.0\mathrm{m}$ 处能见度云图对比结果所示：五个火灾场景的大部分空间的能见度均较低，低于人员逃生的能见度的极限值。其中，火灾场景 A、D、E 为 0.5m；火灾场景 B、C 为 0m。高侧窗比天窗更有利于排除烟气，提高中庭（尤其是中庭周边）的能见度。

4）气流速度对比及分析

五种火灾场景的中庭内的气流速率折线图见表 4-14，取天窗和高侧窗处的烟气流通量作为研究对象，观察第 1800s 时气流分别通过两截面的气流量变化情况。五组火灾场景中各通风口空气流量数据总结显示：火灾场景 E 中单位时间排出空气量达到 3000kW/s，为最大值；火灾场景 A、D 中单位时间的排气量为 2300kW/s，位居第二；火灾场景 B、C 的排气量最小，为 1850kW/s 左右（表 4-15）。

火灾烟气能见度对比云图，横断面 $z = 2.0m$，$t = 1800s$

（此表中图可扫增值服务码查看彩色图片）　　　　　　表 4-13

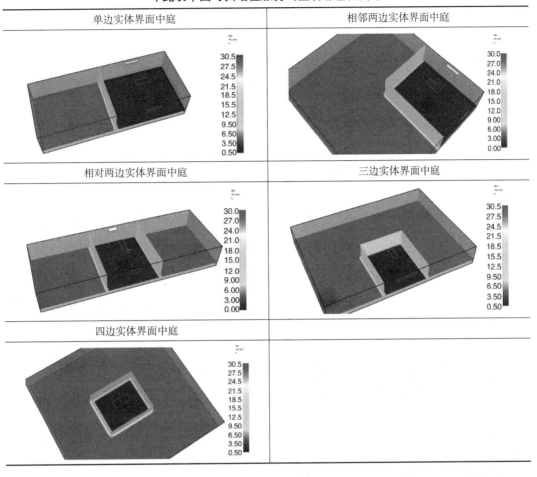

单边实体界面中庭	相邻两边实体界面中庭
相对两边实体界面中庭	三边实体界面中庭
四边实体界面中庭	

排烟口处气流量　　　　　　表 4-14

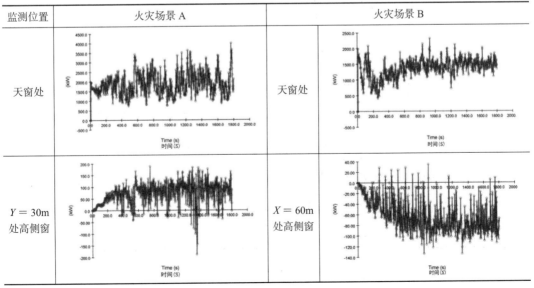

监测位置	火灾场景 A		火灾场景 B
天窗处		天窗处	
$Y = 30m$ 处高侧窗		$X = 60m$ 处高侧窗	

续表

监测位置	火灾场景 A	监测位置	火灾场景 B
$Y = 55m$ 处高侧窗	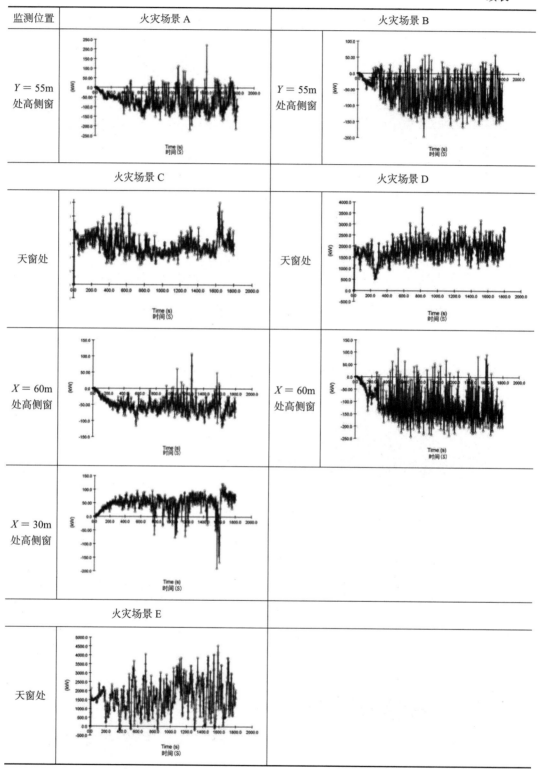	$Y = 55m$ 处高侧窗	
	火灾场景 C		火灾场景 D
天窗处		天窗处	
$X = 60m$ 处高侧窗		$X = 60m$ 处高侧窗	
$X = 30m$ 处高侧窗			
	火灾场景 E		
天窗处			

五组火灾场景通风口的空气流量　　　　　　表 4-15

单位：kW/s

火灾场景	天窗	侧高窗 $Y = 30m$	侧高窗 $X = 60$	侧高窗 $Y = 55$	侧高窗 $X = 30m$
火灾场景 A	＋2500	−100	—	−100	—
火灾场景 B	＋1800	＋150	−100	—	—
火灾场景 C	＋2000	—	−100	—	−50
火灾场景 D	＋2500	—	−200	—	—
火灾场景 E	＋3000	—	—	—	—

注：＋代表排出空气，−代表吸入空气。

3. 结论与建议

1）不同空间形式的中庭的火灾特点

（1）单一界面：中庭内温度上升较快，起火点上方温度在五组中庭中最高，但气流在纵向上流动的剧烈程度一般，纵向温差并不大。

（2）相邻界面：相比其他类型的中庭，两边围合式中庭的空气流动剧烈程度适中，室内温度居中，温差也不大。

（3）相对两边界面：底面温度适中，温差最小，纵向顶棚温度最高，且温差最大，纵向气流流动较剧烈。

（4）三边界面：中庭内空气流速较缓慢，室内整体温度提升较慢，上下区域的温差较小。

（5）四边界面：中庭内空气流速较平稳，室内整体温度提升偏慢，上下区域的温差较小。

综上所述，总结出了不同界面形式的中庭的火灾机理特征（表 4-16）。

不同边界形式的中庭火灾烟气蔓延对比　　　　　　表 4-16

中庭类型	主要进风部位	主要排风部位	下区温度	上区温度	能见度
单边界面	高侧窗 $Y = 30m$，$Y = 55m$	天窗	较高	适中	较低
相邻两边界面	高侧窗 $X = 60m$	天窗、高侧窗 $Y = 30m$	适中	较高	最低
相对两边界面	高侧窗 $X = 60m$，$X = 30m$	天窗	适中	最高	最高
三边界面	高侧窗 $X = 60m$	天窗	较低	较低	较低
四边界面	—	天窗	最高	较低	较低

2）自然排烟中庭的排风口设置

对于自然排烟的中庭，烟囱效应的强弱根据中庭通风口的设计、方位和开口大小的不同而发生改变。不同界面形式的中庭，其通风口的设计各不相同，室内的火灾烟气蔓延的特点也不同。因此，防火设计者应根据模拟结果不断调整排风口的面积和位置，保证其排风效率达到最佳。

3）烟囱效应的利弊权衡

中庭内的烟囱效应不全是利于建筑火灾的，虽然它导致了中庭内的烟气更加快速地向上蔓延，但是强大的拔风能力能帮助排出火灾烟气，降低中庭内的温度，增加烟气回落至底面四周的时间，提高其能见度，因此，利用烟囱效应带来的优势，规避其劣势，是设计者应该重点考虑的重要方面。

4.2.3 模拟中庭的底面形状对火灾烟气蔓延的影响

1. 火灾场景的设置

构建五组中庭火灾对比模型，讨论在边界条件相同的情况下，中庭底面积形制对烟气蔓延的影响。设计底面积均为750m^2、高度均为12m的五个FDS模型，底面形状分别为：圆形、矩形、三角形、不规则四边形和不规则图形（表4-17）。在五组火灾场景中，中庭底面中心处设一火灾荷载，其规模为5MW[①]，运行时间为1800s。中庭的顶棚和四周的楼板采用A级材料，其他为B1级材料。可设置天窗用于火灾排烟（软件中，设置表面为open，环境风速0m/s），天窗的开口面积均为40m^2（理由见第3章）。

五种形状的中庭平面和FDS模型图 表4-17

火灾场景A（圆形中庭）	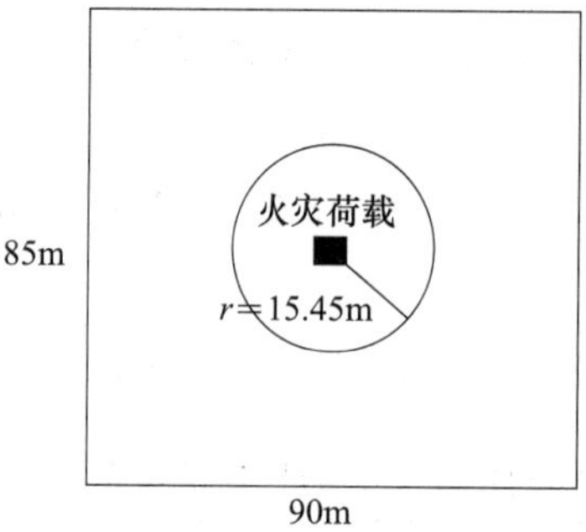 85m / 90m / 火灾荷载 / $r=15.45$m	
火灾场景B（矩形中庭）	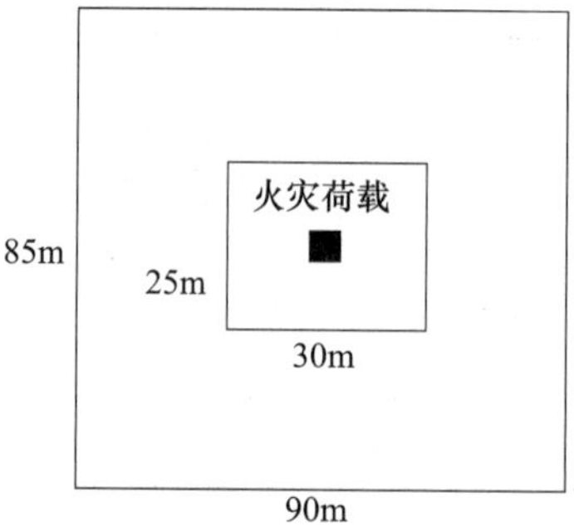 85m / 90m / 25m / 30m / 火灾荷载	

---

① 热释放速率（Heat Release Rate Per Area，HPPUA）= 1000kW/m^2。

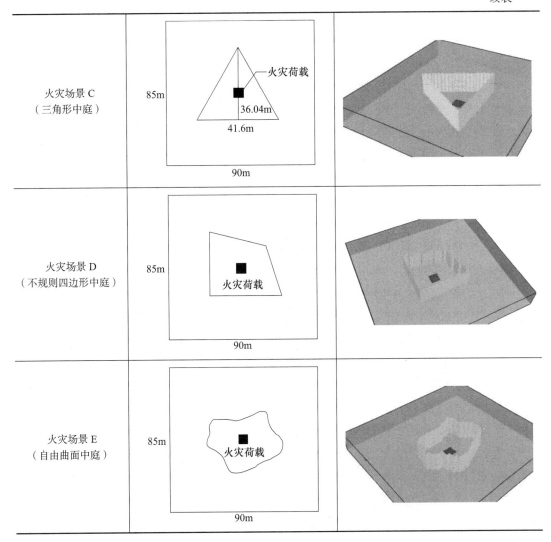

火灾场景 C （三角形中庭）	85m，火灾荷载，36.04m，41.6m，90m	
火灾场景 D （不规则四边形中庭）	85m，火灾荷载，90m	
火灾场景 E （自由曲面中庭）	85m，火灾荷载，90m	

2. 运算结果及分析

1）水平烟气温度对比及分析

五种火灾场景中水平面上的烟气温度云图见表 4-18，取距离底部 2m 高处的横截面作为研究对象，观察其第 1800s 时的烟气温度分布情况，并观察 0s 至 1800s 时火源上方 2m 处的温度变化情况。根据 2m 处的烟气温度云图所示：圆形中庭中心处的温度为 58℃，周围最低温度为 48℃，温度分布均匀，均在 58℃以上；矩形中庭中心温度为 59℃，周边温度为 36℃，温度从中心处向周边依次降低；三角形中庭的中心温度为 64℃，周边最低温度为 51.5℃，温度分布均匀，均在 60.5℃以上；不规则四边形中庭中心温度为 55℃，周边最低温度为 34℃，温度由高至低向周边扩散，主要区域平均温度为 46℃；自由曲面的中庭中心温度为 58℃，周边最低温度为 36℃，温度由高至低向周边扩散，主要区域平均温度为 50℃。由火源上方的烟气温度变化曲线可以看出：火灾场景 A 中，火源上方的烟气温度在 50～200℃之间；火灾场景 B 中，火源上方的烟气温度在 60～140℃之间；火灾场景 C 中，火源上方的烟气温度在 50～200℃之间；火灾场景 D 中，火源上方的烟气温度在 60～120℃之间；火灾场景 E 中，火源上方的烟气温度在 60～140℃。可见火灾场景 A 和火灾场景 C 的烟气温度最不稳定，火灾场景 D 的烟气温度相对稳定。

烟气温度对比结果（此表中图可扫增值服务码查看彩色图片） 表 4-18

	$z=2\mathrm{m}$ 处截面，$t=1800\mathrm{s}$	火源上方 2m 处的温度变化
火灾场景 A（圆形中庭）	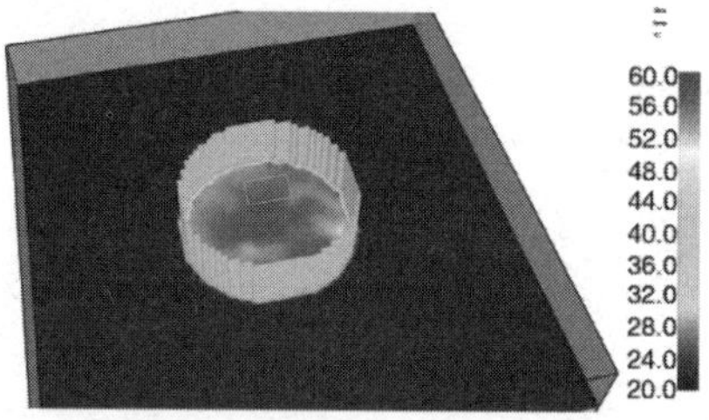	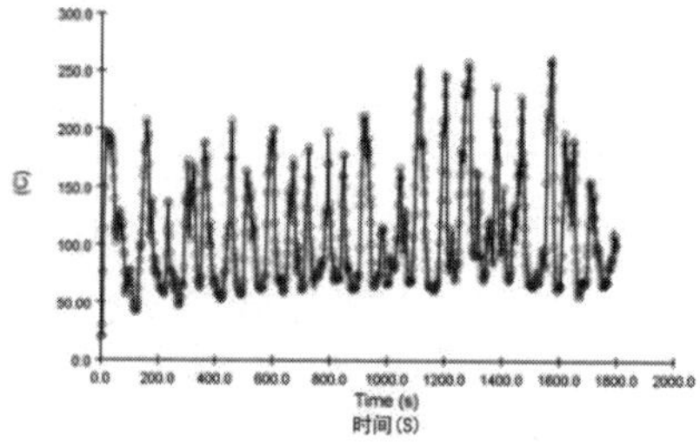
火灾场景 B（矩形中庭）	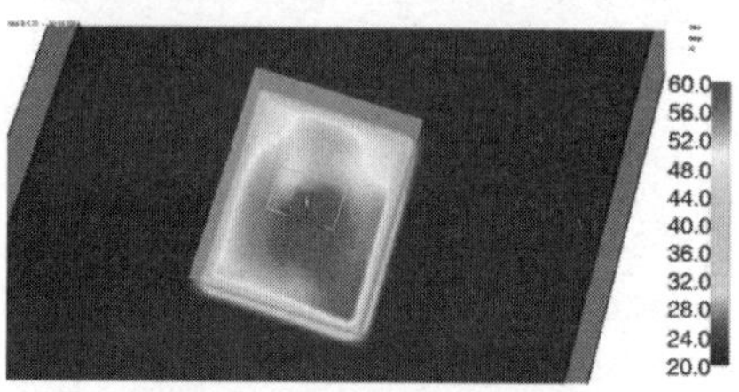	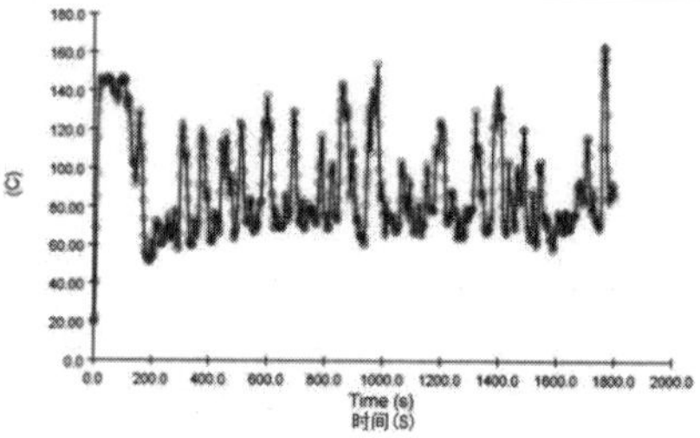
火灾场景 C（三角形中庭）		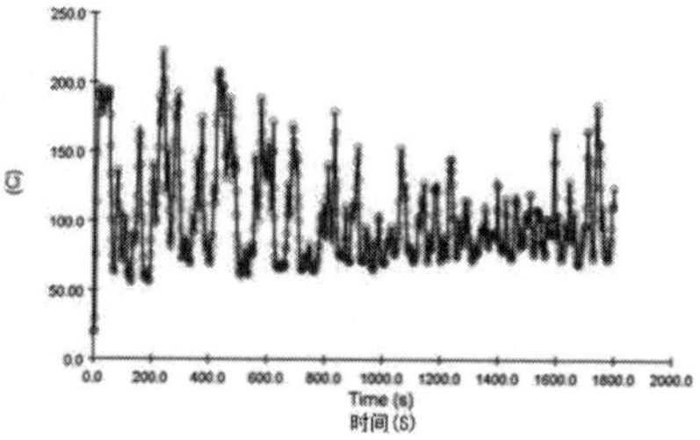
火灾场景 D（不规则四边形）		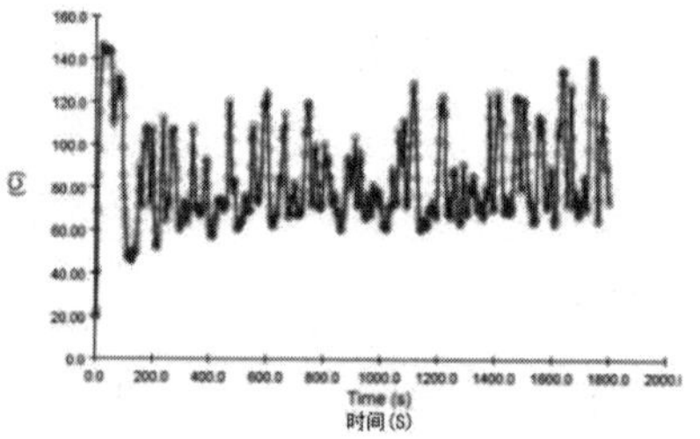
火灾场景 E（自由曲面中庭）	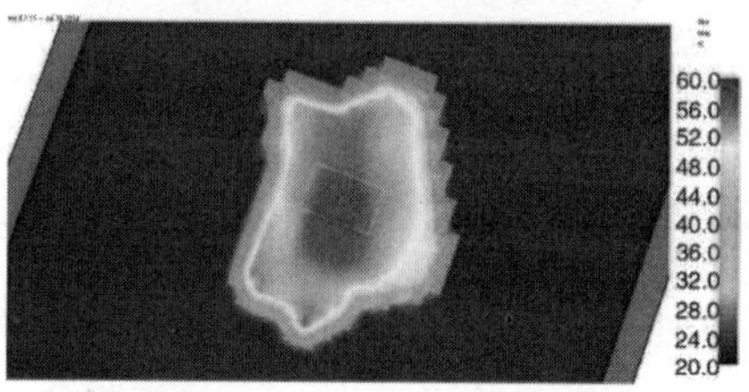	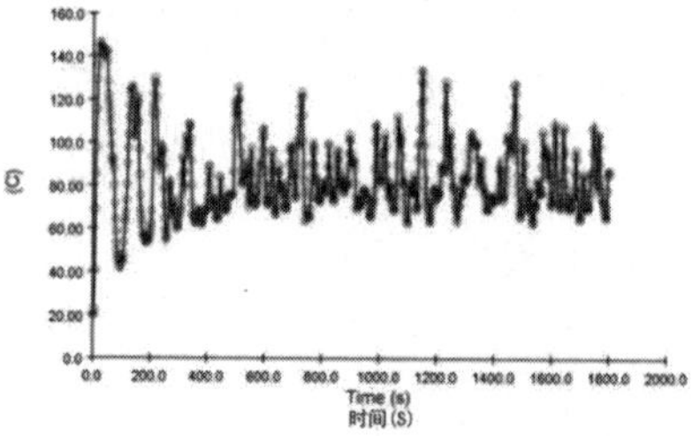

$z = 2m$ 处截面，$t = 1800s$	火源上方 2m 处的温度变化
五种火灾场景的烟气温度结果对比分析 $z = 2m$	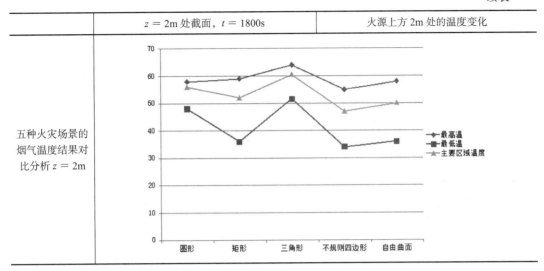

2）纵向烟气温度分布对比及分析

五种火灾场景中纵向上的烟气温度云图见表 4-19，取中庭火源位置的纵剖面作为研究对象，观察第 1800s 时的烟气温度分布情况，并观察 0s 至 1800s 时火源上方顶棚处的温度变化情况。根据纵剖面的中庭烟气温度云图所示：圆形中庭的烟气温度在顶棚处为 86.5℃，在中庭下部区域为 58℃，大部分区域的温度为 67.5℃；矩形中庭的烟气温度在顶棚处为 62℃，下部区域的温度为 50℃，大部分区域的温度为 55℃；三角形中庭的烟气温度在顶棚处为 84℃，下部区域的温度为 56℃，大部分区域的温度为 62℃；不规则四边形中庭的烟气温度在顶棚处为 72.5℃，下部区域的温度为 50℃，大部分区域的温度为 57.5℃；自由曲面中庭的烟气温度在顶棚处为 59℃，下部区域的温度为 42℃，大部分区域的温度为 58.5℃。根据火源上方顶棚处的温度变化曲线所示：在火灾场景 A 中，顶棚处烟气温度在 40~90℃之间；在火灾场景 B 中，顶棚处烟气温度在 50~70℃之间；在火灾场景 C 中，顶棚处烟气温度在 50~80℃之间；在火灾场景 D 中，顶棚处烟气温度在 50~70℃之间；火灾场景 E 中，顶棚处烟气温度在 60~80℃之间。

烟气温度对比结果（此表中图可扫增值服务码查看彩色图片）　　　表 4-19

	火源处纵断面，$t = 1800s$	火源上方顶棚处的温度变化
火灾场景 A（圆形中庭）	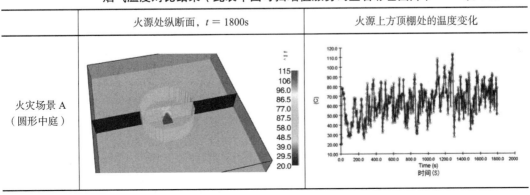	

续表

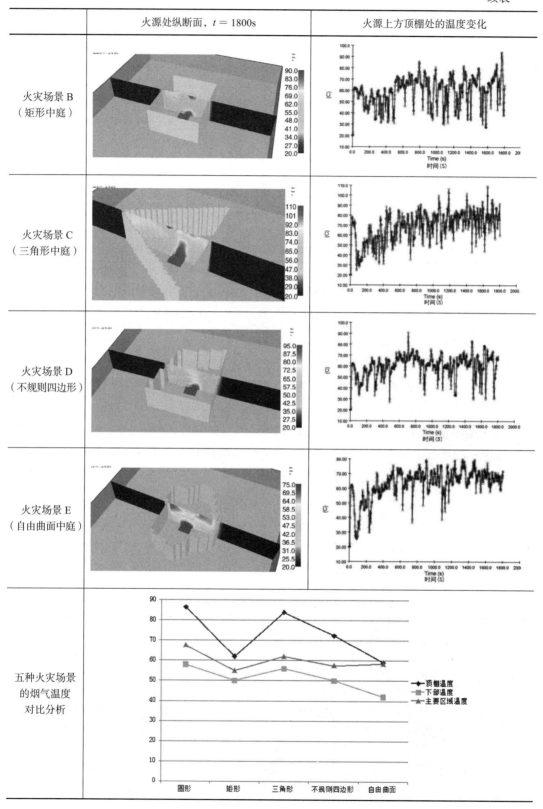

3）能见度对比及分析

五种火灾场景的能见度分布云图见表 4-20，取距离底部 1.8m 处的横截面作为考察对象，观察其第 1800s 时的烟气能见度分布情况。根据五种场景的能见度分布云图所示：五种形制的中庭，大部分区域的能见度均在 3.5m 以下，但是不规则四边形中庭和自由曲面中庭的边界处有部分区域的能见度可达到 15.5m。

烟气能见度云图，横断面 $z = 2.0\text{m}$，$t = 1800\text{s}$（此表中图可扫增值服务码查看彩色图片）

表 4-20

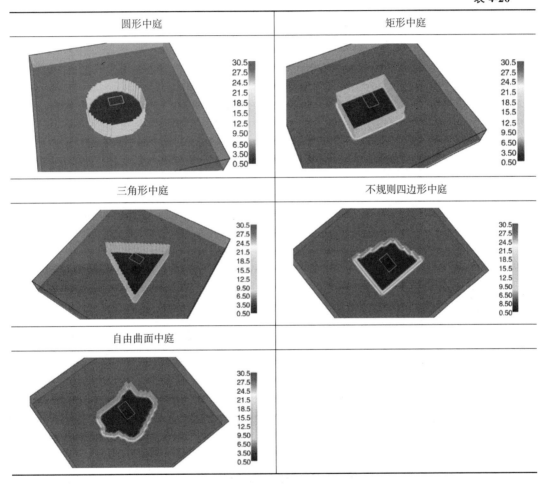

圆形中庭	矩形中庭
三角形中庭	不规则四边形中庭
自由曲面中庭	

4）气流变化对比及分析

五种火灾场景的中庭内的气流速率折线图见表 4-21，取顶棚天窗处横截面作为考察对象，观察第 1800s 时气流分别通过两截面的热量变化情况。根据表 4-21 可知：圆形中庭天窗处的空气流速主要为 ＋50m³/s，－40m³/s；矩形中庭的天窗处的空气流速主要为 ＋60m³/s，－40m³/s；三角形中庭的天窗处的空气流速主要为 ＋40m³/s，－30m³/s；不规则四边形中庭的天窗处的空气流速主要为 ＋40m³/s，－30m³/s；自由曲面中庭的天窗处的空气流速主要为 ＋40m³/s，－20m³/s。

中庭内顶棚天窗处气流变化对比   表 4-21

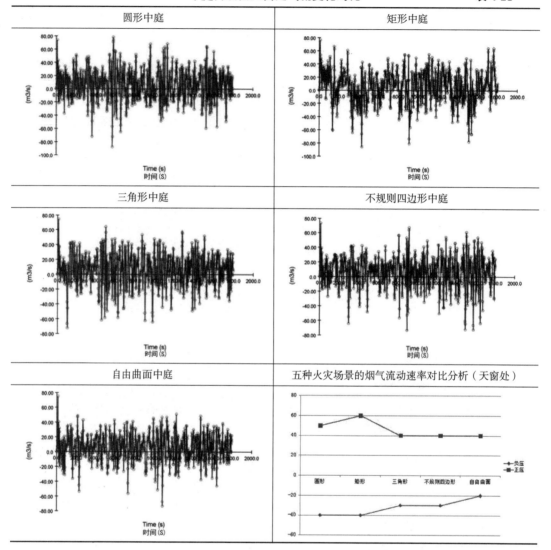

3. 结论与建议

1）五种火灾场景的火灾特点（表4-22）：

五种火灾场景的火灾特征比较   表 4-22

平面形状	水平温度	水平温差	纵向温度	纵向温差	能见度	排风量	进风量
圆形	较高	小	高	一般	小	较大	大
矩形	一般	大	低	小	小	大	大
三角形	高	小	较高	大	小	一般	一般
不规则四边形	低	较大	较低	一般	小	一般	一般
自由曲面	较低	较大	一般	较小	小	一般	较大

（1）在火灾发生后，圆形中庭内的温度上升速度较快，其整体温度较高，顶棚温度

尤其高，并与中庭下部区域温度差别不大，难以形成烟囱效应，导致在 2m 高度处的能见度十分小，需要的排烟量较大。

（2）在火灾发生后，矩形中庭内的温度值不高，远离火灾荷载的部位温度下降的较多，顶棚温度不高，与下部区域的温度相比，其温差较小，难以形成烟囱效应，导致在 2m 高度处的能见度十分小，天窗的进风量和排风量均较大。

（3）三角形中庭与圆形中庭类似，中庭温度较高，平面上温度布局均匀，但是在竖向上温差较大，易形成明显的烟囱效应，天窗的排风量和进风量均不大。

（4）不规则四边形的中庭温度较低，水平温度由中心向四周呈递减分布，纵向温差不大，天窗的排风量和进风量均不大。

（5）自由曲面中庭与不规则四边形中庭相似，中庭温度不高，但是纵向温差较小，难以形成烟囱效应，天窗进风量和排风量是一样的。

2）在高度不变的情况下，底面积形状对天窗的进风量和排风量有一定影响。自然排烟的中庭，其底面积的基本形状不同，可导致中庭的通风口的进风量和排风量关系的改变，即便中庭高度相同，其烟囱效应的强弱也各不相同，不同类型的中庭具有不同的火灾特点。

3）在高度不变的情况下，底面积的不同对顶棚处烟气温度有着明显的影响。通过五组模拟数据可看出，在 1800s 时，三角形中庭和自由曲面中庭的上层烟气温度都在 60℃左右，低于快速反应喷头的启动温度。建议当中庭底面为自由曲面或三角形曲面时，在顶棚处设置的快速反应喷头的启动温度较低为宜。

4）通过五组模拟数据对比可得，综合烟气温度、能见度、烟气流速等数据，不规则四边形中庭在各方面均优于其他形制的中庭。

4.2.4 模拟玻璃幕墙与楼层间的缝隙宽度和层高对火灾烟气蔓延的影响

1. 火灾场景的设置

玻璃幕墙与每层楼板间往往会有 50～100mm 的缝隙，此缝隙的存在正是火灾蔓延的薄弱环节之所在，在建筑整体高度和火灾荷载一定的条件下，考察缝隙的宽度与建筑层高的变化对火灾机理的影响。假设建筑整体高度为 100m，设置 A、B、C、D、E、F、G、H、I 九个火灾场景，建筑底面积相同，其中火灾场景 A、B、C 中缝隙宽度均为 50mm 的不同层高的玻璃幕墙，其层高分别是 2400mm、2700mm、3000mm，楼板厚为 150mm，梁高为 800mm；火灾场景 D、E、F 中缝隙宽度均为 70mm 的不同层高的玻璃幕墙，其层高分别是 2400mm、2700mm、3000mm，楼板厚为 150mm，梁高为 800mm；火灾场景 G、H、I 中缝隙宽度均为 90mm 的不同层高的玻璃幕墙，其层高分别是 2400mm、2700mm、3000mm，楼板厚为 150mm，梁高为 800mm。将火灾荷载设置在一层室内，火灾荷载为 2MW，楼板为 A 级材料，考察幕墙和楼板间的缝隙的烟气温度，网格边界为 1m×2m×8m，计算时间为 300s（表 4-23）。

九种火灾场景指标及 FDS 模型　　　表 4-23

缝隙	层高 3300	层高 3600	层高 3900	图例
50mm	火灾场景 A	火灾场景 B	火灾场景 C	
70mm	火灾场景 D	火灾场景 E	火灾场景 F	
90mm	火灾场景 G	火灾场景 H	火灾场景 I	

2. 运算结果对比及分析

分别对九个场景进行模拟，通过模拟结果可以观察出，九个火灾场景中的火焰均在 10s 前后燃烧完毕，火焰不会蔓延至二层楼板处，但是其烟气的蔓延对上层楼板有极大的影响，因此，为了讨论烟气通过缝隙间的蔓延对上层楼板的温度影响，现对九个火灾场景的模拟结果按照统一的时间节点截图取出（附录 1），进行对比分析，具体为取第 30s、60s、90s、120s、150s、180s、210s、240s、270s、300s 时的 $Y = 1m$ 处的纵截面烟气温度分布云图，进行对比分析，绘制对应的（时间—温度）曲线。

在火灾场景 A 中，一层楼板顶部温度从 330℃开始持续下降，并在 65℃后处于缓慢降温的状态；二层地板处的烟气温度缓慢上升，在第 120s 时达到温度的峰值，即 200℃，直至快速下降至 50℃，遂后缓慢下降至 25℃；二层楼板顶部的温度曲线和二、三层间缝隙处的温度曲线基本保持一致，即较短时间内陡然升高至 120s 时的 300℃以上，然后下降，直至 65℃后趋于平缓；一、二层缝隙处的温度起初有微小的下降，然后上升至最大值 425℃（90s），此后急速下降至 65℃，之后趋于平缓下降（图 4-4）。

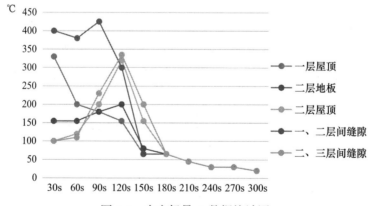

图 4-4　火灾场景 A 数据统计图

在火灾场景 B 中，一层楼板顶部的烟气温度达到 240℃之后呈现连续下降的趋势，直至 180s 时降至 40℃并开始平缓下降，此后趋于平静；二层地板处的烟气温度自 120℃开始快速上升至最高值 240℃，此后逐渐下降直至 180s 时达到 30℃，随后缓慢下降，趋于平静；二层楼板顶部的烟气温度自120℃开始逐渐上升至最高值295℃，并持续高温，最后突然下降至90℃，此后趋于平静；一、二层楼板间缝隙处的温度自起初的240℃开始陡然上升至515℃的高温，随后陡然下降至70℃，随后趋于平静；二、三层楼板间缝隙处与二层顶部的温度曲线保持一致，即自185℃开始持续上升至最高值295℃（90s），随后开始逐渐下降并在180s时下降至30℃，此后趋于平静（图4-5）。

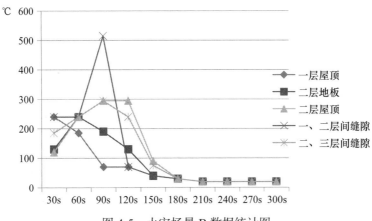

图4-5 火灾场景B数据统计图

在火灾场景C中，一层楼板的顶部烟气温度自开始的290℃逐渐下降至180s时的40℃后逐渐趋于平静；二层地板部分的烟气温度从120℃开始持续上升至200℃，达到峰值后，温度持续下降至210s时的50℃，后趋于平静；二层楼板的顶部温度从开始的80℃陡然上升至350℃，达到峰值，之后快速下降至240s时的30℃，最后趋于平静；一、二层间的楼板与幕墙之间缝隙处的烟气温度从290℃开始陡然上升至420℃，达到峰值，随后陡然下降至100℃，之后持续下降至240s时的30℃，后趋于平静；二、三层间的楼板与幕墙之间缝隙处的烟气温度从开始的80°陡然上升至440℃，保持一段时间的高温后直线下降至240s时的30℃，后趋于平静（图4-6）。

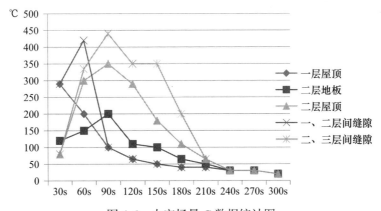

图4-6 火灾场景C数据统计图

在火灾场景D中，一层楼板顶部的烟气温度自开始的240℃逐渐下降至180s时的

50℃，最后趋于平静；二层楼板的地板处的温度达到150℃后稍微下降，然后上升至190℃，又逐渐下降至210s时的50℃，随后逐渐趋于平静；二层楼板顶部从开始的190℃逐渐上升至120s时的245℃，达到峰值，随后开始直线下降至210s时的50℃；一、二层间楼板与幕墙间缝隙的烟气温度较不稳定，从开始的200℃陡然下降至80℃后又陡然上升至290℃，随后陡降至65℃，并趋于平静；二、三层间楼板与幕墙缝隙间的烟气温度从开始的190℃逐渐上升至90s时的335℃，达到峰值，随后开始逐渐下降，至210s时的50℃，趋于平静（图4-7）。

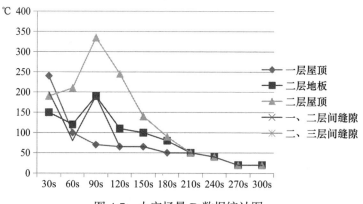

图4-7　火灾场景D数据统计图

在火灾场景E中，一层楼板顶部的烟气温度自开始的250℃逐渐下降至210s时的60℃，后逐渐趋于平静；二层楼板底面处的烟气温度在开始的130℃时稍有上升，然后逐渐下降至210s时的60℃，后趋于平静；二层楼板顶部的烟气温度从开始的150℃逐渐上升至90s的350℃时达到峰值，最后直线下降至210s时的60℃，随后趋于平静；一层楼板与玻璃幕墙之间缝隙处的烟气温度从开始的460℃快速下降至90s时的90℃，最后陡然上升至235℃，随后再次陡然下降，至210s时的60℃后趋于平静；二层楼板与玻璃幕墙之间缝隙处的烟气温度从开始的150℃快速上升至90s时的500℃，随后快速下降至240℃，最后达到210s时的60℃后趋于平静（图4-8）。

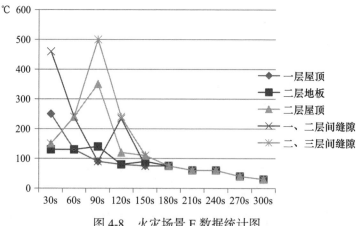

图4-8　火灾场景E数据统计图

　　在火灾场景 F 中，一层楼板的顶部的烟气温度自开始的 320℃快速下降至 90s 时的 70℃，最后缓慢下降至平静；二层楼板底部的温度从开始的 120℃逐渐上升至 90s 时的 179℃，达到峰值，随后逐渐下降至 210s 时的 70℃，趋于平静；二层楼板的顶部温度从开始的 120℃逐渐上升至 90s 时的 370℃，达到峰值，最后逐渐下降至平静；一层楼板与玻璃幕墙之间缝隙处的温度较不稳定，从开始的 420℃高温急速下降至 130℃，随后急速上升至 470℃，达到峰值，又陡然下降至 70℃并趋于平静；二层楼板与玻璃幕墙之间缝隙处的烟气温度从开始的 120℃逐渐上升至 90s 时的 370℃，达到峰值，随后有个小的波动，直至平静（图 4-9）。

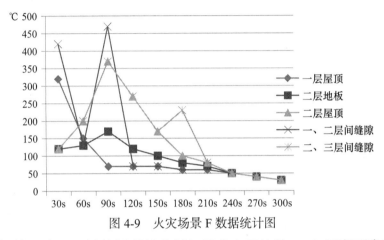

图 4-9　火灾场景 F 数据统计图

　　在火灾场景 G 中，一层楼板顶部的烟气温度自开始的 370℃逐渐下降至 150s 时的 60℃，并缓慢下降，趋于平静；二层楼板底部的烟气温度自开始的 230℃逐渐下降至 150s 时的 60℃，并缓慢下降，趋于平静；二层楼板顶部的烟气温度自开始的 270℃逐渐上升至 320℃，达到峰值，随后逐渐下降至 150s 时的 60℃，并缓慢下降，趋于平静；一层楼板与幕墙间缝隙处的温度从开始的 470℃高温逐渐下降至 150s 时的 60℃，并缓慢下降，趋于平静；二层楼板与幕墙间缝隙处的温度从开始的 470℃高温逐渐下降至 150s 时的 60℃，并缓慢下降，趋于平静（图 4-10）。

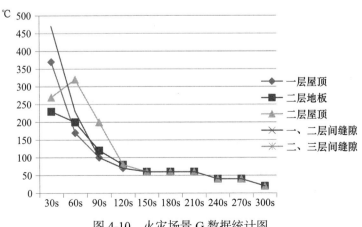

图 4-10　火灾场景 G 数据统计图

在火灾场景 H 中，一层楼板顶部的烟气温度自开始的350℃逐渐下降至180s时的60℃，并缓慢下降，趋于平静；二层楼板底部的烟气温度自开始的170℃逐渐上升至190℃，达到峰值，然后逐渐下降至180s时的60℃，并缓慢下降，趋于平静；二层楼板顶部的烟气温度自开始的230℃快速上升至60s时的330℃，达到峰值，随后快速下降至180s时的60℃，并缓慢下降，趋于平静；一层楼板与幕墙之间缝隙处的烟气温度从开始的470℃高温逐渐下降至180s时的60℃，并缓慢下降，趋于平静；二层的扣板与幕墙之间缝隙处的烟气温度从开始的370℃高温逐渐下降至180s时的60℃，并缓慢下降，趋于平静（图4-11）。

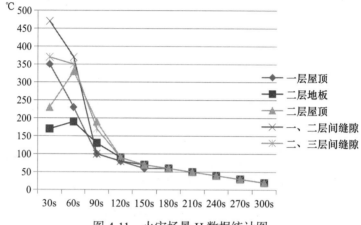

图4-11　火灾场景 H 数据统计图

在火灾场景 I 中，一层楼板顶部的烟气温度自开始的350℃逐渐下降至180s的55℃，并缓慢下降至平静；二层楼板底部的烟气温度自开始的155℃快速上升至200℃，达到峰值，随后下降至180s时的55℃，并缓慢下降至平静；二层楼板顶部的烟气温度自开始的190℃逐渐上升至280℃，达到峰值，随后开始下降至180s时的55℃，并缓慢下降至平静；一层楼板与幕墙之间缝隙处的温度在440℃持续了一段时间后陡然下降至180s时的55℃，并缓慢下降至平静；二层楼板与幕墙之间缝隙处的温度较不稳定，自开始的290℃逐渐下降至210s时的50℃，随后有个陡然的温度上升至290℃，随后快速恢复平静（图4-12）。

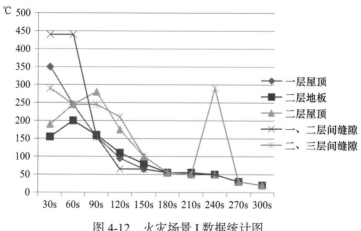

图4-12　火灾场景 I 数据统计图

3. 结论与建议

1）当建筑层高不变时，幕墙与楼板的缝隙对烟气温度变化的影响

在此次对比实验中，当建筑楼层高度不变时：① 缝隙越大，整体烟气温度下降至平静状态所需要的时间越短，即室内各层的烟气温度越容易达到冷却状态；② 缝隙越大，首层烟气的初始温度越大，但首层温度下降的速率也较快；③ 缝隙越大，楼板与幕墙之间缝隙处的温度波动越小，难以出现较大峰值；④ 缝隙越大，二层顶部和底部的温度受到的高温影响越大。因此，可以认为楼板与幕墙之间的距离影响了火源楼层向其他楼层蔓延烟气的速率，虽然整体烟气温度较快平复，但烟气的热流在较短的时间内就可以蔓延至整个建筑室内。

2）当幕墙与楼板的缝隙不变时，建筑层高对烟气温度变化的影响

在此次对比实验中，三种层高在建筑幕墙与楼板的缝隙不变时呈现出来的室内温度分布大体一致，但局部有一定规律可循：① 层高越高，室内整体烟气温度下降至平静状态所需要的时间越长，即室内各层的烟气温度越难以冷却；② 层高越高，楼板与幕墙之间缝隙处的烟气温度波动越大，并且缝隙间的温度出现的峰值越大，高温区停留的时间越长。因此，可以认为层高主要影响了缝隙间烟气温度的相互传递速度，导致本层的温度达到稳定状态的时间有所不同，但对于楼层间的热传递影响较小。

4.2.5 模拟火灾中核心筒的人员疏散情况

1. 火灾场景的设置

模拟的火灾场景是根据一幢 46 层的超高层写字楼进行设计的，高 214.2m。办公楼的标准层的开间为 65.42m，进深为 47m，建筑面积共为 3074m²，层高 4.4m（图 4-13）。从地面开始每 12 个标准层设一个避难层，即位于 13 层、26 层和 39 层，避难层高度为 6m，根据避难层的划分，在火灾场景的设计中，可将整个建筑分成三个区域，即：40～46 层为高空区；13～39 层为中段区；1～12 层为低空区。

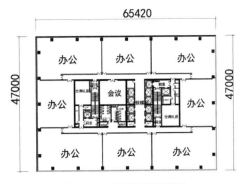

图 4-13 标准层平面图

资料来源：禹洪.高层建筑火灾中有客梯参与时的疏散策略研究［D］.北京：北京建筑大学，2015.

标准层内一共有 8 个大办公室，将核心筒设置在标准层的中央，周边为办公区域。核心筒内有 8 台客梯和 1 个疏散楼梯，其中每台客梯承重 24 人，疏散楼梯为两组有效宽度为 1.25m 的剪刀梯，此外还设有消防电梯 2 台。安全出口设置在首层，一共有 7 个，其中 4 个宽度为 1.76m，3 个宽度为 0.9m[①]。在人员的设置上，考虑到建筑的性质，将全楼的人员均设置为办公人员，默认全体人员均具有消防意识和逃生能力。

① 禹洪.高层建筑火灾中有客梯参与时的疏散策略研究［D］.北京：北京建筑大学，2015.

　　在此基础上设计火灾场景，探讨使用客梯辅助楼梯帮助高空区的人员进行疏散的可能性。针对以上条件，使用 Pathfinder 软件建立三维的逃生模型，确定火灾发生时的最优疏散策略以及最短疏散时间。搭建完成的建筑局部模型见图 4-14[①]。

图 4-14　人员疏散模型

资料来源：禹洪. 高层建筑火灾中有客梯参与时的疏散策略研究［D］. 北京：北京建筑大学，2015.

1）参数的设置

（1）客梯参数的设置

　　火灾救援的总体安全目标就是人员的生命安全，必须尽可能多地将人员疏散至安全区域。一旦使用客梯进行辅助疏散，则客梯的疏散效能和时间以及疏散方式都会对人员的疏散效率产生极大的影响。在本次对比研究中，所有电梯的运行方式都选择直达，被呼叫时高层优先于底层，轿厢仅在首层停靠，不以任何原因在其他楼层发生停靠。关于客梯的固定荷载、加速度、开关门时间和运行速度等具体参数见表 4-24。

客梯参数值　　　　　　　　　　　　　　　　　　　　　　　　表 4-24

名称	1 号客梯		
常规承载	24.0pers		
运行方向	$X = 0$	$Y = 0$	$Z = 1$
层数	39 层		
运行速率	加速度	1.2m/s^2	
	最大速率	7m/s	
	开门关门时间	5.0s	

资料来源：禹洪. 高层建筑火灾中有客梯参与时的疏散策略研究［D］. 北京：北京建筑大学，2015.

（2）人员特性的参数设定

　　依据《建筑设计防火规范》GB 50016—2014（2018 版）要求计算出现有的楼层面积所承载的合理的办公人数为 180 人，并且随机分布在楼层的办公区域内，46 层的塔楼中

① 禹洪. 高层建筑火灾中有客梯参与时的疏散策略研究［D］. 北京：北京建筑大学，2015.

除去避难层和首层大堂，有效的办公楼层为 42 层，因此全楼的逃生人数一共为 7560 人。在性别和年龄的分布上，暂且理想化为成年男女员工，有且仅设定一种疏散方式（楼梯或客梯）进行逃生。根据文献资料，可以赋予所有的逃生者以 0.8m/s 的速度进行疏散。

（3）建筑参数的设置

依据《建筑设计防火规范》GB 50016—2014（2018 版）："建筑高度大于 50m 的办公类公共建筑为一类防火等级的建筑。"因此，本书的研究对象自然属于一类防火建筑，此类建筑物的柱与梁以及楼板的耐火极限均设置在 2h 以上，因此可以将疏散时间的上限设定为 2.5h。根据以上参数的设置方式，总结本次仿真模型的具体参数（表 4-25）。

仿真模型参数 表 4-25

软件	版本	Pathfinder 2013	
	模型	Steering	
出口宽度		1.76m	4 个
		0.9m	3 个
人员参数	人均占地面积	12m²/ 人	
	行走速度	0.8m/s	
	每层人数	180 人	
楼梯参数	组数	2 组	
	有效宽度	1.25m	
客梯参数	台数	8 台	
	额定荷载	24 人 / 台	
	运行速度	7m/s	
	加速度	1.2m/s²	
	开门＋关门时间	5s	
	开关门延时时间	5s	

资料来源：禹洪. 高层建筑火灾中有客梯参与时的疏散策略研究［D］. 北京：北京建筑大学，2015.

2）火灾场景的对比设计

在对比研究中，一共设置三个疏散方案（表 4-26）。方案 A：全楼人员均使用楼梯进行疏散；方案 B 和方案 C：12 层及以下的区域内的人员使用楼梯进行疏散，13 层及以上的中高区的人员使用客梯进行疏散，其中，方案 B 中的客梯层层停靠，而方案 C 中的客梯仅在避难层停靠。

人员疏散方案 表 4-26

	1～12 层（建筑下部）	13～39 层（建筑中部）	40～46 层（建筑上部）
方案 A	楼梯疏散		
方案 B	楼梯疏散	客梯疏散（层层停靠）	
方案 C	楼梯疏散	客梯疏散（避难层停靠）	

资料来源：禹洪. 高层建筑火灾中有客梯参与时的疏散策略研究［D］. 北京：北京建筑大学，2015.

2. 运算结果及分析

1）火灾场景 A 的运算结果及分析

场景 A 是模拟全楼人员使用楼梯进行疏散。模拟过程仅考虑逃生者在疏散过程中的疲惫所带来的速度下降，不考虑因拥挤堵塞所造成的意外，是一个相对理想的过程。使用剪刀梯进行疏散的时候，所有的逃生疏散路线未经过预先设置，模拟时的逃生路线为随机选择，模拟结果显示：全部人员安全疏散所需要的时间为 62.35min，其中，在前 5min 的时间内就可以让全部人员到达本层消防楼梯的前室，其余大量的疏散时间均消耗在楼梯间疏散的过程中。

全部人员使用楼梯进行疏散导致人员在楼梯间的前室大量滞留，严重影响了疏散效率（图 4-15）。

2）火灾场景 B 的运算结果及分析

12 层及以下区域内的人员仅通过自身的能力便能快速到达首层，不需要在等待电梯的过程中浪费时间，而 13 层及以上的人员需要通过电梯进行辅助疏散。模拟过程见图 4-16，其结果为全部人员安全疏散至地面所需要的时间为 73.1min，由于电梯层层停靠，导致每层人员等待电梯的时间过长，因此疏散时间甚至超过了方案 A 的疏散时间。

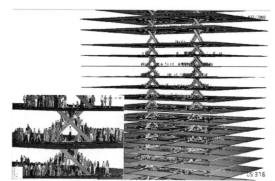

图 4-15　楼梯疏散过程中的人员拥堵情况
资料来源：禹洪．高层建筑火灾中有客梯参与时的疏散策略研究［D］．北京：北京建筑大学，2015.

图 4-16　疏散完成时的情况（方案 B）
资料来源：禹洪．高层建筑火灾中有客梯参与时的疏散策略研究［D］．北京：北京建筑大学，2015.

3）火灾场景 C 的运算结果及分析

不同于场景 B，方案 C 在电梯的停靠方式上进行了优化，要求轿厢仅在避难层停靠，办公楼层的员工按照日常消防要求逃离至规定的避难层，再由客梯将人员从避难层带离至地面。模拟的结果显示：全体人员疏散至地面的时间小于场景 A 和场景 B，可见火灾场景 C 的疏散方案可行。

根据方案 B 和方案 C 的模拟过程和结果分析，可知，方案 C 的客梯疏散方式优于方案 B，但是两个方案均存在低区人员的疏散时间和中高区人员的疏散时间不一致的情况，即使用楼梯的人数和使用客梯的人数在分配上并未达到时间最优化，12 层及以下的人员已经安全到达地面的时候依旧还有大量的中高区人员被困于避难层，机械地等待电梯的再次到来。因此，可以考虑允许 13 层及以上的人员依靠自身的能力通过楼梯间逃离至地面，让行动不便的老弱病残者优先进入客梯进行疏散。为此，增加火灾场景 D 的设计，试图进一步研究提高疏散效率的方案，找出最合理的使用楼梯和使用电梯的人数比例。

火灾场景 D 的设计为 12 层及以下区域的人员均使用楼梯进行疏散，13～39 层的人员可以在两种疏散方式中进行分配。通过改变使用客梯的人员比例，统计出最优的疏散策略。模拟的结果直接决定于 13～39 层之间的人员逃生情况，即 24 层内 4320 人，使用客梯的人数按照总人数的 10% 进行递增，一共进行了 11 次模拟（表 4-27）。

不同人员比例下疏散结果汇总			表 4-27
客梯疏散人员比例	客梯疏散时间（min）	楼梯疏散时间（min）	总疏散时间（min）
0	17.3	33.1	33.1
10%	21.5	34.2	34.2
20%	26.1	30.4	30.4
30%	29.5	29.2	29.5
40%	33.6	27.2	33.6
50%	38.3	26.1	38.3
60%	42.5	25.3	42.5
70%	46.0	23.1	46.0
80%	50.3	21.0	50.3
90%	53.0	16.3	53.0
100%	58.3	14.2	58.3

资料来源：禹洪 . 高层建筑火灾中有客梯参与时的疏散策略研究［D］. 北京：北京建筑大学，2015.

模拟结果显示：当中部楼层区域（13～39 层）的逃生人数中的 30% 使用客梯时，全部人员的安全疏散时间最小，为 29.5min，比现有规范下的全部使用楼梯进行疏散的时间少了 33min。为了进一步精确结果，将 11 个模拟结果线性化，得到人员比例—疏散时间曲线图（图 4-17）。

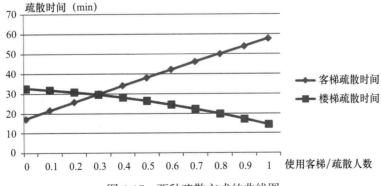

图 4-17 两种疏散方式的曲线图

资料来源：禹洪 . 高层建筑火灾中有客梯参与时的疏散策略研究［D］. 北京：北京建筑大学，2015.

通过以上两种疏散方式的曲线图可以清晰地得到不同的客梯使用人员比例带来的不同的疏散时间。当使用客梯进行疏散的人数达到 4320 人 ×29% = 1253 人时，总体疏散时间最短，为 29.4min。

3. 结论与建议

四个火灾场景的楼梯和客梯疏散时间统计见表 4-28，根据统计结果可得，最佳的疏散方式为：建筑 12 层及以下区域的人员使用疏散楼梯进行疏散，40~46 层的人员全部使用客梯进行疏散，13~39 层的人员分别逃生至 13 层、26 层和 39 层三个避难层中，每个避难层中的 418 人使用客梯进行疏散，其中老弱病残优先。客梯为直达梯，仅在避难层和首层停靠。此方案比火灾场景 A 的疏散时间减少了 29.4min。

<table>
<tr><td colspan="4" align="center">四个方案疏散时间统计</td><td>表 4-28</td></tr>
<tr><td></td><td>楼梯疏散时间（min）</td><td>客梯疏散时间（min）</td><td colspan="2">总疏散时间（min）</td></tr>
<tr><td>火灾场景 A</td><td>62.5</td><td>0</td><td colspan="2">62.5</td></tr>
<tr><td>火灾场景 B</td><td>13.5</td><td>73.1</td><td colspan="2">73.1</td></tr>
<tr><td>火灾场景 C</td><td>13.5</td><td>58.3</td><td colspan="2">58.3</td></tr>
<tr><td>火灾场景 D</td><td>28.5</td><td>28.5</td><td colspan="2">28.5</td></tr>
</table>

资料来源：禹洪 . 高层建筑火灾中有客梯参与时的疏散策略研究［D］. 北京：北京建筑大学，2015.

然而，模拟尚未考虑逃生者使用电梯的态度对模拟结果的影响以及使用电梯进行逃生的边界条件。

（1）尽管多数人会考虑在超高层建筑中使用电梯逃生，但并不代表他们就会使用电梯逃生。对逃生者进行调查后的结果显示，消防员指令和被困者的位置高度是影响人们选择使用电梯逃生的两大主要因素（表 4-29）。

<table>
<tr><td colspan="2" align="center">使用电梯进行火灾逃生的人员比例</td><td>表 4-29</td></tr>
<tr><td>影响因素</td><td colspan="2">使用电梯进行火灾逃生人员比例</td></tr>
<tr><td>消防员的引导</td><td colspan="2">88.8%</td></tr>
<tr><td>开始逃生</td><td colspan="2">65.1%</td></tr>
<tr><td>随从性</td><td colspan="2">18.2%</td></tr>
<tr><td>楼梯内的拥挤度</td><td colspan="2">8.6%</td></tr>
</table>

资料来源：禹洪 . 高层建筑火灾中有客梯参与时的疏散策略研究［D］. 北京：北京建筑大学，2015.

更深入的分析显示，人们的态度还因其人口特征而不同。受教育程度更高或相关专业的人以及在高层建筑中生活或工作且有电梯可用的人更不愿意使用电梯逃生。训练和演习能帮助人们形成一种新观念，即在超高层建筑发生火灾时，电梯逃生是安全可用的。

（2）电梯辅助楼梯进行火灾时的人员疏散的策略突破了我国现有防火规范的局限性，

同时也极具争议性。采用此类逃生方式之前需要进行严谨的建筑结构分析、人员荷载计算、可用疏散时间的设定以及疏散规划等步骤的方案设计及相关论证。

4.3 竖向贯通空间的空间优化设计策略

4.3.1 中庭空间的优化设计策略

1. 控制中庭自身的火灾荷载

在《建筑内部装修设计防火规范》GB 50222—2017[①] 中规定，建筑物内设有上下层相连通的中庭、走马廊、开敞楼梯、自动扶梯时，其连通部位的顶棚、墙面应采用 A 级装修材料，其他部位应采用不低于 B1 级的装修材料。根据规范可知，中庭自身的火灾荷载需要在室内装修设计阶段被控制。

2. 竖向分隔的有效策略

为了把火灾控制在一个预定垂直高度范围内，竖向防火分区的高度宜按一层考虑。既要考虑非燃烧体楼板以阻止火灾向上蔓延扩大，又要防止火灾从外墙窗口向上蔓延，为此要求上下层窗槛墙尽可能高一些，一般不应小于 1.5～1.7m，如果由于建筑层高或其他原因不能满足这一要求，则应在各层窗口上部（窗檐）增设挑出宽度不小于 70～100cm 的不燃烧体水平挑檐。日本高得商厦的中庭空间的周边，竖向的有机玻璃挡烟板的设置就是为了增大上下空间的卡扣距离，防止烟气上下蔓延，对空间进行竖向防火分区（图4-18）。

图 4-18　防止竖向蔓延举例示意图

虽然以上规范中对划分竖向分区的挡烟垂壁的高度有了要求，但是对于不同的中庭，

---

① 中华人民共和国公安部．建筑内部装修设计防火规范：GB 50222—2017［S］．北京：中国计划出版社，2017.

其高度及边界形式将对中庭内的烟气速度产生影响，对于同一中庭，不同高度处的烟气水平速度和降落速度也不一样，这意味着挡烟垂壁的高度不能统一而定。中庭高度越高，烟气的速率越不稳定，挡烟垂壁的效率越低。

3. 水平分隔的有效策略

《建筑设计防火规范》中规定，建筑内设置中庭时，其防火分区的建筑面积应按上、下层相连通的建筑面积叠加计算。当叠加计算后的建筑面积大于本规范第5.3.1条的规定时，应符合下列规定：

（1）与周围连通空间应进行防火分隔：采用防火隔墙时，其耐火极限不应低于1.00h；采用防火玻璃墙时，其耐火隔热性和耐火完整性不应低于1.00h，采用耐火完整性不低于1.00h的非隔热性防火玻璃墙时，应设置自动喷水灭火系统进行保护；采用防火卷帘时，其耐火极限不应低于3.00h，并应符合本规范第6.5.3条的规定；与中庭相连通的门、窗，应采用火灾时能自行关闭的甲级防火门、窗。

（2）高层建筑内的中庭回廊应设置自动喷水灭火系统和火灾自动报警系统。

（3）中庭应设置排烟设施。

（4）中庭内不应布置可燃物。

为进行防火分区而进行中庭面积的计算时，相同面积的不同形状的中庭平面不能完全视为等效。例如在面积相同的情况下，不规则四边形中庭在火灾中的烟气温度和蔓延速度就优于三角形中庭或自由曲面中庭。

4. 防排烟系统的设置要求

在《建筑防烟排烟系统技术标准》中规定，中庭排烟量的设计计算应符合下列规定：① 中庭周围场所设有排烟系统时，中庭采用机械排烟系统的，排烟量应按周围场所防烟分区中最大排烟量的2倍数值计算，且不应小于107000m³/h；中庭采用自然排烟系统的，应按上述排烟量和自然排烟窗（口）的风速不大于0.5m/s计算有效开窗面积。② 当中庭周围场所不需设置排烟系统，仅在回廊设置排烟系统时，回廊的排烟量不应小于本标准第4.6.3条第3款的规定，中庭的排烟量不应小于40000m³/h；中庭采用自然排烟系统时，应按上述排烟量和自然排烟窗（口）的风速不大于0.4m/s计算有效开窗面积。

对于排烟方式和排烟量的选择，在基于以上规范的前提下，还要根据实际情况和实际条件来确定。当中庭的界面形式发生变化时，根据规范，其排烟口的设置也将发生相应的改变，为保证有效排烟口的面积并保证排烟口开启有效，建议针对中庭通风口的大小、位置等，运用防火性能化设计的研究方法根据其边界情况进行模拟分析，以得到最佳的准确的进风口和排风口位置、开口的大小以及不同排风口所承担的排烟量。

5. 灭火系统的设置要求

由于中庭高度越高，其顶棚和周边的烟气温度越低，因此建议自动报警系统的温度设定根据中庭高度具体而定，以便保证自动报警系统有效开启。

中庭顶棚处的自动喷淋启动温度也随着其顶棚高度和中庭形制的不同而有所不同，

因此，自动喷淋启动温度的设置也要依具体情况而定。例如：当中庭底面积为自由曲面或三角形曲面时，在顶棚处设置的快速反应喷头的启动温度较低为宜。

6. 空间设计优选的策略

烟囱效应是中庭空间带来的不可避免的导致烟气蔓延的弊端，中庭的高度与底面积之比（高底比）越大，其空间形式越容易形成烟囱效应，通过模拟可知，高底比大虽然会有如此的弊端，但其人体有效高度处的能见度却在增大，因此，需在权衡烟囱效应的利弊之后，折中选择中庭的高度和底面积之比。

4.3.2 交通核的优化设计策略

火灾时人群的心理特性和行为特征在超高层综合体内显得格外突出，为此超高层综合体的疏散设计中对人员疏散行为的考虑更加重要。根据国内外的超高层综合体疏散研究的现有成果中所分析的传统疏散体系在现代超高层建筑中的优点及不足，结合人员疏散行为学，提出疏散空间防火设计思路，即提高日常交通流线的防火安全性，从而使其达到火灾疏散通道的标准，辅助承担部分的人员疏散。具体的做法为：核心筒及周边的走道需作为一个整体进行考虑，通过防火墙和防火门将其分隔出来进行独立设计，采用防排烟设施时，核心筒区域能在一段时间内成为人员避难和逃生过程中的一个缓冲空间，这一"安全核"的设计确保了人员滞留在楼梯间或电梯厅前室时能得到更多的逃生时间。这种"安全核"在现有的超高层防火设计中得到了部分应用，效果尚佳。"安全核"的各组成部分的防火设计要点和安全设施的设计要求见表4-30。

"安全核"疏散空间的重要组成部分的防火设计要点　　　　　　表4-30

"安全核"组成部分	防火设计要点	防排烟设施	通信、照明设施
电梯	安全核内电梯为日常交通电梯，在平面紧凑或消防电梯使用率较低的情况下，可组合入"安全核"兼作交通电梯以提高使用率，即日常交通、灾时消防及疏散三重作用	应合理设置防排烟设施，确保"安全核"免遭火灾烟气蔓延，提供人员临时避难及逃生环境	通信设施的设置应便于组织引导人员疏散，提供合适的疏散环境，并使人员克服心理恐惧
电梯厅	因"安全核"兼有临时避难作用，应适当增大电梯厅面积		
电梯前室	电梯厅的前室为电梯与使用空间的过厅，以加强电梯厅与使用空间的防火隔断，形成分隔带		
疏散楼梯	若主疏散楼梯设在电梯厅内，因电梯厅前室与其他空间的两道防火门隔断设置，可酌情对疏散楼梯不另设前室以提高使用率		

1. 前室的优化策略

1）共用前室需注意流线问题

消防楼梯间不应采用自然排烟方式，当其与消防电梯合用前室时，应避免人员扑救的流线交叉和相互干扰的布置。

2）对通往楼梯间的走廊进行机械加压效果更优

以某地标性超高层建筑办公标准层的平面布置为例（图4-19），其核心筒内设置了三个疏散楼梯间，分别位于平面的编号为1、2、3的位置。电梯前室走道空间用灰色表示，采用甲级防火墙和防火门将核心筒与周边办公区域分隔开，形成一个独立的防火单元。使用机械加压的区域包括：疏散楼梯间、电梯厅前室以及灰色公共走道部分。从楼梯间到办公区形成三级加压区，从而提高整体安全水平。

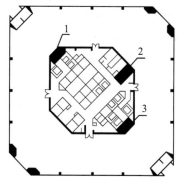

图4-19　某超高层建筑办公平面

2. 消防楼梯间和电梯井的优化策略

1）电梯井的布置方式

将核心筒集中布置在超高层建筑标准层的中心区域时，应在周边布置环形走道或者双向走道（图4-20、图4-21）。如果电梯井过多，则需以组为群，形成合理的布置方式（表4-31）。

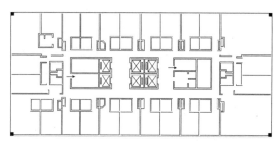

图4-20　环形走道的平面布置

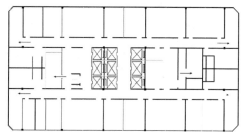

图4-21　双向走道的平面布置

多台电梯群组布置方式　　　　　　　　　　　　　　表4-31

	单台	2台并排	3台并排	4台并排
单侧布置	候梯厅	候梯厅	候梯厅	候梯厅
双侧布置	候梯厅	候梯厅	候梯厅	候梯厅

2）减缓烟囱效应和活塞效应的有效策略

为减缓电梯井内的烟囱效应，一方面，以电梯门为研究对象，改变热压分布情况，具体做法为：① 加强围护结构的密闭性；② 在候梯厅设置前室或隔断。另一方面，可从源头降低烟囱效应的大小，具体做法为：① 降低电梯井内的温度；② 降低电梯井内的高度差，主要可以通过分段设置电梯井来实现。

为减缓管道井的烟囱效应，可通过机械补风的方式阻止烟气的蔓延，国外专家在这一方面的具体做法为：将通风管设置在井道内，以便向轿厢进行补风，使得井道内的气压高于井道外，降低烟气蔓延的强度（图4-22）。

另一个避免火灾烟气通过烟囱效应蔓延的解决方案是引入防火防烟门。所有楼层的疏散电梯的门之前都增设一道防火防烟门，将井道和前室分隔开，能够最大限度地避免烟气侵入井道。电梯的检修门和逃生门使电梯井道之间相互关联，因此，用于逃生的疏散电梯不可向

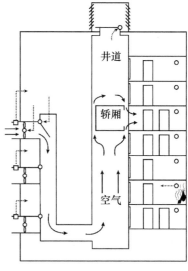

图 4-22 电梯井道机械送风系统

普通电梯开设洞口，如果一定要开设检修口，则必须使用甲级防火门。

为减缓电梯井内的活塞效应，一方面，以电梯为研究对象，具体做法为：① 选择适当的电梯运行速度；② 合理设计电梯运行方案，避免出现同一井道内电梯同时上升或下降。另一方面，以电梯井道为研究对象，具体做法为：① 电梯井合并，增加电梯；② 上下设置缓冲空间；③ 不同电梯井道之间连通。

3. 客梯辅助消防疏散的探索

超高层综合体在消防工程领域中最难以攻克的问题是高空人员的救援，越来越多的专家试图对现有规范中仅能通过疏散楼梯进行人员逃生的方式提出质疑与挑战，试图突破现有规范，提出了客梯辅助楼梯进行疏散，并在实际优秀案例中论证其可行性。

1）客梯是仅次于疏散楼梯的最佳逃生途径

对于超高层建筑，火灾的无法预料性和随机性导致消防救援不能每次都对建筑内的所有人员考虑得面面俱到，不能保证现有的消防疏散方式适用于全楼人员。然而，消防预案必须要尽可能地关注到全楼的受困人员，因此，在疏散楼梯无法满足高区人员的疏散需求的情况下，客梯疏散是除楼梯以外的最佳选择。

2）客梯疏散与人员逃生行为相一致

在火灾发生时，人员逃生的习惯路径便是日常路径，对于在超高层建筑中生活、工作的人员而言，最熟悉的路径便是使用客梯向首层逃离，这一行为方式对客梯附属疏散提出了需求，并对防火安全性能提出了很高的要求。

3）观念已经逐步转变，法规也逐步接受电梯用于疏散

楼梯因其可靠性和简易性对解决疏散问题起到了至关重要的作用，而人们因电梯自身存在的种种弊端，将其从疏散途径中摒弃，并对其不利于消防疏散有根深蒂固的认识。由于规范的限制，楼梯以外的其他方式，尽管有改进和完善的可能性，也失去了继续发

展的合法性。

　　近年来，楼梯对于疏散的不足之处以及某些普通电梯用于疏散的成功案例，也引发了学者对传统观念的质疑。一次次大规模的火灾转变了人们的传统观念，对新技术的探索也得到了人们的审视和认可。关于客梯辅助疏散的议题，随着各类国际会议和国际论坛的召开，逐步提上日程，《国际建筑规范（2009版）》（2009 International Building Code）、《美国国家消防协会101—生命安全规范（2009版）》（The（U.S.）National Five Protection Association 101—Life Safety Code.2009 Edition）、《高层建筑和城市人居委员会（CTBUH）紧急电梯疏散指南（2004）》[①] 也在条款中肯定了电梯疏散的方式，并针对具体技术制定了详细的要求，可见客梯疏散方式具备可行性。

　　4）疏散电梯的研究逐步深入、技术逐步完善

　　CTBUH（2004）给出了一个设计团队在开发用于疏散系统的电梯时必须考虑的关键事项，IBC（2009）、NFPA101（2009）也对电梯用于疏散提出了相似的要求。可以预见的是，疏散电梯的应用成功与否，取决于以下几个方面：① 对核心筒的完整的分隔保护措施；② 全面的核心筒内部防护机制；③ 科学的疏散电梯运行策略；④ 可靠的管理诱导措施；⑤ 经常的培训和演习。这几方面既涉及建筑设计，又涉及使用管理，只有全面地解决了上述几个方面的问题，疏散电梯的方案才能够成功地应用于实践。

　　目前，各国对电梯用于疏散态度不一，造成各国各个研究领域的探索深浅不一，观点也不尽相同。但是，可以说，各国学者都或多或少，或深或浅地在不同领域展开了电梯用于疏散的研究。未来，这些研究也必将逐步深入，技术也将日趋成熟完善。为此，现阶段使用此种疏散方式必然需要对建筑本体进行边界条件的限制：

　　（1）建筑结构的限制

　　超高层建筑结构包括以下几个方面：建筑面积、楼层高度、避难层数量、避难层间隔。

　　（2）最大人员荷载的限制

　　每个楼层人员荷载利用式（4-1）计算：

$$N_{\mathrm{F}i} = \alpha_i \times A_i \qquad\qquad 式（4-1）$$

　　其中，$N_{\mathrm{F}i}$ 为第 i 层人员数量；α_i 为第 i 层人员密度因子（见附录2）；A_i 为第 i 层总面积。

　　人员密度因子为空间属性，应由最大人员密度所确定。

　　（3）有效的安全疏散时间（T_{RSEL}）的限制

　　火灾人员安全时间应满足所需疏散时间（T_{RSET}）小于可用安全疏散时间（T_{ASET}）。目前，已有很多方法用于评估 T_{ASET}。然而，在没有实验验证的前提下，通过 T_{ASET}-T_{RSET} 确定火灾安全显得非常困难。通过对相关资料的整合，以下四个等级的 T_{ASET} 可供参考（1800s、2700s、3600s、5400s），如果实际场景需要较长的 T_{ASET}，只需将结果稍加修正。

---

① 后文分别简称 IBC（2009）、NFPA101（2009）和 CTBUH（2004）。

4. 疏散电梯的设计要求

美国的《紧急疏散电梯指南》(CTBUH，2004)[①]对保护级电梯的要求几乎与欧洲联合标准 EN81-72 描述的"消防专用电梯"一样。疏散电梯与消防电梯都需要在火灾情况下工作，因此，它们具备类似的要求是可以理解的。结合美国的《紧急疏散电梯指南》与我国对消防电梯的要求，我们可以设计出疏散电梯的建议方案。

1）总平面布局

（1）疏散电梯间前室、疏散电梯井、疏散防烟楼梯间应紧邻布置，构成核心筒。

（2）疏散电梯间前室应有通往疏散防烟楼梯间前室的门。

（3）疏散电梯间前室的净面积应能满足本层使用电梯进行疏散的人员避难的要求，宜按 5.00 人 /m² 计算，并应考虑残障人士所占用的面积。

2）防火分隔及耐火等级

（1）核心筒与其他部分之间应当采用具备一定耐火极限的实体墙进行分隔，耐火极限不应低于全楼疏散时间的 1.5 倍，且不小于 2.00h，该墙壁应具备抗压、抗爆能力。

（2）电梯前室与疏散防烟楼梯间前室，应采用不低于乙级的防火门。

3）消防给水和灭火设备要求

（1）在疏散电梯间前室应设有消防竖管和消火栓，并在电梯间前室门口设置挡水设施。

（2）在疏散电梯的井底设置排水井，其容量需在 2.00m³ 以上，排水量需在 10L/s 以上。

（3）疏散电梯机房应当设置相应的灭火措施。

4）防烟和排烟设计

（1）由于超高层综合体的疏散电梯间及其前室均不具备自然排烟条件，因此需要设置独立的机械加压补风的防烟设施。

（2）疏散电梯间前室的加压送风量可参照《建筑设计防火规范》对消防电梯间前室的要求设置。

（3）疏散电梯轿厢内应利用风扇加压送风，风扇应通过空气过滤装置向轿厢内部送风。

5）内装修

疏散电梯轿厢、疏散电梯间前室的内装修应采用不燃烧材料。

5. 疏散楼梯间的设计要求

超高层综合体的疏散楼梯的总宽度应按照每百人 1.00m 进行计算，并注意每层的疏散楼梯的总宽度要选取上层楼梯宽度的最大值，同时疏散楼梯的最小值必须在 1.2m 以上。

由于超高层建筑自然采光困难，其楼梯间的顶棚、墙面和底面材料应采用 A 级装修材料。无自然采光楼梯间是指无窗户，只能采用人工照明的楼梯间，封闭楼梯间是指能天然采光和自然通风，并有一道乙级防火门与走道分隔的楼梯间，防烟楼梯间是指另有一个前室，并在前室与楼梯间和水平走廊之间有两道乙级防火门的楼梯间。

1）防烟楼梯间的做法和一般要求

① CTBUH. 紧急疏散电梯指南 . 芝加哥：高层建筑与城市环境委员会，2004.

　　根据规范要求，防烟楼梯间的前室可分为封闭型和开敞型两种。具体要求为：楼梯入口处应设开敞式阳台、凹廊或前室，其面积不可小于 $6m^2$，防烟、排烟设施不可靠外墙设置，并开启乙级防火门。

　　（1）带开敞前室的防烟楼梯间

　　用阳台作为开敞前室的情况：

　　在图 4-23 所示的两种布置方式中，前室与走道之间相隔了一个阳台，并且均采用防火门进行连接，这两种防烟楼梯间的设计方式不受风向的影响，通过阳台将大量烟气在进入楼梯间之前排走，有较好的排烟效果。图 4-24 和图 4-23 的设计原理基本一致，只是当常年主导风向与阳台垂直时，此种方式便不再适用，应避免采用这种防烟楼梯间。图 4-25 基于前几种楼梯间的优越性，将楼梯间紧邻核心筒设计，与电梯和电梯厅共同形成了一个安全核，可提高楼梯间的安全性能，在设计中应尽量采用此种设计方式。

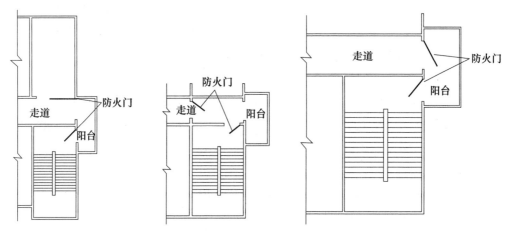

图 4-23　用阳台作敞开前室的防烟楼梯间　　　图 4-24　用阳台作敞开前室的楼梯间

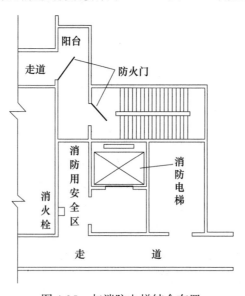

图 4-25　与消防电梯结合布置

用凹廊作为开敞前室的情况：

如图 4-26 中左图所示，采用凹廊作为楼梯间的前室可以确保有人员进入防烟楼梯间的过程中需要开启两道防火门，具有较好的隔烟效果。右图所示的布置方式是在左图的基础上，将防烟楼梯间紧邻电梯设计，和电梯组共用一个凹廊，采用凹廊将楼梯间和电梯及其前室与着火区域分隔开来，增加核心筒整体的安全性能，同时避免了救援人员与逃生人员的流线冲突。

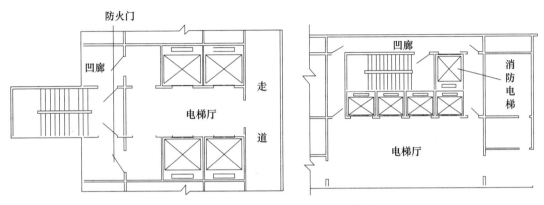

图 4-26　用凹廊作敞开前室的防烟楼梯间

（2）带封闭前室的防烟楼梯间

当防烟楼梯间前室靠外墙时，楼梯间的布置方式见图 4-27，可对外大面积开窗使烟气自然排出室外，开窗面积在 $2m^2$ 以上，用此方式可以减少在机械排烟设施上的花费，但是由于开窗位置固定，有些风向并不利于排烟，因此，此种布置方式的安全性存在一些风险。

当防烟楼梯间的前室不靠外墙时，楼梯间的布置方式见图 4-28，前室通往楼梯间需要经过两道防火门，布置方式较灵活，适用于大多数平面类型，但是由于前室在建筑内部，因此采光和通风都必须倚赖人工方式，排烟效果不佳，并且浪费大量的资金。

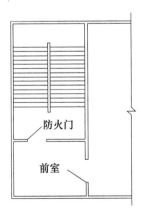

图 4-27　带封闭前室的
防烟楼梯间（靠外设置）

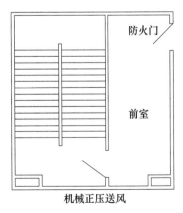

图 4-28　带封闭前室的防烟
楼梯间（不靠外墙设置）

2）疏散楼梯间布置的有效策略

超高层建筑中通往疏散楼梯间的疏散走道必须至少有两个及以上的疏散方向，保证一旦一个方向失效，人们能立即朝另一方向逃生。为此，可行的核心筒布置方式主要有两种：① 分散在建筑周边布置疏散楼梯间；② 居中布置在建筑平面中部。

（1）疏散楼梯间靠近标准层或防火分区的两端

这样布置是为了保证人们在火灾时可向两个不同疏散方向进行疏散，分散布置疏散楼梯间可以有效地将逃生人员分流，减少堵塞的现象。另外，此种布置方式可为受困者提供不止一种逃生路线，提高获救的可能性。基于以上两方面考虑，靠近标准层或防火分区的两端设置是十分必要的。

（2）疏散楼梯间还应尽量靠近外墙设置

靠近外墙布置疏散楼梯间不仅可通过对外开窗保证楼梯间的排烟效率，还可以灵活地选择排烟效能最高的楼梯间前室，因此，这样布置既有利于消防员在高区的救援，也有利于采用带开敞前室（阳台）的楼梯间，可很好地达到防烟目的。由于条件限制，必须设置在建筑物内部时（无直接采光和自然通风的暗楼梯），应设置自然排烟（如自然排烟竖井）或机械排烟设施，以利于安全疏散。

（3）疏散楼梯宜通向平屋顶

超高层建筑的层数过多，垂直疏散通道通常又贯穿整个建筑，一旦建筑低区起火，火灾烟气向上部区域蔓延的速度更快，人员一味地向下逃生意味着自寻死路，所有先进的逃生方式（客梯疏散）瞬间瘫痪，此时，将人员朝屋顶平台处引导，试图获得直升机救援是惟一的可行的逃生方式。另外，通向平屋顶的楼梯不能穿越其他房间，出屋顶的门要向屋面方向开启。有些高层建筑中，通向屋顶的疏散楼梯经过电梯机房、水箱间等房间，这些房间由于使用上的要求，在需要紧急疏散时往往来不及打开，同时，电梯机房本身也不安全，还可能从电梯井内窜入烟火，堵塞向屋顶疏散的路径。为了排除这种不必要干扰，通向屋顶的疏散楼梯不应穿越其他房间。

（4）疏散楼梯与避难层的关系

疏散楼梯与避难层有两种交接方式：一种为疏散楼梯间贯穿整栋建筑，在经过避难层时，逃生者可以自由选择是否进入避难层等待救援；一种为疏散楼梯间被避难层分隔开，仅贯穿于相邻两避难层之间，疏散人员若想直通到地面，必须进入避难层，再进入下层楼梯，后一种方式见图4-29和图4-30。

根据人员逃生的行为心理学，采用后一种方式优于前一种方式，但在实际项目中，多数设计者采用前一种方式，导致逃生者在极度恐慌的情况下多半不愿意选择进入避难层，而是继续下行，依靠自己的力量尽快逃离至底层，为此，楼梯间的负荷过大，并不利于疏散。后一种方式强制人员进入避难层，避难层为楼梯间承担了部分疏散压力，在一定程度上发挥了自身的作用。

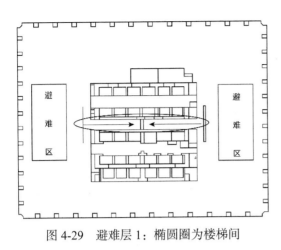

图 4-29 避难层 1：椭圆圈为楼梯间

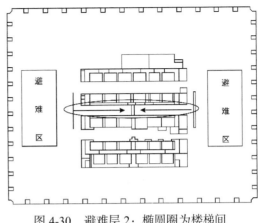

图 4-30 避难层 2：椭圆圈为楼梯间

（5）疏散楼梯通向地下室的做法

通往地下的疏散楼梯间，在建筑首层应采用防火隔墙将周围空间分隔开，其耐火极限为 2h，并采用乙级防火门。地下楼梯间与地上楼梯间必须相互错开，如果不能满足此要求，需要用耐火极限为 2h 的防火隔墙及乙级防火门对首层与地下入口处进行分隔，并设置标识。

3）按百人宽度指标计算疏散用走道、楼梯和首层外门的总宽度

《建筑设计防火规范》中规定，除剧场、电影院、礼堂、体育馆外的其他公共建筑，其房间疏散门、安全出口、疏散走道和疏散楼梯的各自总净宽度，应符合下列规定：

（1）每层的房间疏散门、安全出口、疏散走道和疏散楼梯的各自总净宽度，应根据疏散人数按每 100 人的最小疏散净宽度不小于表 4-32 的规定计算确定。当每层疏散人数不等时，疏散楼梯的总净宽度可分层计算：地上建筑内下层楼梯的总净宽度应按该层及以上疏散人数最多一层的人数计算；地下建筑内上层楼梯的总净宽度应按该层及以下疏散人数最多一层的人数计算（表 4-32）。

每层的房间疏散门、安全出口、疏散走道和疏散楼梯的各自总净宽度（m/ 百人） 表 4-32

建筑层数		建筑的耐火等级
		一、二层
地上楼层	1～2 层	0.65
	3 层	0.75
	≥ 4 层	1.00
地下楼层	与地面出入口地面的高差 ΔH ≤ 10m	0.75
	与地面出入口地面的高差 ΔH ≥ 10m	1.00

资料来源：《建筑设计防火规范》GB 50016—2014（2018 年版）表 5.5.21-1

（2）地下或半地下的人员密集的厅、室和歌舞娱乐放映游艺场所，其房间疏散门、安全出口、疏散走道和疏散楼梯的各自总净宽度，应根据疏散人数按每 100 人不小于 1.0m

计算确定。

（3）首层外门的总净宽度应按该建筑疏散人数最多一层的人数计算确定，不供其他楼层人员疏散的外门，可按本层的疏散人数计算确定。

（4）歌舞娱乐放映游艺场所中录像厅的疏散人数，应根据厅、室的建筑面积按不小于 1.0 人 /m² 计算；其他歌舞娱乐放映游艺场所的疏散人数，应根据厅、室的建筑面积按不小于 0.5 人 /m² 计算。

（5）有固定座位的场所，其疏散人数可按实际座位数的 1.1 倍计算。

（6）展览厅的疏散人数应根据展览厅的建筑面积和人员密度计算，展览厅内的人员密度不宜小于 0.75 人 /m²。

（7）商店的疏散人数应按每层营业厅的建筑面积乘以表 4-33 规定的人员密度计算。对于建材商店、家具和灯饰展示建筑，其人员密度可按表 4-33 规定值的 30% 计算确定（表 4-33）。

商店营业厅内的人员密度（人 /m²） 表 4-33

楼层位置	地下第二层	地下第一层	地上第一、二层	地上第三层	地上第四层及以上各层
人员密度	0.56	0.60	0.43～0.60	0.39～0.54	0.30～0.42

资料来源：《建筑设计防火规范》GB 50016—2014（2018 年版）表 5.5.21-2

实践证明，对于疏散用的外门、走道和楼梯各自的总净宽度，只要按照这个百人指标计算，在一般情况下，就能满足建筑内的人员在规定的时间内疏散到安全处所。但有的建筑一层人数较少，如某科研大楼，每层平均人数为 30 人左右，最多一层人数不过 40 人左右，如按上述百人宽度指标计算，总宽度为 0.4m，这就难以保证楼内人员在火灾时迅速疏散出来，也有碍平时使用。为了既方便平时使用，又能在火灾时避免造成拥挤和混乱，不妨碍安全疏散，因此，结合疏散用外门、走道和楼梯的习惯做法，还应有最小宽度要求，一般不低于表 4-34 中的要求。

外门、走道和楼梯的最小宽度 表 4-34

建筑物名称	净宽（m）		
	走道		楼梯和外门
	单面布房	双面布房	
办公或综合性高层建筑	1.30	1.45	1.20

注：1. 每层疏散楼梯的总宽度应按本表规定计算，当每层人数不等时，其总宽度可分层计算，下层楼梯的总宽度按其上层人数最多一层的人数计算。

2. 每层疏散门和走道的总宽度应按本表规定计算。

3. 底层外门的总宽度应按该层以上人数最多的一层人数计算，不供楼上人员疏散的外门，可按本层人数计算。

资料来源：《建筑设计防火规范》GB 50016—2014（2018 年版）

高层办公或综合性建筑内附设礼堂、影剧院、大会议室等人员密集场所的观众厅，其疏散走道应根据不同的情况，分别计算（表 4-35）。

各层人数不相等时疏散宽度的计算方法　　　　　表 4-35

层数区间	疏散宽度计算方法
1～12	均按 300 人确定楼梯和外门的总宽度
13～18	均按 200 人确定楼梯和外门的总宽度

资料来源：《建筑设计防火规范》GB 50016—2014（2018 年版）

观众厅内的疏散走道，其宽度不应小于通过人数 ×0.6m/ 百人，并且最小宽度不宜小于 1m。观众厅的外走道的宽度和疏散门的宽度不应小于通过人数 ×0.65m/ 百人；阶梯地面的宽度不应小于通过人数 ×0.8m/ 百人，并且其净宽不宜小于 1.20m。阶梯地面的要求比平、坡地面更严些是因为在阶梯地面上行走的速度比平、坡地面行走速度要慢，则通行能力也相应地小于后者。

4.3.3　缝隙空间的优化设计策略

1. 玻璃幕墙的优化策略

1）窗槛墙和窗间墙的设计

《建筑设计防火规范》中规定，除本规范另有规定外，建筑外墙上、下层开口之间应设置高度（H）不小于 1.2m 的实体墙或挑出宽度（W）不小于 1.0m、长度不小于开口宽度（W）的防火挑檐；当室内设置自动喷水灭火系统时，上、下层开口之间的实体墙高度（H）不应小于 0.8m（图 4-31）。当上、下层开口之间设置实体墙确有困难时，可设置防火玻璃墙，高层建筑的防火玻璃墙的耐火完整性不应低于 1.0h，多层建筑的防火玻璃墙的耐火完整性不应低于 0.5h。外窗的耐火完整性不应低于防火玻璃墙的耐火完整性要求。幕墙与周边防火分隔构件之间的缝隙、与楼板或者隔墙外沿之间的缝隙、与相邻的实体墙洞口之间的缝隙等的填充材料常用玻璃棉、硅酸铝棉等不燃材料。

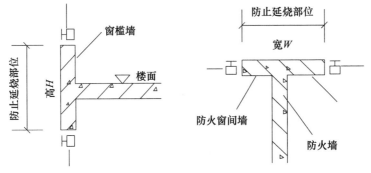

图 4-31　防止延烧幕墙示例

2）防火隔断的设计

（1）垂直向的设计：玻璃幕墙的位置不同，防止延烧部位退后，该实体墙与玻璃幕墙之间形成一个空隙。未达到防火要求，需要对该空隙进行技术处理，其构造成为防火隔断。该防火隔断的耐火极限为 1h，在防火墙部位为 1.2h。若玻璃幕墙无窗间墙或窗槛墙，则每层楼板外沿应自带耐火极限大于1h的阻燃实体墙裙，墙裙的高度至少为0.8m。

（2）水平向的设计：采用耐火极限为1h的隔断与幕墙的框料进行连接，或采用耐火极限为1h的玻璃与幕墙的玻璃进行连接，以防火灾烟气在水平向蔓延。

3）在超高层综合体的整体设计及局部的幕墙设计中，应权衡幕墙的缝隙和楼板的高度

（1）当幕墙与楼板的缝隙偏小时，有利于楼层间烟气的隔离，但是由于楼层间温差较大导致无火源的楼层顶部的烟气感温设备难以启动，因此在建筑每层的顶部设置感烟设备的临界温度时，需要对其进行个性化调整。

（2）当标准层层高过高时，建筑的排烟设备和喷淋设备要提早工作，以免烟气发生对流导致整体室内温度难以下降，同时，考虑到离火源较远楼层在火灾末期会再次出现烟气升温的现象，应延长喷淋的工作时间。

（3）当楼板与幕墙间的距离过大时，为了防止烟气早期的快速蔓延，应增加缝隙处的挡烟板的高度，以便将烟气控制在缝隙处，并开启喷淋设施对幕墙进行降温。

2. 夹心墙与可燃材料的隔热层的优化策略

应避免建筑构件中的可燃材料夹心墙或可燃隔层互相连通，这类事故教训不少，在设计与施工中应尽量避免。在设计中，要采取防火分隔措施，防止建筑构件的空腔或可燃隔热层互相连通，具体构造要求见图4-32。另一种情况是可燃夹心墙与闷顶内的大面积可燃保温材料相连通，许多火灾实例证明，这样容易形成大面积火灾。可燃夹心墙与闷顶可燃保温材料应完全隔开（图4-33）。

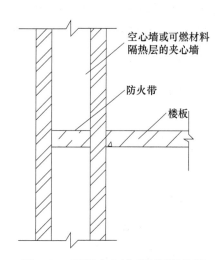

图 4-32 可燃夹心墙或可燃隔热层
不应相互连通示意图

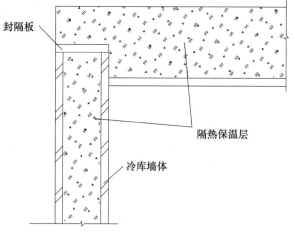

图 4-33 可燃夹心墙与闷顶可燃隔热层封隔示意图

3. 外墙外保温的优化策略

根据现有的规范要求，对外墙保温材料进行合理的选择。对于超高层建筑而言，建筑外墙的保温材料必须选用阻燃材料，保温层内水平向和垂直向的分隔材料也需使用阻

燃材料，在建筑外墙的门窗洞口及转角处也需要使用不燃材料进行分隔。此外，外墙防护层需要使用保温材料进行全面的覆盖，其厚度在首层不得小于6mm，以上层不得小于3mm。

4.3.4 管道井的优化设计策略

1. 水平向需相互分隔

电缆井、管道井、电梯井、排烟道、垃圾道等竖向管井，由于用途各不相同，并考虑到当某个竖向管井发生事故时，不致相互影响，扩大灾情，因此，必须独立设置，同时避免与房间、吊顶壁柜等相连通。应用防火材料对电缆井、管道井与房间、走道等连通处的空隙进行填塞密实。

2. 垂直向应分段设置

针对超高层建筑竖向高度过高与塔楼办公人员高效率的矛盾关系，在多数超高层建筑设计中，为了提高各功能空间的使用效率，电梯的分段设置显得尤为必要，这一设置方式的另一好处是与电梯井相邻的管道井也因此按照功能的需求分段设置，从而降低了其竖直方向上的距离，因此，将电梯井的分段设计与管道井的分段设计相结合考虑，有利于降低管道井内烟气的蔓延速度。

4.4 本章小结

第4章分析了竖向贯通空间中各具体功能空间的细分，并对其进行了防火难点的分析，针对这些现有规范难以解决的难点问题，笔者对超高层综合体的竖向贯通空间中的中庭、幕墙和楼板间的缝隙、核心筒进行了对比模拟，以探寻在同等火灾环境下的烟气蔓延和人员疏散的规律，从而得出每种功能空间的优化策略。

对于中庭的烟气蔓延的模拟，笔者进行了三种对比研究，分别为：① 中庭高度对火灾烟气蔓延的影响；② 中庭界面形式对火灾烟气蔓延的影响；③ 中庭的底面形状对火灾烟气蔓延的影响。对于竖向缝隙空间，笔者模拟了玻璃幕墙与楼层间的缝隙宽度和层高对火灾烟气蔓延的影响。对于核心筒，笔者模拟了火灾中核心筒的人员疏散情况。在对玻璃幕墙与楼板间缝隙的场景模拟中，虽然FDS对小尺度缝隙的模拟有一定的不足之处，网格的设置有其局限性，但是它仍然可以解释实验过程中出现的基本特征。根据模拟得出的结论，对应地归纳出了中庭、交通核、缝隙和管道井的空间优化设计策略。

第5章 超大扁平空间的优化设计

5.1 超大扁平空间的分类与防火难点

5.1.1 避难层的防火难点

超高层综合体内的避难层是火灾逃生中的一项极其重要的有效措施。我国超高层综合体的避难层和避难间的设置通常依据国内现有的建筑设计防火规范，且同时参考国外超高层建筑的避难层或避难间的设置原则。通过梳理超过100m的高层办公建筑的避难层设置，总结出国内超高层建筑的避难层设置情况（表5-1）。第3章中提到过避难层的疏散导向方式有两种，一种为避难层未分隔疏散楼梯间，逃生人员不必经过避难层就能到达底层，另一种为避难层分隔了疏散楼梯间，逃生人员必须经过避难层才能到达建筑底层。后一种疏散方式更有利于发挥避难层的效用。

设置避难层（间）的高层建筑   表 5-1

建筑名称	楼层数	设置避难层（间）的楼层
广东国际大厦	62	23、41、46
深圳国际贸易中心	50	24、顶层
深圳罗湖联检大厦	11	5、10（层高5m）
上海瑞金大厦	29	5、顶层
北京国际贸易中心	39	20、38
北京京广大厦	52	23、42、51
北京京城大厦	51	28（29层以上为公寓敞开式天井）
沈阳科技文化活动中心	32	15、27

在国内外现有规范中，对于避难层的防火分隔的性能大多以耐火构件的安全标准来衡量，而并非以实际人员的忍受极限值作为标准，火灾经验和实验数据显示，避难层热传递的控制已远远超出了 $1kW/m^2$ 这一极限，因此，需要通过强度、容重、防火、抗冲击等多方面提升防火分隔构件的性能。

5.1.2 标准层的防火难点

超高层综合体的标准层往往为办公区域，塔楼为甲级办公楼，面积较大。基于此种建筑属性，标准层主要的防火难点为：

（1）结构技术和建筑造价的综合考虑导致标准层的开间和进深一再增大，在过大的水平面积中不论如何增加安全出口的数量，依旧无法满足最不利点至安全出口的极限距离。另外，现代的开放式办公形式打破了之前小型办公室局促的格局，开敞而连续的水平向大空间远远超出了规范中对防火分区的限制。

（2）办公空间内的办公人员在工作日白天的人数相较于其他时间瞬间增多并较为集中，人员密度极大，在上下班高峰期时的疏散需求往往超出了标准层的承载能力。

（3）甲级办公楼内常设有众多的办公设备，全面的电气化，火灾荷载较大。室内外装修、照明及其他电路系统均较其他办公楼更加复杂，构成了更严重的火灾隐患。

5.2 超大扁平空间的火灾性能化模拟

5.2.1 模拟核心筒的位置对标准层火灾烟气的影响

1. 火灾场景设计

通过调研超高层综合体标准层单层面积，得出规律：随着年代的推进，标准房的平均面积越来越大。同时，建筑楼层越高的标准层，面积越小。目前，甲级写字楼是超高层综合体塔楼的主要建筑类型，大多数的标准层面积在 1500～2000m² 之间较为理想，少数的标准层将此下限值压低至 1000m²。根据现有结构技术和标准层面积的发展趋势，在可预计的未来，可将现有理想值的上限提升至 2500m²。表 5-2 为现有超高层综合体标准层面积调研统计表。

超高层综合体层数与标准层的规模统计   表 5-2

序号	大厦名称	层数	标准层面积（m²）
1	霞关大厦	36	3510
2	新宿住友大厦	52	2620
3	世界贸易中心大厦	40	2460
4	新宿 NS 大厦	30	4460
5	东京都新厅舍（第 1 主厅）	48	3720
6	阿克森大厦	37	3800
7	新宿三井大厦	55	2690
8	水晶塔	37	1850
9	东芝大厦	40	3380
10	大阪商务公园双 21	38	1470
11	日本电器本部大厦	43	2760
12	非洲中心大厦	37	2150
13	大阪世界贸易中心大厦	55	2100
14	IT 大厦	35	1470
15	横滨标志塔	70	3620

现设定一个长、宽均为 45m 的正方形平面作为待研究的标准层平面，功能上设定为办公区，对其设置两种核心筒的布置方式，一种布置方式为在标准层中央位置设置一个 25m×25m 的核心筒（图 5-1 中火灾场景 A），一种布置方式为在标准层的对角位置各布置一个 20m×15m 和 25m×13m 的核心筒（图 5-1 中火灾场景 B）。设置两个火灾场景，将其标准层的面积定为 2025m²，包括 625m² 的核心筒和 1400m² 的纯办公区。按照规定，每 500m² 设置一个防烟分区，即用 600mm 的挡烟垂壁设置三个防烟分区。将火灾场景 A 与火灾场景 B 进行两两对比，考察在不同条件下核心筒的集中设置与分散边缘设置对火灾机理的影响（表 5-3、表 5-4）。

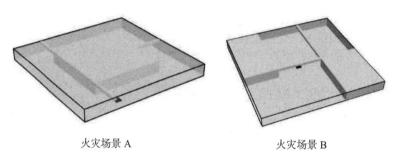

火灾场景 A   火灾场景 B

图 5-1 FDS 模型（此图可扫增值服务码查看彩色图片）

资料来源：FDS 模拟截图。

火灾场景 A 设计参数 表 5-3

项目	描述
mesh	网格大小 computational mesh：45×45×4
burner	起火点位置（31，41，0），S_{burner} = 4m²，HRRPUA = 375kW/m²，fire load = 1.5MW
exhaust	3 个机械排烟口设置在办公区内，位于 450m² 的防烟分区内的排烟口 Specify Volume Flux = 7.515m³/s，位于 475m² 的防烟分区内的排烟口 Specify Volume Flux = 7.933m³/s（根据防火规范得来）

火灾场景 B 设计参数 表 5-4

项目	描述
mesh	网格大小 computational mesh：45×45×4
burner	起火点位置（31，41，0），S_{burner} = 4m²，HRRPUA = 375kW/m²，fire load = 1.5MW
exhaust	3 个机械排烟口设置在办公区内，分别位于 3 个防烟分区（375m²，425m²，600m²）内，排烟口 Specify Volume Flux 分别为：6.25m³/s，7.09m³/s，10.02m³/s（根据防火规范得来）

2. 运算结果对比及分析

1）两个火灾场景中 z = 1.8m 处的能见度

取火灾场景 A 和火灾场景 B 在不同时间节点的 z = 1.8m 处截面进行研究（表 5-5），选取三个防烟分区依次达到能见度最低值的时刻片段，对比研究每个防烟分区达到能见度最低值的时间长短，从而得出有利于人员疏散的平面布置方式。

两个火灾场景的 $z = 1.8m$ 处能见度随时间分布情况（此表中图可扫增值服务码查看彩色图片）

表 5-5

火灾场景 A	火灾场景 B
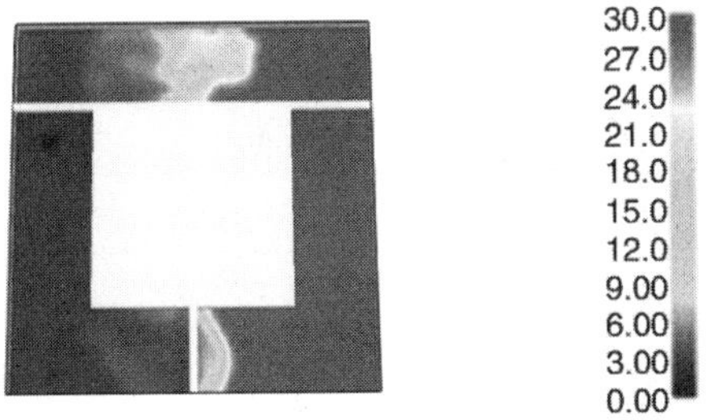	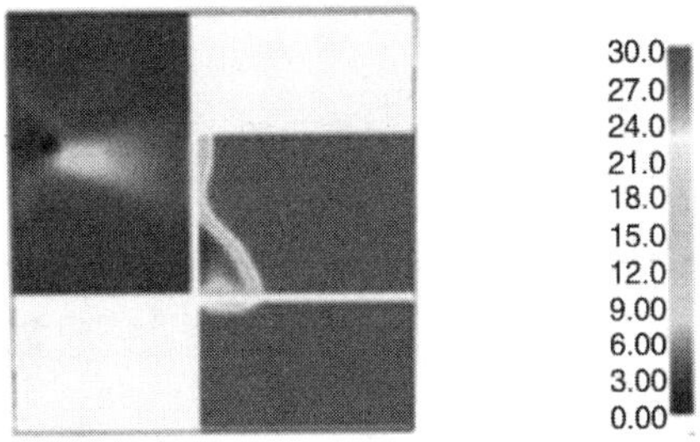
$t = 65s$	$t = 46.8s$
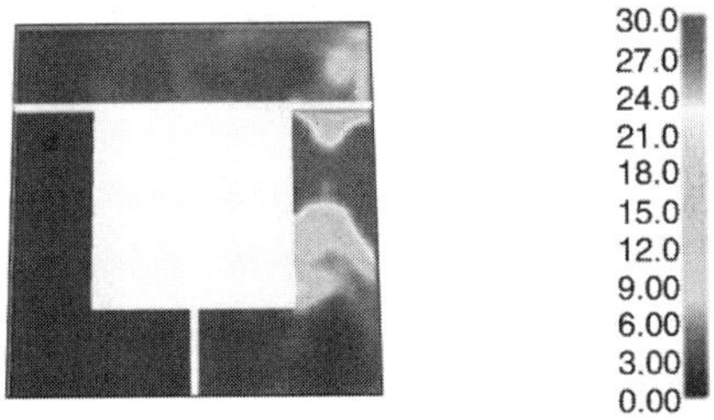	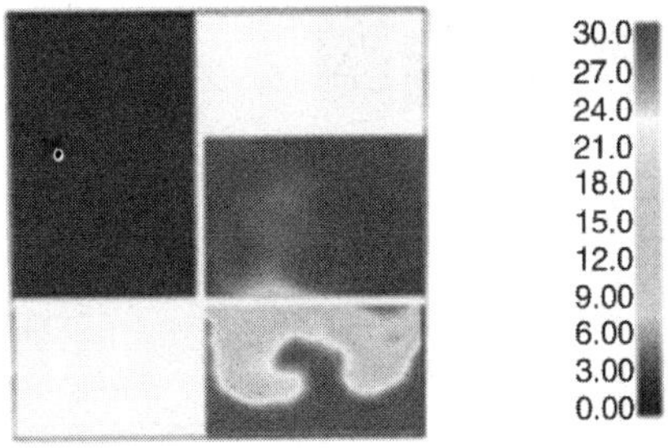
$t = 135.2s$	$t = 122.5s$
	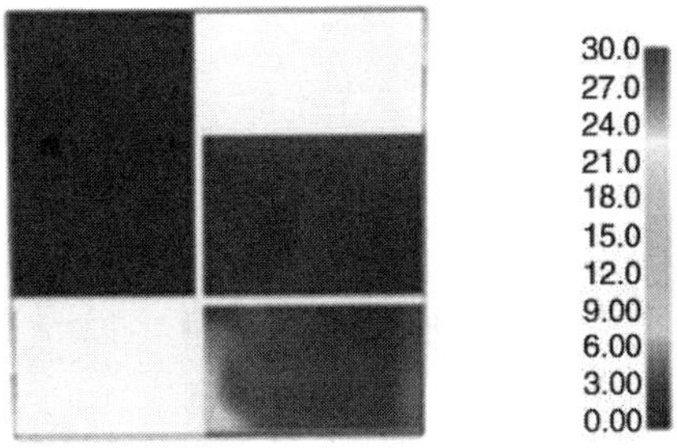
$t = 180.16s$	$t = 185.5s$

通过对比分析能见度模拟结果可得，两种形式均在180s左右时整个标准层的能见度低于10m，由于核心筒的布置不同导致防烟分区的划分方式不同，因而每个防烟分区的能见度在10m以上的持续时间是不同的。

火灾场景A中，烟气在蔓延至第一防烟分区的同时也蔓延至第二防烟分区中，因此，在第二防烟分区的人并未因未起火而有更充足的时间逃生，此种围合的布局方式，满足当任何一个防烟分区内着火时，人员都可立即分散至相邻的两个防烟分区内，可较快地分散人流。火灾场景B中，烟气有规律地从第一防烟分区蔓延至第二防烟分区，再蔓延至第三防烟分区，整个过程可以让逃生者清楚地朝着烟气少的方向逃生，并且另一个核心筒也可以辅助人流的疏散。

2）$z = 2\text{m}$ 处的烟气温度

选取 $z = 2\text{m}$ 处的横截面片段作为对比研究对象，旨在研究人体高度处的烟气温度随时间变化的分布情况，对两个火灾场景均取 500s、1000s 和 1800s 时的截面片段进行观察（表 5-6）。

火灾场景的烟气温度云图，$z = 2\text{m}$（此表中图可扫增值服务码查看彩色图片）　　表 5-6

火灾场景 A	火灾场景 B
$t = 500\text{s}$	$t = 500\text{s}$
$t = 1000\text{s}$	$t = 1000\text{s}$
$t = 1800\text{s}$	$t = 1800\text{s}$

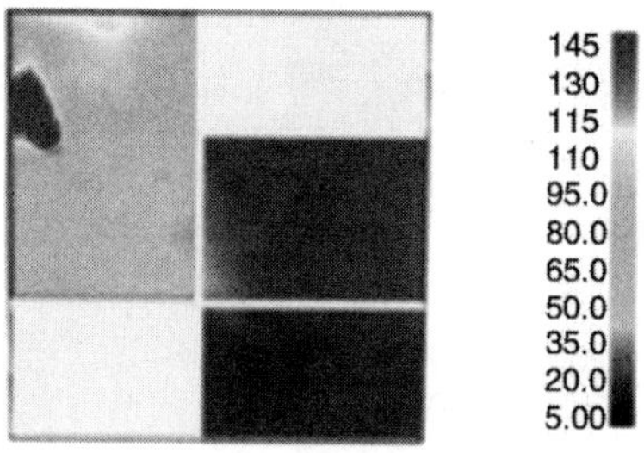

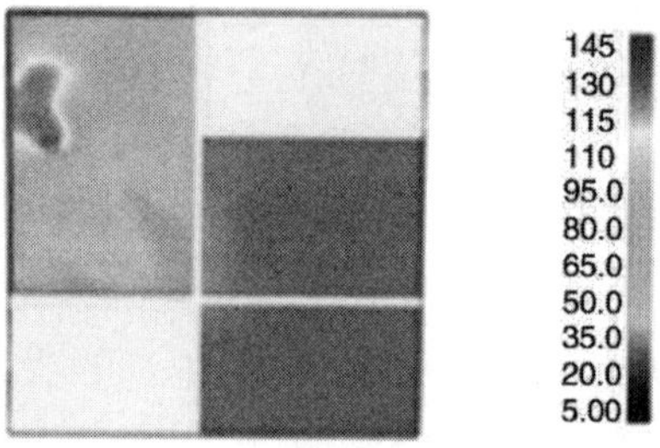

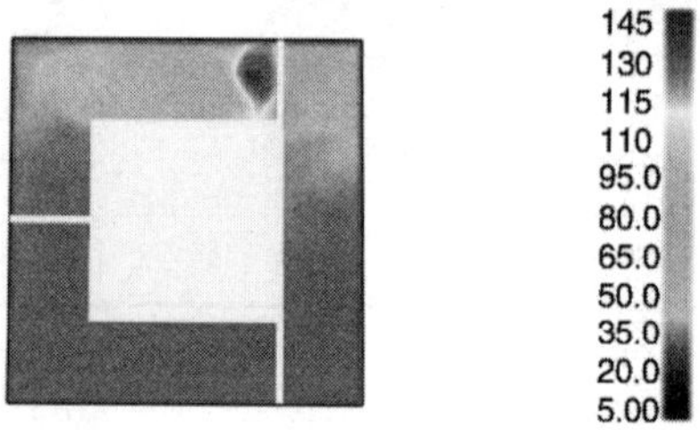

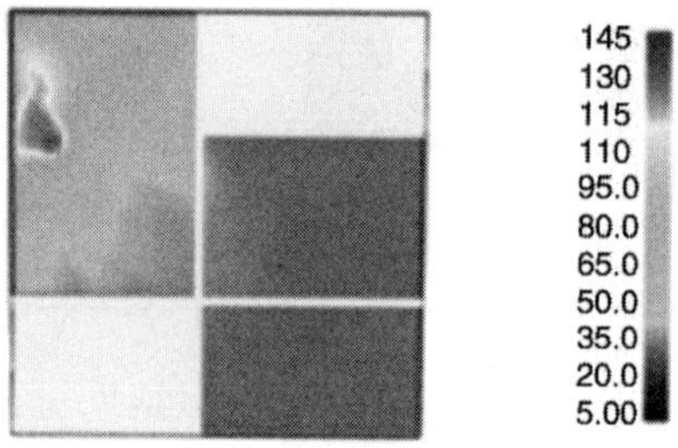

由烟气温度云图对比分析可得，直至 1800s 时为止，两个场景中远离火源的另外两个防烟分区的温度始终在 40℃以下，是有利于人员逃生的。

由火灾场景 A 的温度云图可见，由于回字形的使用空间进深过小，当火源开始燃烧，烟气将很容易填充火源所在区域的整个进深空间，堵塞人员的逃生之路。由火灾场景 B 的温度云图可见，由于核心筒向建筑周边分散布置，使用空间相对完整，火源周边的高温区域不至于影响到整个疏散路径，有利于人员灵活地选择疏散路线和逃生出口。

3）$z = 3.8m$ 处的烟气速率

选取 $z = 2m$ 处的横截面片段作为对比研究对象，旨在研究接近屋顶高度处的烟气速率随时间变化的分布情况，对两个火灾场景均取 1800s 时的烟气速率分布片段进行观察，研究机械排风口对不同平面的烟气温度的影响（表5-7）。

$t = 1800s$ 时顶棚处烟气速率分布情况（此表中图可扫增值服务码查看彩色图片）　　表 5-7

火灾场景 A	火灾场景 B

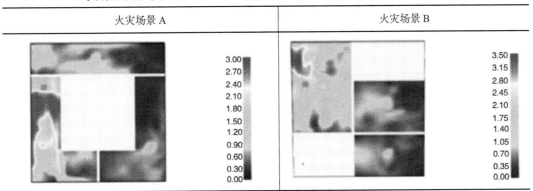

由顶部烟气速率分布云图对比分析可得，1800s 时非起火区的烟气速率分布基本一致。火灾场景 A 中起火区域顶部有大面积的高速烟气，而火灾场景 B 中的高速烟气面积相对较小。

3. 结论与建议

现有防火规范中规定在各项安全措施的基础上进一步提升超大扁平空间防火设计，得到以下几方面防火策略：

1）安全疏散路线的布置方式

对于超大扁平空间而言，位于高区的标准层内的人员逃生是首要考虑的问题，根据人员逃生的惯有路线（着火区域—公共走道—疏散楼梯间—进入避难层或逃离至地面）可知，安全疏散路线的设计需要在此流线的基础上确保人员每一步的安全性。合理的人流导向使人员不会产生逆流和不必要的冲突。

疏散路线的制定应以简捷、通畅为原则，优先考虑逃生者最熟悉的流线，有助于逃生者的寻找和辨识，为此，疏散楼梯靠近电梯布置为最佳，将日常使用的路线和火灾逃生路线结合起来，有利于人员的迅速撤离，而通往疏散楼梯间的疏散走道应尽量避免"S"形和"U"形。

2）水平通道组织

疏散水平通道组织的关键在于保证通道的双向疏散均有效，这样，一旦疏散通道的一个方向在火灾时发生堵塞，逃生者依旧可以朝另一个方向寻找出路。双向疏散的原则贯穿于平面设计中，保证人流的疏散路径最直接、最简短，急转弯和迂回路线在设计中都是忌讳的。

3）火灾区域限定

塔楼核心筒内除了电梯井、管道井及设备间以外，疏散楼梯间和卫生间由于人员停留时间短，火灾荷载较小，空间分隔较小，因此火灾危险性较小，建议将核心筒，包括设备间、储藏间、卫生间和周边的小空间看成一个整体，用甲级防火门与周边的办公区域分隔开来，一旦纯办公区域发生火灾，火灾烟气仅在此区域内蔓延，而不至于蔓延至核心筒内，为人员的逃生提供一个暂时安全的环境。对于办公区域，若将核心筒分隔出来，纯办公区的面积依旧大于防火分区的最大面积（2000m²），应根据性能化模拟结果增设消防喷淋和排烟口，确保将火灾烟气有效地控制在办公区域内。

对于标准层的排烟系统，尽量使用以自然排烟为主，机械排烟辅助的方式，单纯使用机械排烟的方式，能见度将受到严重威胁。

5.2.2　模拟核心筒的位置对标准层人员疏散的影响

1. 几何模型的对比设置

1）核心筒的布置方式

分别建立两种标准层平面的几何模型，进行人员疏散的对比模拟。对比模拟的标准层分别为核心筒中心布置和核心筒分散周边布置两种形式，其中核心筒中心布置的标准层再分为核心筒周边有逃生通廊和无逃生通廊两种，因此本次对比模拟有三种方案。方案 A 为一个 45m×45m 的标准层，中间布置一个 25m×25m 的核心筒，核心筒四周布置一圈 2m 宽的逃生走道，走道四周每边布置三个逃生出口，核心筒内部两侧布置有电梯间，中间是两部疏散楼梯，分别有对应的逃生出口；方案 B 为一个 45m×45m 的标准层，中间布置一个 25m×25m 的核心筒，核心筒内部两侧布置有电梯间，中间是两部疏散楼梯，分别有对应的逃生出口；方案 C 为一个 30m×50m 的矩形标准层平面，东、西两侧分别布置了逃生出口通往室内的逃生通道，通道另一侧与电梯间和疏散楼梯间相连。电梯间和楼梯间独立设置，有各自的逃生出口。现模拟 0～1800s 时长内人员逃生情况（表 5-8）。

三种场景的几何布置（此表中图可扫增值服务码查看彩色图片）　　　　表 5-8

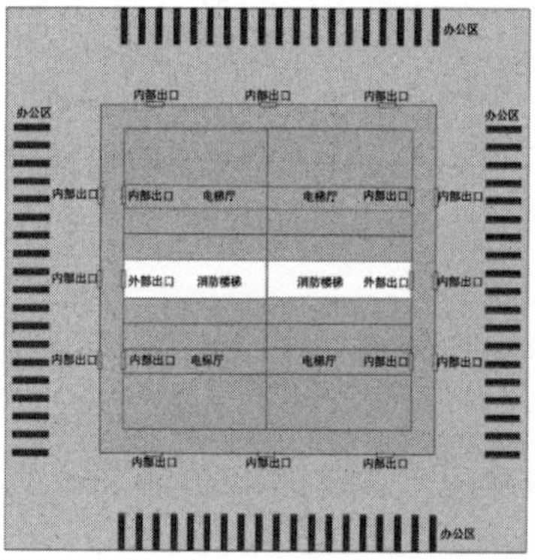

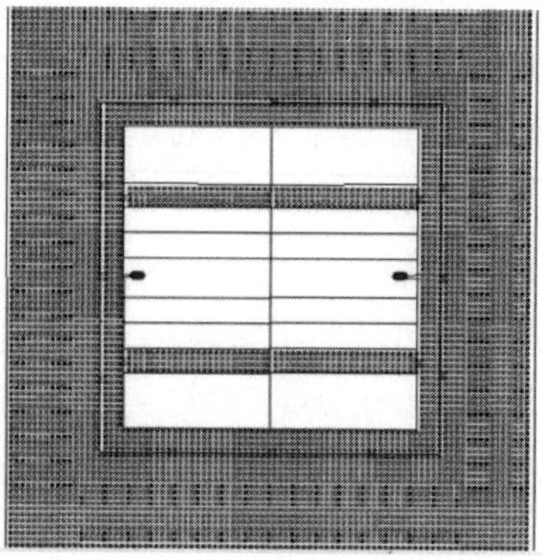

| CAD 图 | 几何模型 | 方案 A |

续表

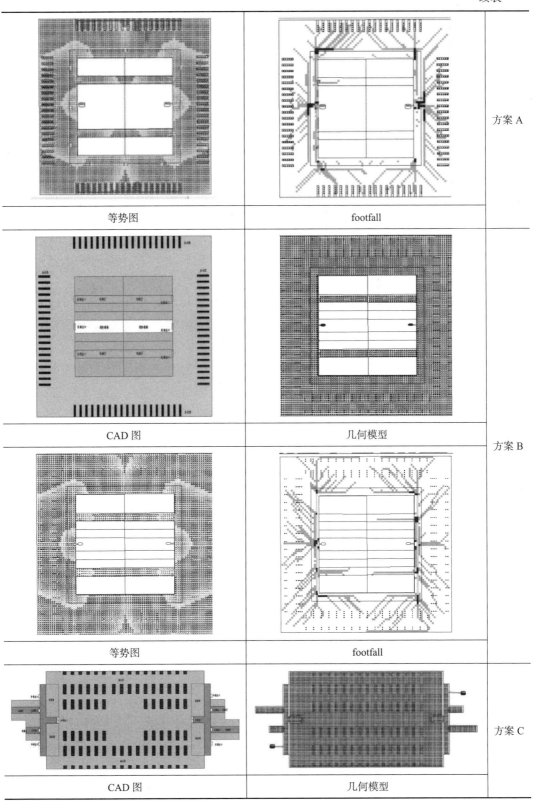

等势图	footfall
CAD 图	几何模型
等势图	footfall
CAD 图	几何模型

方案 A

方案 B

方案 C

续表

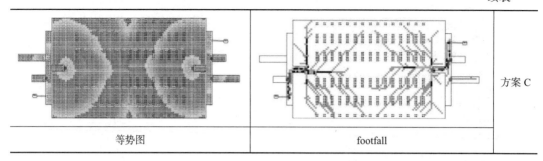

| 等势图 | footfall | 方案 C |

2）座位的设置

按照办公建筑的室内设计要求，在开敞的工作区域内合理布置工作卡位，根据卡位的大小，设置对应的座位节点。在方案 A 和方案 B 中，回形的工作区域，卡位布置在靠近平面边缘的四周，每个卡位的规格为 500mm×1000mm，即两个座位节点代表一个工作卡位，四个座位节点并排则代表两个卡位并排放置，前后座位之间设置三个自由节点表示 1500mm 的间距，卡位间留出的走道为四个自由节点，表示 2000mm 宽的走道。在方案 C 中，卡位轴对称分布在中间规整的矩形工作区域内，规格为 500mm×1000mm 的卡位相对放置，前后卡位间距为 1500mm，六个座位节点并排放置，代表两个规格为 500mm×1500mm 的较为宽敞的卡座并排放置。

3）内部出口的设置

在方案 A 中，将核心筒四周的回形逃生通道与工作区相通的 12 个逃生出口和通往电梯间的防火门均设置为内部出口。在方案 B 中，核心筒的相对两面分别布置有通往电梯厅的两个内部出口，共四个内部出口。在方案 C 中，将工作区域通往两边逃生走道的逃生出口和两边独立的电梯厅的防火门设置为内部出口，内部出口均用四个内部出口的节点表示，其规格为 1000mm 宽。按照 BuildingEXODUS 使用指南对出口人群流量系数进行修正，设计流量系数值为 $1.33×1 = 1.33occ/_{m/s}$。

4）外部出口

考虑到人员的疏散方式均为楼梯疏散，那么，对于标准层而言，人员必须逃离至本层的疏散楼梯间才算完成本层的逃生任务。因此，对于方案 A、方案 B 和方案 C，将疏散楼梯间的防火门设置为外部出口，将两个自由节点与门连接，表示为 1000mm 宽的外部出口，人员逃离至此记为成功逃离一次。

2. 人群的设置

1）人群属性设置

根据办公类型的超高层建筑人员分布特点及调研情况可得，按照超高层建筑的标准层中人均办公面积为 $20m^2$/ 人计算，在三个方案中，布置 100～110 人是合理的，办公人员的构成比较单一，简单而言，男女配比为 3/2，均为青壮年，具体人员的属性见表 5-9。

人群的基本属性设置 表 5-9

人口参数设置			
属性	平均值	最小值	最大值
男性	67	67	67
女性	40	40	40
年龄	47.55	18.00	79.00
灵活度	4.43	2.30	6.95
驱动力	8.02	1.02	14.98
F 步行速度（m/s）	1.34	1.20	1.50
步行速度（m/s）	1.20	1.08	1.35
爬行速度（m/s）	0.27	0.24	0.30
斜面速度（m/s）	1.07	0.96	1.20
流动性	1.00	1.00	1.00
耐力时间（s）	2.95	1.00	4.89
反应时间（s）	15.43	0.20	29.65
重量	65.57	40.27	89.69
身高	1.75	1.51	1.99

2）人群对比布置

场景 A 和场景 B 在随机分布了 100 多人之后的人员分布密度图见表 5-10，从密度图中可见，大多数人分布在工作区域，考虑到在工作时间内，多数人是静坐在自己的卡座上的，为了保证后期模拟的准确性，应该对工作区内人员的分布进行调整，使大多数人分布在座位节点中，而非在走道区域和交通区域有过多的停留。调整之后的人群分布及人群密度图见表 5-10。

三种场景的人群布置（此表中图可扫增值服务码查看彩色图片） 表 5-10

场景 A——核心筒中心布置（有通道）的人群分布	

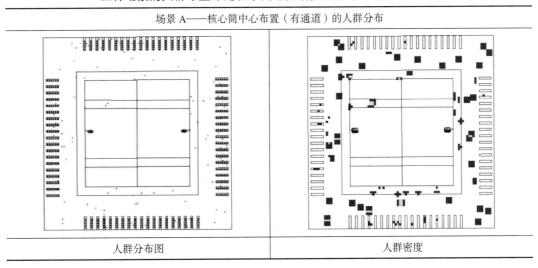

人群分布图	人群密度

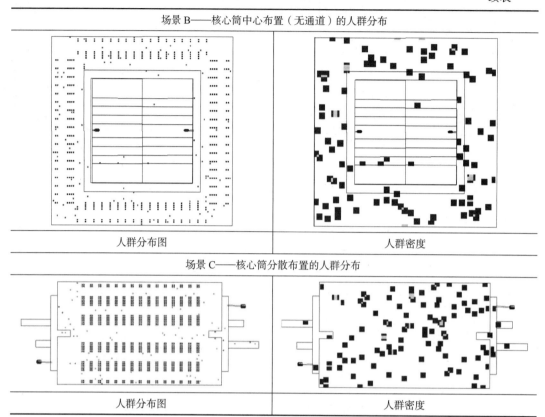

场景B——核心筒中心布置（无通道）的人群分布

| 人群分布图 | 人群密度 |

场景C——核心筒分散布置的人群分布

| 人群分布图 | 人群密度 |

3. 模拟结果的对比分析

1）出口处逃生人数对比分析

由模拟结果可得，在规定的时间内，方案A中的1号出口成功逃生49人，2号出口成功逃生51人，总共成功逃生100人，方案B中的1号出口成功逃生51人，2号出口成功逃生49人，总共成功逃生100人，方案C中的1号出口成功逃生49人，2号出口成功逃生37人，总共成功逃生86人。不管是外部出口的单向比较还是总体比较，方案A和方案B的人员逃生数量都明显多于方案C。

2）人流速度及逃生口逃生总人数对比分析

由对比图可看出（表5-11），方案A中，前20s的时间内，人流速率已经上升至10occ/s以上（13.00occ/s为最大值），并一直保持此速率至60s时开始下降。在10s时，开始有人成功逃生，20s时已经有20人成功逃生，此后逃生人数直线上升，1分钟时逃生总人数达到100人。

在方案B中，初始的人流速率为0，前20s内的人流速率最大值为8occ/s，到40s时出现了最大人流速率，为13occ/s，50s时人流速率开始下降。在10s时，开始有人成功逃生，20s时已经有20人成功逃生，此后逃生人数直线上升，1分钟时逃生总人数少于同时刻方案A的总人数。

人流速度及逃生口总人数对比图（此表中图可扫增值服务码查看彩色图片） 表 5-11

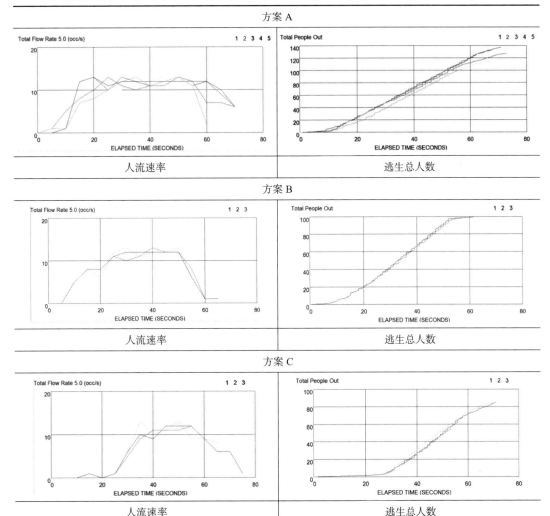

方案 C 中，前 20s 的时间内，人流速率几乎为 0，20s 后开始提高人流速率，40s 时，人流速率达到 10occ/s，此后速率上升达到 13occ/s，不到 60s 时人流速率就开始下降。在前 20s 时间内，几乎没有人员成功逃生，20s 后，开始有人逃生成功，1 分钟之内逃生成功的总人数不到 80 人。

3）逃生过程对比分析

通过逃生过程图（表 5-12）对比得出，前 20s 内，方案 A 和方案 B 已有大部分人顺利进入亚安全区——逃生通道内，方案 C 的大部分人依旧在工作区内，少部分人进入逃生通道内。到 40s 时，方案 A 中的所有人成功离开工作区，进入逃生通道内，方案 B 中大部分人分布在外部出口周围，少部分人散落在工作区域内，方案 C 中大部分人在逃生通道内，有少数人依旧在工作区内。到 1min 时，方案 A 中所有人均逃离出外部安全出口，方案 B 中仅剩 1 人在外部出口附近，方案 C 中依旧有部分人在逃生通道内。

逃生人员密度对比图（此表中图可扫增值服务码查看彩色图片） 表 5-12

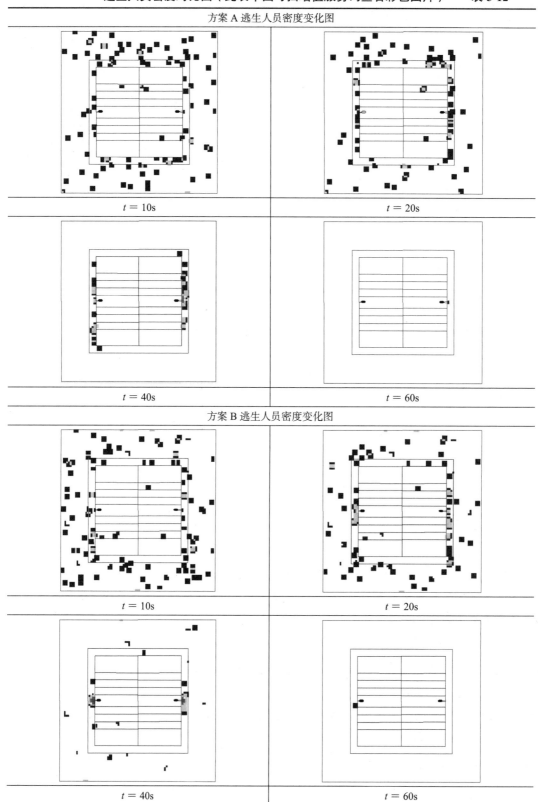

方案 A 逃生人员密度变化图	
$t = 10\text{s}$	$t = 20\text{s}$
$t = 40\text{s}$	$t = 60\text{s}$

方案 B 逃生人员密度变化图

$t = 10\text{s}$	$t = 20\text{s}$
$t = 40\text{s}$	$t = 60\text{s}$

续表

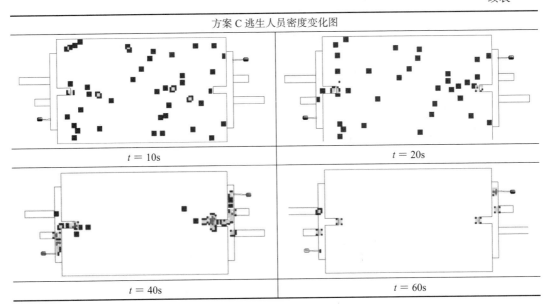

方案 C 逃生人员密度变化图

$t = 10$s	$t = 20$s
$t = 40$s	$t = 60$s

4. 结论与建议

通过三个方案的对比模拟分析可知，方案 A 对比方案 B，其标准层中核心筒的四周增设的安全通道相当于一个亚安全区，给逃生人员赢得了更多的逃生时间，同时方案 A 中的逃生通道面向工作区的四面均设置了内部出口，这样，逃生人员不用绕道寻找安全出口，缩短了逃生至亚安全区的路线，而方案 B 中核心筒的两侧无直接面向工作区的安全出口，导致在此工作的受困者将会有较长的反应时间。方案 C 的外部出口随核心筒分散布置在标准层两侧，并由安全通道各与一个内部出口相联系，开敞的工作区使人员能清晰地辨识出两个安全出口的位置，受困者能第一时间反应出最短的逃生路线，但由于内部出口与外部出口之间的丁字形安全通道，导致人员全部进入通道后开始发生拥挤堵塞，最终难以进入外部出口，因此成功逃生的总人数低于核心筒中心布置的标准层形式。

对比分析了以上三个案例，建议核心筒的外部增设安全逃生通道，并且朝向受困者增加内部安全出口的设置，以便受困者能以最短的路线进入安全逃生通道。安全逃生通道需要路线单一，以便逃生者在安全通道内能有序前行，不致阻塞。若建筑只采用疏散楼梯间逃生，则在火灾发生后，应在规定的时间内关闭电梯厅的防火门，以避免在疏散楼梯间和电梯间不共用前室的情况下，受困人员误入电梯间进行逃生。根据以上疏散原则和前文的模拟结果可知，将核心筒分散至周边的布置方式更有利。

5.2.3 模拟标准层的平面形状对其火灾烟气的影响

笔者通过调研，对不同超高层建筑的标准层平面形状进行归纳总结，根据建筑结构和空间需求，多数超高层建筑的标准层平面形式趋同于简洁且对称的几何形状，例如圆形、矩形、三角形等（表 5-13）。

超高层体形细分

表 5-13

形式	平面简图		举例		结构及功能	特点
矩形			广发证券总部大楼	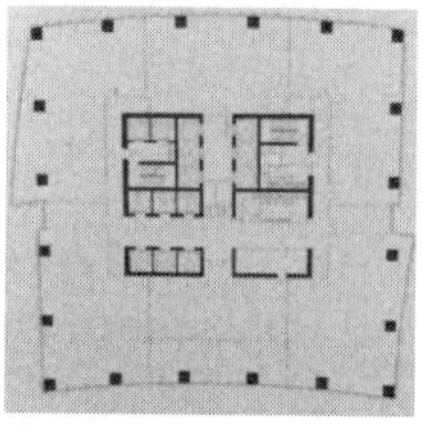	造型反映结构，典型的筒中筒结构，平面规矩便于使用，核心筒方正，可以根据电梯分层的需要进行分区域设计	开敞的办公区域
三角形			AL Bidda 大厦	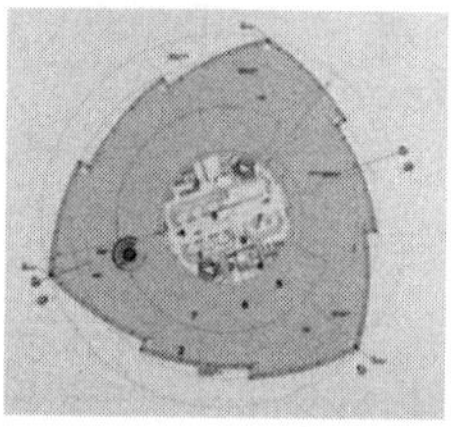	类三角形的标准层平面沿高度旋转，三角旋转形顶点有 1.5° 的位移，结构前卫。标准层用于出租办公楼	
三叉形			日本东京蚕茧大厦	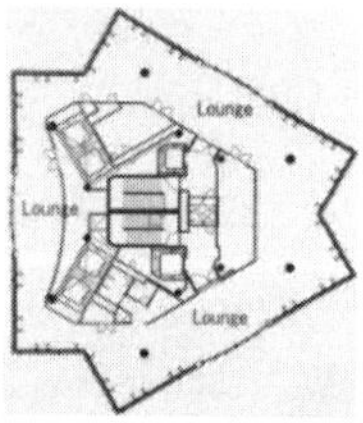	三个矩形的教学区围绕着大楼中心，相互的角度相差 120°，这些矩形教室按照曲线分布，大楼的中心设有电梯、楼梯和竖井	不同性质的功能区域相互分开，又有一定的联系
圆形			PWC 大厦	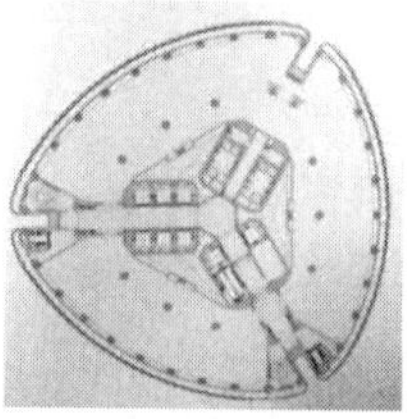	将等边三角形横切出一个圆面，这种结合图形形成了大厦平面图，核心筒位于平面中央	开敞的办公区域
梭形			成都明宇景荣广场	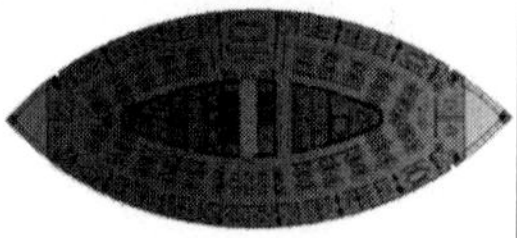	大量运用弧线，形体舒展，集会议、办公、酒店于一体	具有 180° 的景观视角，对视觉和光照有要求的酒店功能

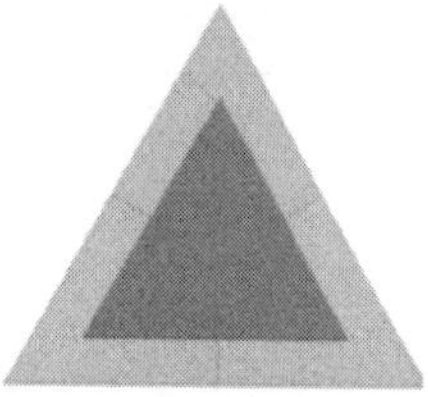

1. 火灾场景的设计

设定一个面积在 2000m² 以上，层高 4m 的标准层作为对比研究对象，功能上设定为火灾荷载较大的办公区，在标准层中央处布置一个 25m×25m 的核心筒，即标准层纯办公使用面积大约为 1400m² 左右。按照规定，每 500m² 设置一个防烟分区，即用 600mm 的挡烟垂壁设置三个防烟分区。在面积不变的情况下，改变标准层的平面形状（矩形、三角形、圆形、三叉形、梭形），探讨标准层的平面形状对火灾机理的影响（图 5-2、表 5-14）。

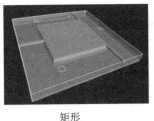
矩形

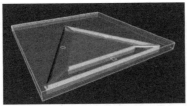
三角形

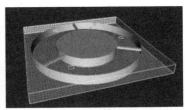
圆形

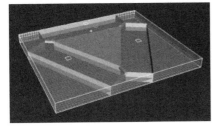
三叉形

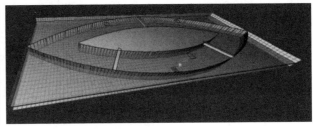
梭形

图 5-2 火灾场景 FDS 模型

火灾场景设计参数 表 5-14

项目	描述
mesh	网格大小 computational mesh：1m×1m×1m
burner	起火点位置（31，41，0），面积4m²，HRRPUA = 375kW/m²，火灾规模 1.5MW
exhaust	纯办公区域设 3 个机械排烟口，防烟分区内的排烟口 Specify Volume Flux = 8m³/s（根据防火规范得来）

2. 运算结果对比及分析

1）能见度对比及分析

取六个火灾场景在不同时间节点的 $z = 1.8m$ 处的截面进行研究，选取时间节点的依据为三个防烟分区依次达到能见度最低值时刻的片段（表 5-15），对比研究每个防烟分区达到能见度最低值的时间长短，从而得出有利于人员疏散的平面布置方式。每种形制的标准层整体能见度处于 10m 以下的时间是不同的：矩形平面在 180s 时，整体能见度降至 10m 以下；三角形平面在 157s 时，整体能见度降至 10m 以下；圆形平面在 133s 时，整体能见度降至 10m 以下；三叉形平面在 213s 时，整体能见度降至 10m 以下。

五种火灾场景的能见度（此表中图可扫增值服务码查看彩色图片） 表 5-15

矩形		
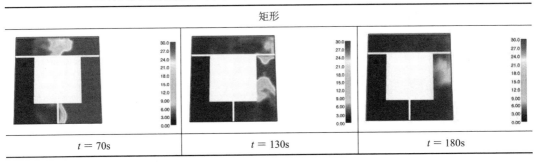		
$t = 70s$	$t = 130s$	$t = 180s$

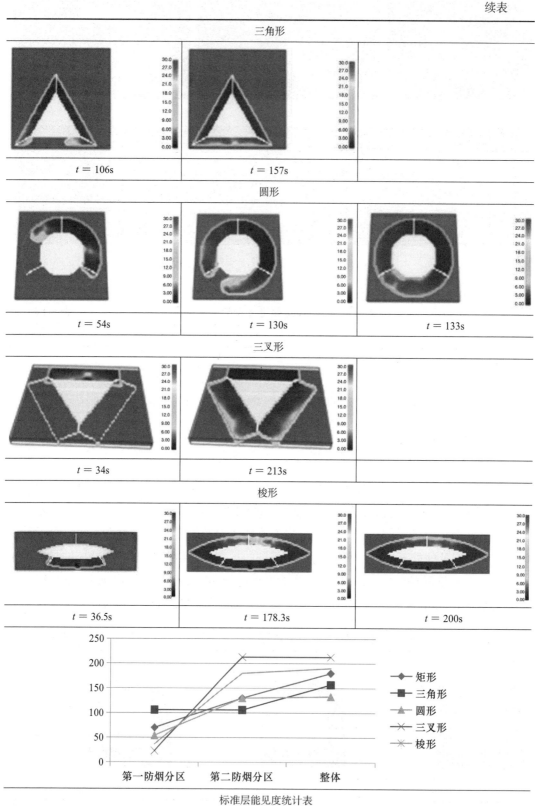

标准层能见度统计表

由于形制的不同，着火后，烟气蔓延的方式会有所不同，有些形制的标准层，如矩形、圆形、棱形的三个防烟分区能见度依次降低，其中，矩形和圆形均在130s时，第二防烟分区的能见度降低至10m，棱形的第二和第三防烟分区能见度下降的时间相近，前后仅相差10s。有些形制的标准层，如三角形和三叉形的三个防烟分区中的两个同时降低能见度，其中，三角形的第一和第二防烟分区都在106s时下降至危险值，三叉形的第二和第三防烟分区都在213s时下降至危险值。

2）烟气温度对比及分析

选取 $z = 2\text{m}$ 处的横截面片段作为对比研究对象，旨在研究人体高度处的烟气温度随时间变化的分布情况，对两个火灾场景均取300s时的截面片段进行观察（表5-16）。从表5-14中分析得出，矩形平面在火焰周边的烟气温度为85℃，未着火区域的温度在40℃以下；三角形和圆形平面在火焰周边的温度为55~60℃，未着火区域的温度在40℃以下；三叉形平面的着火区温度均在50℃以上，未着火区持续低温；棱形平面的着火区温度均在60℃以上，未着火区保持在40℃以下。

$t = 300\text{s}$ 时的烟气温度分布（此表中图可扫增值服务码查看彩色图片）　表5-16

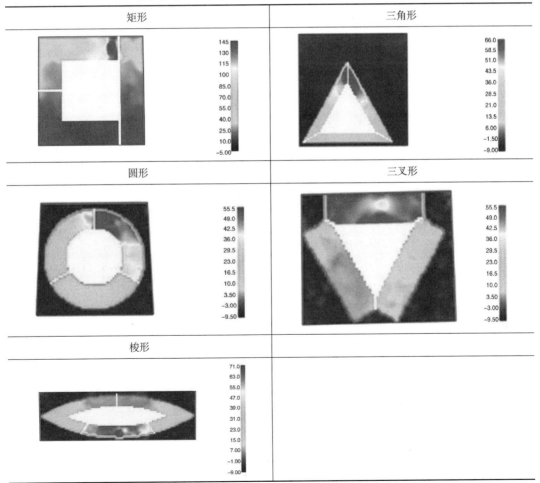

3. 结论和建议

（1）在结构合理的情况下，矩形平面和三叉形平面因烟气蔓延导致能见度方面较其他平面更具优势，整体空间中烟气下沉至极限值所需要的时间更长，有利于人员逃生。对空间形制的相似度进行比较，梭形、矩形优于圆形平面，三叉形优于三角形平面。

（2）在结构合理的情况下，矩形平面着火后，烟气蔓延不会导致因某一处高温而限制人员的逃生路线，即逃生面积较其他形制的标准层大；三叉形平面因防烟分区之间的通道急剧收窄，导致烟气的高温区滞留在一个着火区，对于未着火区的人员疏散也是有利的。

（3）在标准层的排烟方面，尽量使用自然排烟方式，人工排烟虽然在一定程度上缓解了烟气的蔓延，但缓解的时间十分有限，相较于自然排烟，人工排烟并不是最理想的排烟方式。

5.3 超大扁平空间的空间优化设计策略

5.3.1 避难层的空间优化设计策略

1. 设置避难层的一般规定要求

《建筑设计防火规范》中规定，建筑高度大于100m的公共建筑，应设置避难层（间）。第一个避难层（间）的楼地面至灭火救援场地地面的高度不应大于50m，两个避难层（间）之间的高度不宜大于50m。在此规范要求的基础上，需根据人员逃生过程中人员密度的实际情况对避难层的面积进行调整。实际情况下，逃生人员越往下行，人员密度越大，因此，建筑低区的避难层面积要比高区的避难层面积略大，每个避难层面积的具体大小需要依据性能化防火模拟结果而确定。

2. 防火分区面积的计算

考虑到我国人员的体形情况，就席地而坐来讲，平均每平方米容纳5个人。装修材料均为A级，最大的防火分区面积为2000m²，并设置火灾自动报警系统和自动灭火系统。

3. 防止烟气蔓延的分隔方式及措施

1）防止竖向烟气蔓延

《建筑设计防火规范》中规定，通向避难层（间）的疏散楼梯应在避难层分隔、同层错位或上下层断开。避难层应设置消防电梯出口。开敞式的避难层中火灾烟气沿其外墙蔓延的情况更加严重，因此其防火性能比封闭式避难层更弱，因此，避难层尽可能以封闭式为主，若为了满足建筑立面的需求，要在避难层的外墙处开窗，则必须采用厚度在0.8m以上的防火窗及耐火极限在2h以上的不可燃的窗间墙。

2）防止水平烟气蔓延

避难层力求保证其整体性，需要使用耐火极限在2h以上的楼板将标准层与上下楼层进行分隔，并采用隔热防护措施处理吊顶。避难层的周边结构除了使用不燃体以外，还应按照规范中规定的耐火极限的要求，墙面采用难燃的装修材料，底面使用不燃的装修材料，并满足耐火极限均在3～5h。

有些建筑的避难层内设置有设备间，此种情况下，避难层的防火要求更加严格，设备间与防火区域之间也需要使用防火墙或者走道进行分隔，耐火极限为2～3h。设备间内的各种管道不能与避难区域相距过近，其防火门也不能朝向避难区域开启。某超高层办公建筑的避难区域及其分隔方式见图5-3。

图5-3 某高层办公建筑避难空间及避难空间的防火分隔设计

4. 避难空间中设置消防设施的具体做法

封闭式避难层的消防设施的设置具体为：① 应设置独立的机械加压送风的防烟设施及排烟设施。② 避难层内既需要设置补风机也需要设置排烟机，但两个机组不能紧邻布置。③ 在避难区域中应设置消防系统，包括自动报警系统、自动喷淋系统和广播照明设施等，此外，应设置有明晰的、显著的、供电时间在1h以上的标识和疏散指示图，照度不应低于1.00lx，以便帮助和引导人员逃生。

5. 避难层的导视系统的设计优化

现在的超高层塔楼的疏散楼梯往往贯通整个建筑，并不会在避难层处进行转折，逃生人员在使用楼梯进行疏散时，在恐慌的情绪下，很容易忽略和错过避难层，错失获救的机会。导视系统的合理化，通过对避难层入口的特殊化设计，给人们以提示，引导人们去往避难空间。甚至可以采用语音提示系统，警示逃生人员正确的逃生路线。

6. 避难逃生技术的探索

（1）在各避难层之间设置固定的疏散楼梯间，此楼梯间需垂直贯通并设置在建筑外墙附近，且具有防坠落功能，与此同时，需采用最高耐火等级与耐火极限的防火分隔将疏散楼梯间与整个避难层完全断开。

（2）考虑在避难层设置各种新型逃生避难装置。研究资料表明，我国已经有研究单位开发出无电人力驱动"外挂式电梯"用以实现多人次、大流量、快速集体逃生。此外，美国开发的新型外挂电梯系统和磁悬浮逃生方案等新型逃生装置可用以辅助逃生。

5.3.2 标准层的空间优化设计策略

1. 平面布置方式

大空间式标准层要与高层办公建筑结合考虑，高层办公建筑多为框架剪力墙或内筒结构，其开间和进深尺寸要同使用要求、基地面积、结构等诸因素综合考虑确定。独立核心筒导致使用空间拐角过多，一旦起火点火势过大，很容易对疏散路线造成一端的堵塞，为此，"双核"构成模式，双侧外核心筒的布局，更加有利于避难疏散。此外，标准层的平面形状不同，在面积相同的情况下，其火灾烟气的温度分布也有不同，有的平面形状会出现高温烟气聚集在一起的情况，阻碍人员逃生。总之，大空间办公室在布置上具有灵活多样的优点，在设计中应尽可能创造条件，以适应发展的要求。

2. 防火分区的要求

影响防火分区面积的因素较多。诸如：建筑物的耐火等级；建筑物的使用性质；建筑物内可燃物的数量和种类；有无自动报警和自动灭火装置；有无自动排烟设备；有无相邻建筑的扩建带来的消防扑救和安全疏散等问题，并根据目前国内高层建筑设计实际情况，考虑到高层办公建筑采用的建筑材料和建筑结构类型以及防火分区的作用，参考国外高层办公建筑划分分区的要求，对高层办公建筑防火分区的划分提出如下意见。

高层办公建筑防火分区的划分原则：既要有利于限制火灾蔓延，减少损失，又要方便扑救和火灾时的使用管理，也要有利于排烟设施的设置和节约投资。火灾时，此类空间内的火灾烟气蔓延快，范围广，损失也大，为了能把火势控制在一定范围内，以减少损失，要根据它们的使用要求设置防火分区。每个防火分区的最大允许面积应根据建筑物的用途、重要性以及可燃物的数量和种类等条件确定。高层办公建筑的室内可燃装修等较少，一般无通风和空气调节设备，即使有，也是局部的通风、空气调节设备，在同样条件下，火灾蔓延速度较慢，危害性要小些，所以每个防火分区的面积可考虑大一些，但也不超过 $1500m^2$。为有利于管理人员组织疏散人员和物资，扑救初期火灾，且更好地协同消防员灭火，在划分防火分区时，可根据不同使用情况，在不超过每个防火分区最大允许面积的条件下，灵活地予以调整。

此外，在划分防火分区时，有的超高层建筑由于使用上的需求，每个防火分区需要增大 50%～100%。这就对自动消防系统的性能有更高的要求，因此必须对自动报警和灭火设备的性能进行优化，使其能更早对火灾进行预警，将烟气蔓延缩小到一定范围之中。这样，既能满足某些高层建筑的特殊用途的需要，又有利于安全。

3. 防烟分区的要求

在《建筑防烟排烟系统技术标准》中规定，公共建筑、工业建筑防烟分区的最大允许面积及其长边的最大允许长度应符合表 5-17 的规定，当工业建筑采用自然排烟系统时，其防烟分区的长边长度不应大于建筑内空间净高的 8 倍（表 5-17）。

公共建筑、工业建筑防烟分区的最大允许面积及其长边最大允许长度　　表 5-17

空间净高 H（m）	最大允许面积（m²）	长边最大长度（m）
$H \leqslant 3.0$	500	24
$3.0 < H \leqslant 6.0$	1000	36
$H > 6.0$	2000	60m；具有自然对流条件时，不应大于 75m

注：1. 公共建筑、工业建筑中的走道宽度不大于 2.5m 时，其防烟分区的长边长度不应大于 60m。

　　2. 当空间净高大于 9m 时，防烟分区之间可不设置挡烟设施。

　　3. 汽车库防烟分区的划分及其排烟量应符合现行国家规范《汽车库、修车库、停车场设计防火规范》的相关规定。

资料来源：《建筑防烟排烟系统技术标准》表 4.2.4

4. 排烟系统的设置方式

对于无法用自然排烟方式进行排烟的高区标准层，需进行机械排烟。在《建筑防烟排烟系统技术标准》中规定，排烟口的设置应按本标准第 4.6.3 条经计算确定，且防烟分区内任一点与最近的排烟口之间的水平距离不应大于 30m。

当一个排烟系统担负多个防烟分区排烟时，其系统排烟量的计算应符合下列规定：① 当系统负担具有相同净高的场所时，对于建筑空间净高大于 6m 的场所，应按排烟量最大的一个防烟分区的排烟量计算；对于建筑空间净高为 6m 及以下的场所，应按同一防火分区中任意两个相邻防烟分区的排烟量之和的最大值计算。② 当系统负担具有不同净高的场所时，应采用上述方法对系统中每个场所所需的排烟量进行计算，并取其中的最大值作为系统排烟量（第 4.6.4 条）。

5. 增强对消防设施的维护

为了保障自动喷水灭火系统的有效性，建议消防设备必须得到定期的维护和保养，避免出现人员安全撤离前灭火系统提前失效的情况，力求通过自动喷水灭火系统控制火灾烟气的蔓延。

5.4　本章小结

第 5 章分析了超大扁平空间中的各具体功能空间细分，并对其进行了火灾时的防火难点分析，针对这些现有规范难以解决的设计问题，笔者对超高层综合体的超大扁平空间中的塔楼标准层和避难层的平面布置和空间形制进行了对比模拟，以探寻在同等火灾环境下的烟气蔓延和人员疏散的规律，从而得出每种功能空间的优化策略。为此，笔者进行了三种对比研究，分别为：① 核心筒的位置对标准层火灾烟气的影响；② 核心筒的位置对标准层人员疏散的影响；③ 标准层的平面形状对其火灾烟气的影响。根据三种对比模拟得出的结论，一一对应地归纳出了塔楼标准层和避难层的空间优化设计策略。

第6章 水平狭长空间的优化设计

6.1 狭长空间的分类与防火难点

6.1.1 疏散走道的防火难点

水平疏散走道是整个建筑的疏散体系中最开始的环节和重要的组成部分。它始于着火区和人员活动区，终于疏散楼梯间的安全出口。作为疏散体系中的第一安全区，水平疏散走道必须在开始就能将大量烟气阻隔在外，保证人员有序地进入楼梯间前室。水平疏散通道的安全性能直接决定着逃生人员的逃生心理和避难行为的有效性，是保障人的生命安全的第一关卡。

由此可见，在整个疏散过程中，必须重视水平疏散走道，才可确保被困人员进入下一安全区，获得最终的救援。具体说来，疏散走道的长度、宽度和内装修的设计均能影响到建筑的防火性能和人员的疏散安全，因此疏散走道的流线、宽度及装修材料的各项指标均需在防火设计中被严格控制，一旦被疏忽，后果不堪设想。

6.1.2 非疏散走道的防火难点

非疏散走道的功用，除了承担部分疏散功能以外，主要是引导人员有序地感受建筑空间和使用建筑功能。它与疏散走道最大的不同在于后者追求路线简洁直达，尽量少出现拐点，并且宽度和室内装修有极限要求，而非疏散走道的设计可以有丰富的室内路线，宽度可随着建筑空间和人体尺度的需要而发生改变，室内装修也以美化建筑内部、丰富建筑空间为主，这类走道空间常为大型商业空间中的内街空间。

针对商业内街而言，其走道往往东西向贯通，东西向需拥有良好的自然采光条件，有利于人员逃生。由于商业内街自身的火灾荷载较小，发生火灾的主要场所为周边的店铺内，因此，商业内街两侧店铺的火灾荷载成了影响内街安全的主要因素，若店铺与内街之间过于开敞，即便内街自身的火灾隐患不大，也将会是火灾中烟气蔓延和增强火势的危险区域。

从人员疏散的角度考虑，火灾发生时，大量人员会根据自己熟悉的通道寻找出口，但是狭长通道的出口往往只能设置在空间的两个端部，中段的部分又过于狭窄，紧急情况下，会造成通道中部人员撤离缓慢或者拥挤，出口处人员堵塞或者踩踏。

另外，从整体内街走道的布局上分析，设计者为了空间的丰富性，常常设计出错综复杂的内走道相互交织，若没有清晰的标识，人员在有烟气的空间内难以找到正确的疏散路线；有的内街走道甚至在共享空间内相互穿插，在大空间内部形成景观效果，但是在火灾发生时，这样的内街走道的四周与大空间若没有形成隔离，则会受到外部烟气的影响，增加走道内部的烟气负担。

6.2 狭长空间的火灾性能化模拟

6.2.1 商业内街的布置形式对火灾烟气蔓延的影响

笔者根据调研、观察得出，出现在超高层建筑中裙房部分的供人购物、游乐、体验、观光的不以疏散功能为主的走道多以商业内街的形式出现，即走道两边多为店铺，或者走道一边为店铺，一边为主要景观休憩公建，或者走道两边均无实质性的商业店铺，仅作联系两大商业节点之用。将不同功用的非疏散走道按照在裙房内的空间布置方式进行分类，可分为以下六种类型：一字形、丁字形、L形、曲尺形、风车形、环形（表 6-1）。

商业内街分布模式　　　　　　　　　　　　　　表 6-1

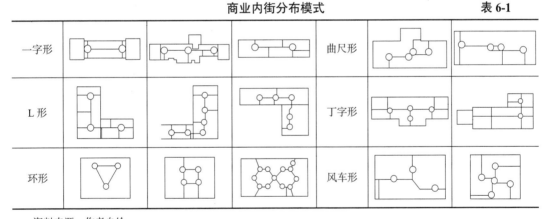

资料来源：作者自绘。

1. 火灾场景的设置

根据表 6-1，设置六个不同的火灾场景进行比较研究，每个火灾场景的裙房面积均设置为 20000m²，按照有消防喷淋的情况考虑其防火分区，则每 5000m² 设置一个防火分区，即四个防火分区，按照 500m² 划分防烟分区，则一共有 40 个防烟分区，走道宽度为 2m，每个商业店铺的火灾荷载密度为商业建筑平均火灾荷载密度 600MJ/m²，排烟方式均考虑机械排烟，模拟 1800s 时 1.8m 处能见度及 2m 处的烟气云图，计算气流在此过程中的变化情况，从而得出不同场景的火灾机理的不同，具体模拟数据见表 6-2，几何模型见表 6-3。

火灾场景的基本模拟数据 表 6-2

项目	描述
mesh	网格大小 computational mesh：1m×1m×1m
burner	起火点位置（164，39，0），面积 4m²，HRRPUA ＝ 375kW/m²，火灾规模 10MW
exhaust	每个防烟分区设 3 个机械排烟口，排烟口 Specify Volume Flux ＝ 7.515m³/s（根据防火规范得来）

六种火灾场景的 FDS 模型 表 6-3

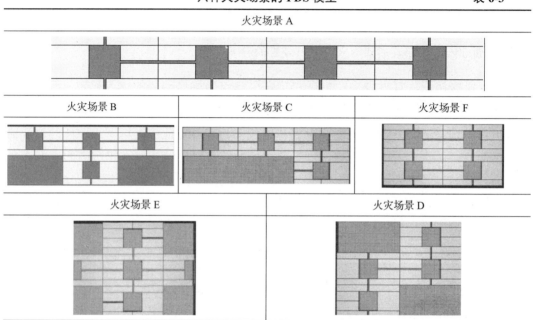

火灾场景 A

火灾场景 B　　　　　火灾场景 C　　　　　火灾场景 F

火灾场景 E　　　　　　　　　火灾场景 D

2. 模拟结果对比及分析

1）烟气温度云图对比及分析

取 1800s 时 $z ＝ 2m$ 的水平截面进行分析，旨在对比研究六个火灾场景在同一时刻的烟气温度分布规律，从而得出有利的内走道的布局方式。

从表 6-4 中分析得出，邻近火源的内街受到烟气蔓延的影响最严重。火灾场景 A 的三条内街中，直通室外的最短内街的烟气温度最高，接近 100℃（这里需要考虑网格边界问题），通向左右两个分区的内街温度较低，为 60℃。

1800s，$z ＝ 2m$ 时的烟气云图（此表中图可扫增值服务码查看彩色图片） 表 6-4

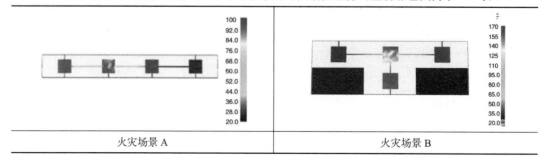

火灾场景 A　　　　　　　　　　　　　火灾场景 B

续表

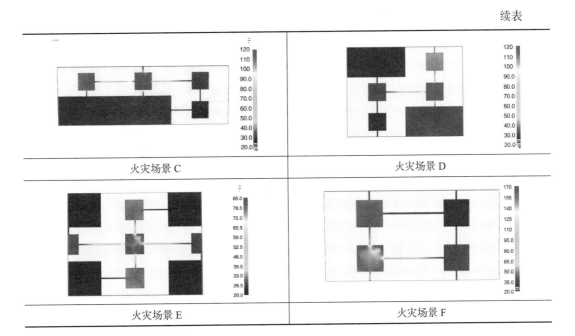

| 火灾场景 C | 火灾场景 D |
| 火灾场景 E | 火灾场景 F |

火灾场景 B 的三条内街中，通往最近分区的最短内街温度最低，在出口处，为 90℃，通向左右两个分区的内街温度较高，为 125℃。

火灾场景 C 的四条内街中，通向室外的最短的两条内街的出口处温度最低，为 50℃（不考虑通往网格边界的那一条），通往右边分区的较长内街的出口处温度较高，为 80℃，通往左边分区的较长内街的出口处温度最高，为 110℃。

火灾场景 D 的三条内街中，通往室外的最短内街的出口处温度最低，为 60℃，通往上部分区的较长内街的出口处温度较高，为 90℃，通往左边分区的最长内街的出口处温度最高，为 110℃。

火灾场景 E 的四条内街的出口处温度均较低，均为 70℃。

火灾场景 F 的三条内街中，两条内街为有效内街；其出口处温度一致，均为 130℃。

现对每个火灾场景中受烟气影响的内街进行编号，并将其出口处温度、中段温度及内街长度统计成柱状图，见图 6-1～图 6-4。

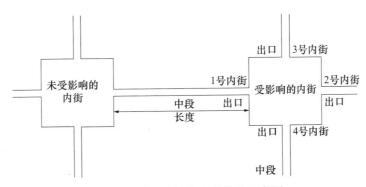

图 6-1 受影响的内走道编号示意图

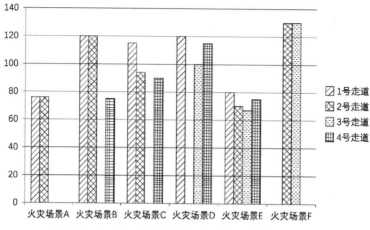

图 6-2　六个火灾场景内街出口处温度情况对比图

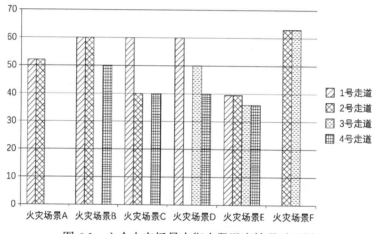

图 6-3　六个火灾场景内街中段温度情况对比图

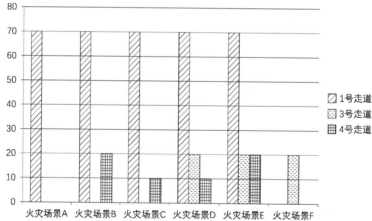

图 6-4　六个火灾场景内街长度情况对比图

　　走道的出口处温度最大值出现在场景 F 的两个走道中，为 130℃，最小值出现在火灾场景 E 的 4 号走道处，火灾场景 A 和火灾场景 E 的走道出口处温度普遍较低，而火灾场景 D 和 F 的走道出口处温度普遍比较高。

走道中段的温度最大值出现在场景 F 的两个走道中，为 63℃，最小值出现在火灾场景 E 的 3 号和 4 号走道处，为 36℃，火灾场景 E 的走道中段的温度普遍比较低，场景 B 和 F 的走道中段的温度普遍比较高。

2）能见度对比及分析

取不同时间节点的 $z = 1.8m$ 处的截面进行比较研究，选取时间节点的依据为每条走道的能见度达到人体下限时的时间刻度对应下的能见度分布情况，从而比较得出有利于人员疏散的走道布置方式（表 6-5）。火灾场景 A、C 和 F 中都出现了某个走道能见度在有效范围内的时间较长的情况；火灾场景 B、C、D 和 F 中都出现了某个或某些走道能见度在有效范围内的时间非常短的情况；火灾场景 A 中，虽然总体逃生时间较长，但有两条走道的逃生时间较短；火灾场景 B 中仅有的三个逃生走道的逃生时间均较短；火灾场景 C 和 F 中的各个走道的有效逃生时间均不一致；火灾场景 D 中有两条走道的逃生时间较长，其余均较短；火灾场景 E 中几个走道的逃生时间较一致，均在中等时间内。

能见度时间截图（此表中图可扫增值服务码查看彩色图片）　　　表 6-5

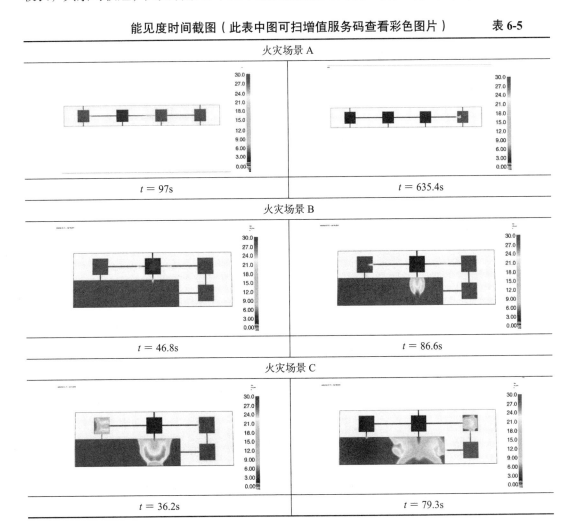

火灾场景 A	
$t = 97s$	$t = 635.4s$
火灾场景 B	
$t = 46.8s$	$t = 86.6s$
火灾场景 C	
$t = 36.2s$	$t = 79.3s$

续表

| 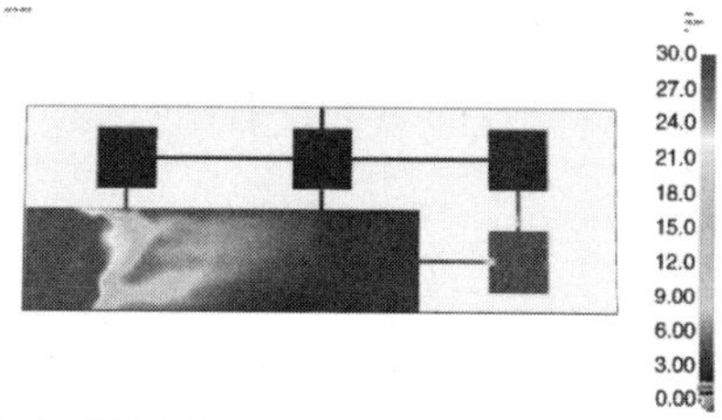 $t = 135\text{s}$ | 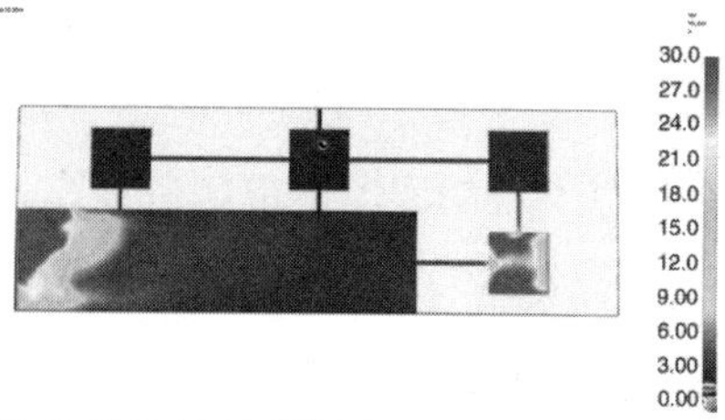 $t = 217\text{s}$ |

火灾场景 D

| 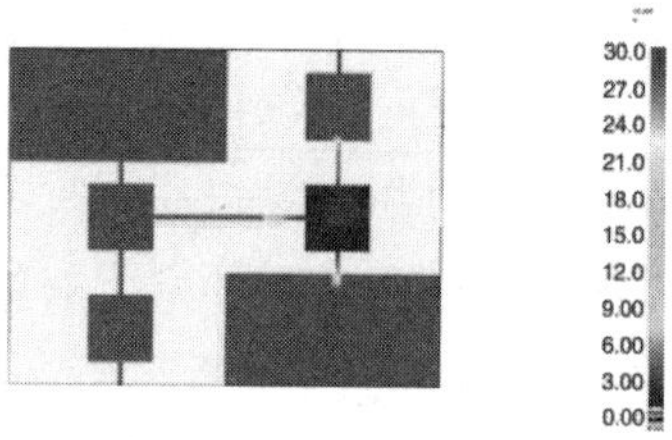 $t = 37.9\text{s}$ | 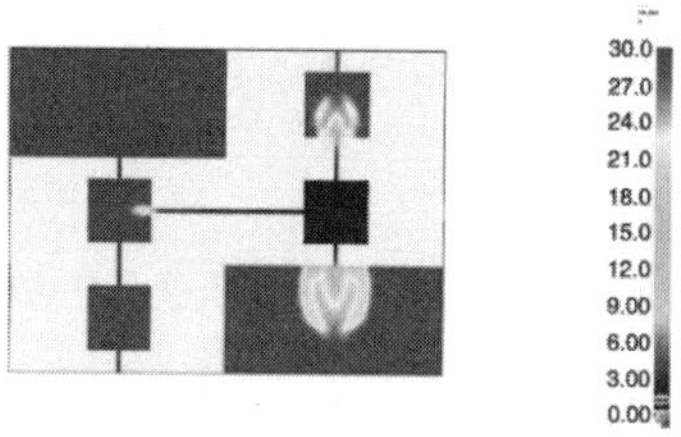 $t = 84.7\text{s}$ | 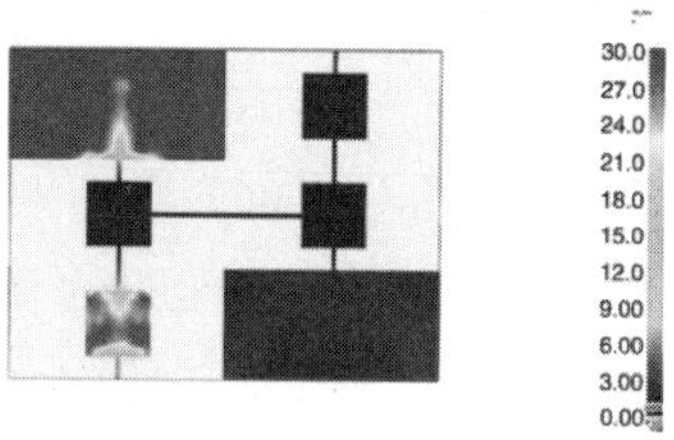 $t = 455.4\text{s}$ |

火灾场景 E

| 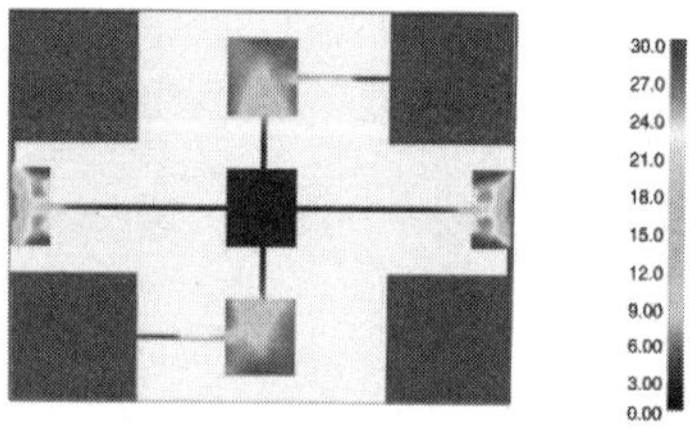 $t = 189.2\text{s}$ | 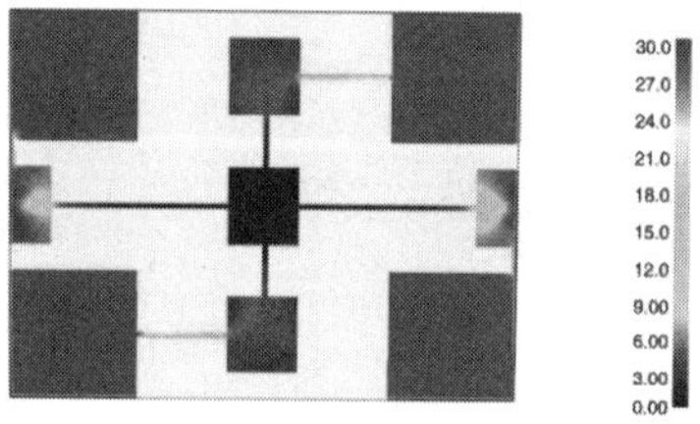 $t = 241.5\text{s}$ |

火灾场景 F

| 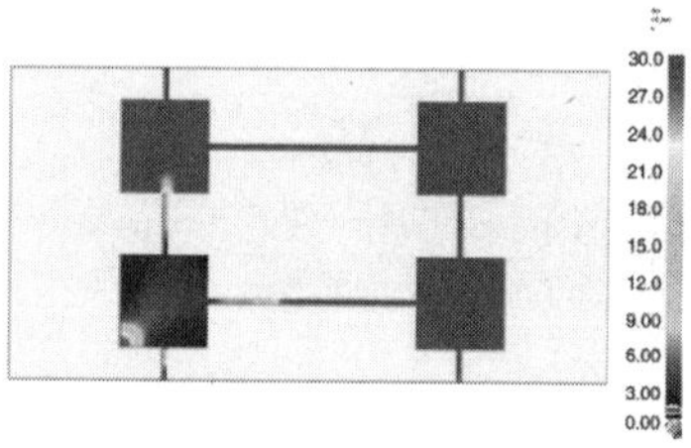 $t = 32.5\text{s}$ | 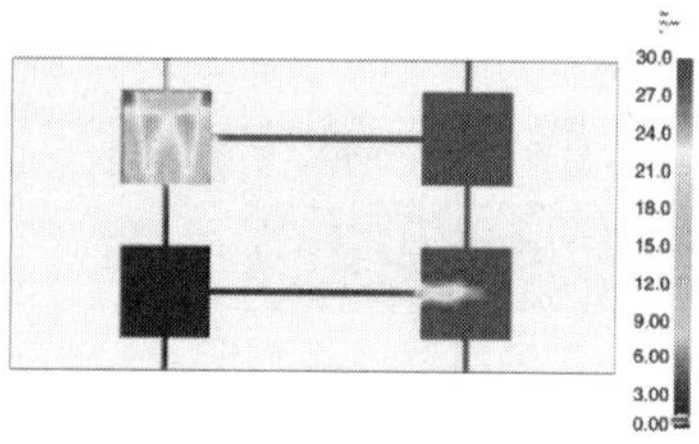 $t = 102.7\text{s}$ |

| $t = 250\text{s}$ | $t = 572\text{s}$ |

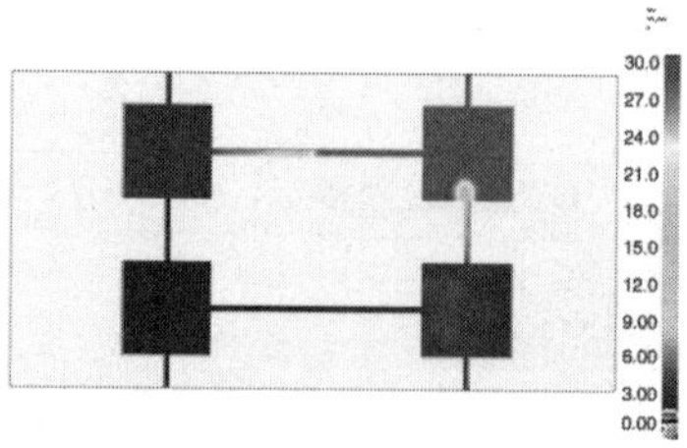

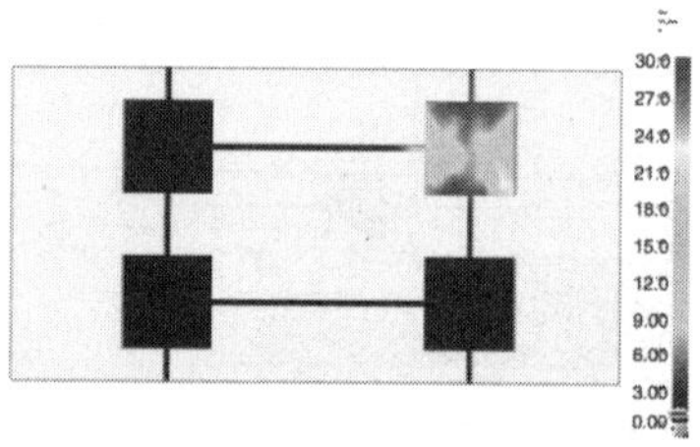

续表

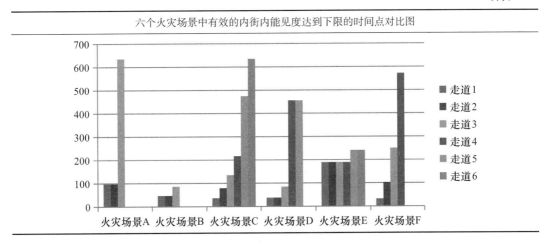

六个火灾场景中有效的内街内能见度达到下限的时间点对比图

3. 结论与建议

1）狭长通道的出口处和中段处的烟气温度与其长度呈正相关

一般情况下，连接两个防火分区的水平狭长通道的长度越长，受火面一侧的端口处的烟气温度越高，导致整体走道内部的烟气温度均较高，为此，人员通过此处逃生相比长度较短的通道更加困难，加上逃生时间有限，过于狭长的通道会减缓人员逃生的速度，建议尽量将狭长的通道设计成若干较短的通道，缩短防火分区之间相连的各个通道的长度是有利于人员逃生的方式。

2）内街走道的布置方式对其内部各个走道的可逃生时间有一定的影响

通过不同内街走道的布置方式产生的不同的能见度分布结果可知，最不利的通道位置均出现在离火源位置最近的最短通道内，虽然有的火灾场景的整体可逃生时间长，但是能见度较高的通道往往仅出现在离火源位置较远的通道中，对于受灾区的人员逃生是没有意义的。

6.2.2 商业内街的布置形式对人员逃生的影响

1. 几何模型的对比设置

1）几何模型的对比设置

以单个防火分区为一个交通体系的单元（图6-5），通过不同的流线组合方式对整个裙房的平面进行人流交通的组织。在交通面积和店铺使用面积相同的情况下，构建六种交通组织的模式：单元串联式交通体系（方案A），单元并联式交通体系（方案E和方案F），单元结合式交通体系（方案B、方案C和方案D）。模拟10min的人员逃生情况。

2）逃生走道和逃生出口设置

每个防火分区的周边均匀设置面宽10m、进深20m的网点店铺，店铺之间留出10m宽的商业内街用于逃生，用20个自由节点表示。每个防火分区至少设置两个逃生出口，一个直接通往疏散楼梯间，用4个自由节点连接一个外部出口表示，另一个为防火分区之间的防火门，为两个防火分区公用的第二安全出口，用 5 个内部节点表示。

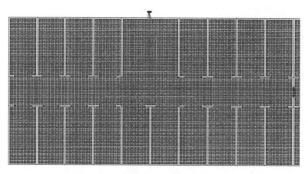

图 6-5 单个防火分区的几何模型（此图可扫增值服务码查看彩色图片）

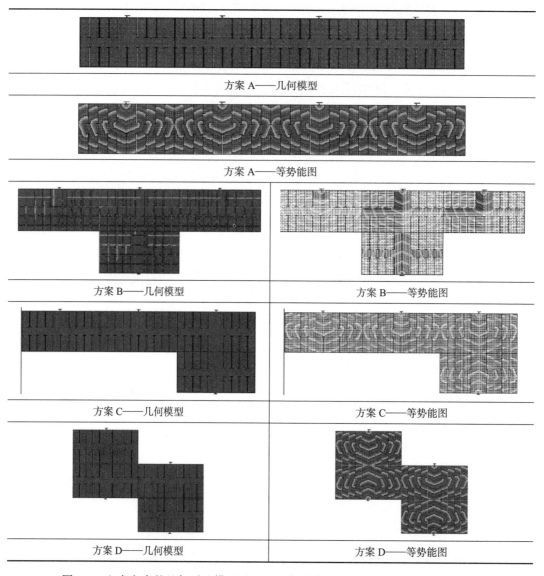

图 6-6 六个方案的几何对比模型（此图可扫增值服务码查看彩色图片）（一）

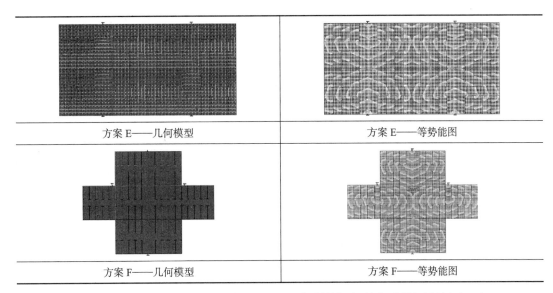

图 6-6　六个方案的几何对比模型（此图可扫增值服务码查看彩色图片）（二）

由于四个防火分区的设置不同，在保证不同方案中各防火分区有 1 个外部出口和 1 个内部出口的前提下，还会增设不同的内部出口，且其位置不同，这将是导致人员逃生所用时间不同的直接原因，每个方案的具体逃生出口的情况见表 6-6。

六个方案的安全出口的具体设置情况　　　　　　　　　　表 6-6

方案	防火分区	外部出口	横向内部出口	纵向内部出口
方案 A	1	●	●	—
	2	●	●●	—
	3	●	●●	—
	4	●	●	—
方案 B	1	●	—	●
	2	●	●●	●
	3	●	—	●
	4	●	●	—
方案 C	1	●	●	—
	2	●	●●	—
	3	●	●	●
	4	●	—	●
方案 D	1	●	—	●
	2	●	●	●
	3	●	●	●
	4	●	—	●
方案 E	1	●	●	●
	2	●	●	●
	3	●	●	●
	4	●	●	●

续表

方案	防火分区	外部出口	横向内部出口	纵向内部出口
方案F	1	●	●	—
	2	●	●	—
	3	●	—	●
	4	●	—	●
	5	—	●●	●●

2. 人群的设置

1）人群的属性设置

根据大型商业综合体的人员密度的规定，无标定人数的高层建筑地下一层至地上一层、二层的人员数量按照 $0.85 \times S \times$（50%～70%）（其中，S 为该层建筑面积）进行计算，则 20000m² 的裙房平面需设置受困者的数量为 8000 人，但根据实际调研可知，多数情况下，裙房内的人员数量设置为 2000 人较为合适，其属性以中青年女性为主，其次是青年男性及孩童，老年男性为数最少。

2）人群的对比布置

大部分受困者限定在店铺内部，少部分受困者分布在内街走道处，经过多次对人群的调整，保证每个人所在的位置都有对应的节点，即有效。

3. 模拟结果的对比分析

1）footfall 对比分析（表6-7）

footfall 对比分析　　　　　　　　　　　　表6-7

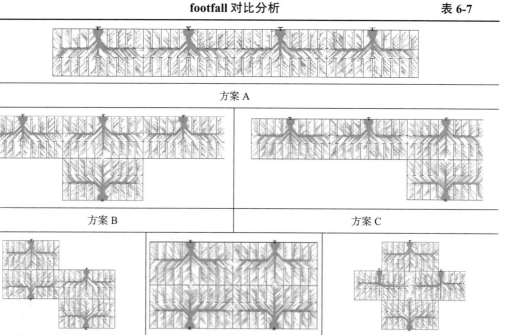

方案A

方案B　　　　方案C

方案D　　　　方案E　　　　方案F

　　由路径图大致可以看出，每个防火分区的主要逃生出口（外部出口）基本上承担了所有受困者的逃生行为，火灾发生时，每个防火分区的受困者自动选择的逃生路径统一为朝向本分区的外部逃生出口的最短路径。防火分区之间的内部出口几乎没有被启用，内部逃生出口和防火分区的边界墙体在此情景中共同构成了防火分隔，在此情形下，不论防火分区如何布置，受困者的逃生时间几乎不受布置方式的影响。但是，六个方案中的方案 F 不同于其余五个方案，在方案 F 中，中间的防火分区无法设置直接对外的逃生出口，因此需要对其他相连的逃生出口开设内部出口，以便将受困者引导至靠向边界的防火分区，从方案 F 的逃生路径上看，位于中部防火分区的受困者更倾向于选择离自己更近的外部出口进行逃生而不是离自己更近的内部出口逃生。

　　2）人流速度及逃生口逃生总人数对比分析

　　从逃生总人口及安全疏散总体时间来分析，六个方案中，2000 人全部安全逃生所需要的时间分别是：方案 A 为 235s，方案 B 为 250s，方案 C 为 240s，方案 D 为 225s，方案 E 为 235s，方案 F 为 240s（表6-8），可见，方案 B 中的受困者所用的总体逃生时间最长，而方案 D 中的受困者所用的总体逃生时间最短，方案 C 和方案 B 所用时间均较长，方案 A 和方案 E 所用时间较短。

逃生总人数及人流速率对比分析　　　　　　　　表 6-8

逃生总人数对比

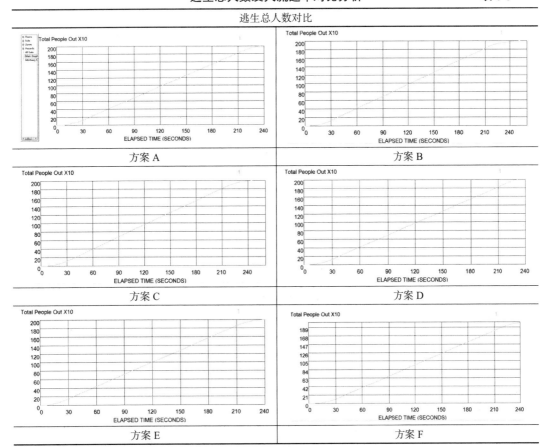

方案 A	方案 B
方案 C	方案 D
方案 E	方案 F

续表

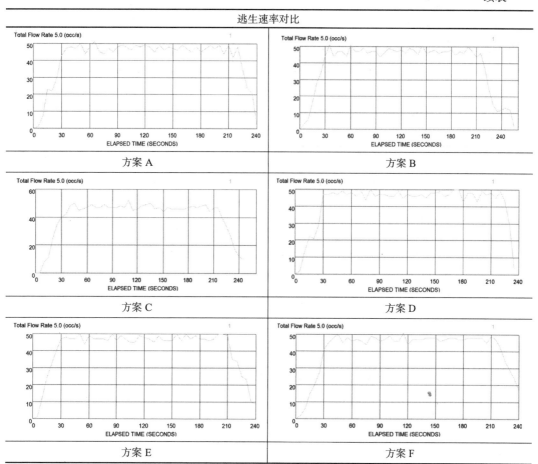

由人流速率的对比结果可见，六个方案的人流速率均在前30s内快速上升至最大，相比之下，方案B、D、E的速率上升较快，方案F的速率上升最慢；六个方案的人流速率均在210s之后开始下降，方案B和方案D下降最快，方案C和方案F下降较慢。

3）前120s逃生过程对比分析

在前20s内，已经有部分受困者逐步形成了固定的逃生路线，方案A至方案E中，每个防火分区的逃生路线均一致，方案F中，中部防火分区的受困者纷纷涌向左右两边的内部出口，纵向的出口作用不大，联系纵向出口的无店铺空旷空间并未起到疏散作用。在第40s时，各方案中的受困者均形成了规律的逃生路线，涌向各自的安全出口。在第60s秒时，各方案中的部分受困人员已经安全逃生，外部出口处的人员密度不断增大。其中，方案F中的中部防火分区内部的两个出口处的人员密度也较大，严重阻碍了此处人员的疏散。在第80～100s时，人员主要分布在各安全出口的附近。在第120s时，人员全部堵塞在外部安全出口附近，聚集的人员数最大，密度也最大（具体见附录3）。

4. 结论与建议

1）每个防火分区尽量设置两个直接通往疏散楼梯间的外部出口

现行《建筑设计防火规范》GB 50016 中要求每个防火分区只需要满足两个安全出口即可，因此，在大多数的设计案例中，为了节约交通面积，并非两个安全出口都直接通往疏散楼梯间，而是用防火分区间的防火门代替其中一个安全出口，用以保证火灾发生时，受困人员依旧有两个逃生方向。但是在模拟中可见，两个逃生出口对受困者的承载量是完全不同的，几乎所有的人，哪怕是靠近内部出口的受困者都会在第一时间选择通往外部出口的较长的路线。因此，内部出口形同虚设，每个防火分区若有外部出口，则发挥作用的是惟一的外部出口。

2）内部出口的设置尽量靠近两边防火分区的外部出口

从模拟方案 F 中可见，中部的防火分区没有直接对外的安全出口，受困者需要通过内部出口逃离至周边的防火分区后再逃至疏散楼梯，因此，相邻的防火分区之间的两个逃生出口需要尽量靠近，以便从另一分区逃离至此分区的受困者能以最短时间逃离出着火层。

3）将各防火分区集中布置有利于增设防火分区的内部出口

在总平面尺寸满足的情况下，划分防火分区时，保证每个防火分区都有尽可能多的防火分区与之相邻，以便每个防火分区有尽可能多的内部出口可帮助受困者向周边逃生。

4）尽量不要将某个或多个防火分区分散布置在整个裙房的尽端

例如丁字形裙房或风车形裙房，必将导致位于中部的防火分区难以单独设置直接通往疏散楼梯间的逃生出口，即便可以设置，位于裙房中部的受困者也因离通往裙房四周的疏散楼梯均很远而难以进行有效的逃生行为。

6.3　水平狭长空间的空间优化设计策略

6.3.1　疏散通道的空间优化设计策略

1. 合理设计安全出口的位置和大小

在现有的建筑设计防火规范的基础上，安全出口数量的极限值应有所增加，并适当增大安全出口的最小宽度，在安全出口前预留出适当的缓冲面积，例如电梯厅、消防楼梯间前室、消防楼梯的休息平台以及通往室外的安全出口前的区域均为安全出口的缓冲区域，此类区域的面积需按照性能化防火软件的模拟结果进行具体的计算。

在超高层建筑内，安全出口的设计至关重要，疏散时间与安全出口的疏散宽度、数量、位置以及分布情况等有直接关系。安全出口的有效疏散宽度与疏散效率在一定区间内成正比，也就是说，安全出口的宽度增大到某一数值时，其疏散效率不会再显著提升。同样，安全出口的数量也与疏散效率成正比，受困者的选择增多，有利于对逃生路径的提前规划，应急选择人流量小的出口进行疏散，远离人群密集区，快速进入亚安全区。基于此，增设防火分区之间的内部出口的方法，等同于增加安全疏散出口的数量，从而提高疏散效率。

在裙房空间中，人群的疏散效率与安全出口的宽度、数量和位置有直接相关性。当两个或多个直接通往疏散楼梯间或室外的安全出口位置过于相近时，人群在出口处会形成较大的堵点，导致受困者再次拥挤及踩踏的概率极高，会降低安全疏散的效率，但当防火分区之间的内部防火门与本分区内的外部安全出口相距过远时，对人员疏散也有不利影响。只有合理地布置安全出口，才可以更好地满足安全性和经济性。

此外，安全出口均应使用防火门进行分隔，此时的防火门为双向平开门，并可自动闭合和自动反馈信号。

2. 优化疏散通道

商业裙房的疏散路径相对较长，经常使用廊道空间来组织交通流线。在交通长廊中，人群逃生路径呈线性状态，极易发生碰撞和堵塞，因此，简捷、平顺的通道路径设计十分重要，尽量避免通道界面出现凸出物或急弯，避免疏散人群在逃生过程中形成通道内的堵点。

较宽敞的商业内街可缓解人群在逃生时的压迫感和紧张感，并且有足够的空间承载来自四周店铺的逃生人员，可减少狭长空间的堵塞现象。为了缓解店铺内人员相互逃离至内街走道后对内街的压力，可将店铺之间的分隔设计成可活动型，若火灾发生在店铺外，店铺之间的隔墙可开启，保证受困人员无障碍地相互穿过，直接选择最短路径逃离至安全出口周边，无需先逃离至商业内街这样的狭长空间。

（1）当商业内街用于疏散时，其街道两端连接不同空间的出口位置的火灾蔓延情况和人员堵塞情况最为严重，因此，内街的两端需要专门设置自动挡烟垂壁，垂壁下降至离地面2.5m的高度，保证两端大空间的烟气不会蔓延至通道内，也保证了通道内的烟气不会蔓延至相连接的疏散楼梯间内。

（2）根据规范，人员的最大疏散距离不能超过60m，因此，疏散通道的极限值也为60m，疏散通道与核心筒连接的防火门的宽度不应小于消防通道的宽度，在整个火灾过程中，消防通道内的风压必须为正，同时伴有泄压措施。

（3）LED指示灯的布置方式多样，应考虑在地面上增设疏散引导流线的指示灯，保持视觉的连续性。

3. 配合优化疏散体系内的结构

前文中提到了超高层内疏散体系的一个基本原则为每一安全区都要保证其安全性能优于上一区域，使逃生流线的安全性能逐步提高，不会产生"逆流"情况。因此，在平面设计中，疏散走道不宜设计成不甚畅通的"S"形或"凹"形，也不要有变宽度的平面；同时，在行人高度内不要设有凸出物，以免紧急疏散时发生堵塞和挤伤人的情况。

4. 优化疏散导视系统

受困者在紧急情况下，基于本能，第一时间会寻找直接通往疏散楼梯，因而会忽略通往防火分区的内部疏散出口，因此长廊内的疏散标识系统应有专门的人性化设计，并以明确、醒目为主要标准，以便引导人群进行疏散。在疏散标识的设计中，可将应急疏散路线与常用路线进行结合设计，便于受困者按照自己习惯的路径进行疏散，在慌乱中也能找到疏散楼梯和疏散出口。

大量火灾实例证明，虽然根据规范要求在众多超高层建筑的关键位置摆放了紧急疏散路线平面图供使用者学习和预警，然而调研显示，由于大多数人的消防意识不强，识图能力有限，并没有多少人真正注意到这些标识，在火灾发生时的混乱情况下，大多数人只会跟着人流盲目前进，不会依靠路线图理性地选择逃生路线。为此，建议改进路线引导标识，采用三维模型或者动画的形式先引起使用人员的注意，引发他们对逃生路线的关注和兴趣，再配合醒目的色彩和明显的标志在疏散楼梯间和避难层等关键性的出口处进行标识和指引，促使大多数人员能在火灾发生之前就对逃生系统有所了解。

5. 安全疏散距离的计算

安全疏散距离主要应考虑房间最远点到房间的距离和房门到疏散楼梯或外部出口的距离。疏散距离的长短，对疏散时间有一定的影响，所以应根据疏散时间来确定疏散距离。而疏散时间的确定与人员的逃生速率有关，因此，疏散距离还得根据人员逃生的具体情况而定。据有关材料介绍，有数据直接显示：在人员较拥挤的情况下，人员的前行水平速度为22m/min，下行垂直速度为15m/min，以单股人流为例，每分钟在水平向通过安全出口的人数平均是43人，每分钟在垂直向通过安全出口的人数平均是37人。

一般情况下，房间内最远点到房门的距离不超过15m，对于面积较大、人员相对集中的房间，亦不宜超过20m，如超过这一数值，可增设房间门解决疏散问题。

下面介绍一种最大疏散距离的计算公式：

$$T = t_1 + L_1/V_1 + L_2/V_2 \leqslant 允许疏散时间 \qquad 式（6-1）$$

式中，T——建筑物内总的疏散时间，min；

t_1——从房间内最远点到房门的疏散时间，据统计，人数少时可采用0.25min；人数多时，可采用0.7min；

L_1——从房间到出口或到楼梯间的走道长度，m；

L_2——各层楼梯长度的总和；

V_1——人群在走道内疏散的速度，人员密集时可采用22m/min；

V_2——人群下楼时的疏散速度，可采用15m/min。

此公式只适用于不封闭楼梯间的计算。

然而，火灾发生时的疏散情况比较复杂，所以，上述理论计算仅作为一种参考，疏散距离还应根据实际情况加以确定。

6.3.2 非疏散通道的空间优化设计策略

1. 通风排烟设计

商业内街等非疏散走道采用机械排烟的条件为：① 当走道为长度超过20m的内走道，

且无法使用自然排烟方式时；② 当走道为长度超过 60m 的内走道时，即便可采用自然通风方式，也需要机械排烟设备进行辅助排烟。

2. 优化内街流线的结构

内街的长度对火灾烟气温度在其中的分布有一定影响，内街走道越长，其影响越不利，因此，在设计内街通道时，尽可能地缩短各通道间的距离，即尽量聚集布置各走道的位置，使其成为"井"字形而不是"一"字形，使得能见度较高的区域能均匀地分布在整个建筑平面中。在首层裙房中，尽量多开设出口直接对外，这是最有利于人员逃生的布置方式。

3. 将内街设置成"亚安全区"

模拟结果显示，烟气在狭长通道内的蔓延速度比在开敞空间内的速度更快，因此，内街通道的存在本身就是不利于阻止火势蔓延的。此外，内街自身的火灾荷载较低，影响其燃烧速率的主要是周边店铺内的火灾荷载，因此，内街的烟气和火势获得有效控制的根本做法是加强内街两侧的店铺的火灾控制能力，将烟气和火势控制在店铺空间内从而阻挡烟气向内街蔓延。将内街聚集的部分空间适当地隔离出来，建立"亚安全区"，将会十分有效地阻隔烟气再次向内部蔓延，其具体做法为：

（1）建筑首层的内街内不可放置任何固定的可燃物，控制内街的火灾荷载。

（2）内街首层两侧的店铺空间与内街之间采用耐火极限在 1h 以上的防火卷帘进行分隔，将所有周边店铺设计成"防火单元"，如果店铺与内街走道之间有玻璃橱窗等分隔，需采用自动喷淋对其进行保护以防玻璃炸裂造成人员伤亡。

（3）若商业内街连接通向裙房顶部的中庭空间，并且中庭净高不大于 12m，则可将此中庭视为很好的蓄烟空间，它能将小规模的火灾烟气蓄积到中庭内部，为此需要在相邻中庭的顶棚处设置自然排烟系统，确保烟气能立即通过此处排出室外。

（4）在消防系统的设计上，采用自动探测系统和自动喷淋系统以及固定消防炮。

（5）在内街通道的室内装修上，需选择不燃或者难燃材料。

4. 避免袋形走道的出现

袋形走道不仅不利于烟气的蔓延，也不利于人员的疏散。烟气进入此空间后，难以排除，其有毒气体的浓度和烟气温度会在很短的时间内在空间尽头达到临界值，即便使用机械排烟也难以获得较好的效果，如果出现袋形走道，必须在出口处设置自动挡烟垂壁，保证其在火灾发生时自动下降至离地面 2m 处。

5. 在复杂的内街系统中设置共享空间

在线性交织的内街系统中，人群容易在连续的界面中迷失方向，每隔一段距离适当设置开敞的共享空间有助于人群明确自身的区位以及周边的环境，辅助其对逃生路径的选择。在有条件的情况下，共享空间尽量采用自然采光，可弥补人工照明在火灾情况下的不足，有助于稳定逃生人群的情绪，使疏散行为更有秩序。

6.4 本章小结

第6章分析了水平狭长空间中的各个具体功能空间，并分析了火灾时的防火难点，针对这些现有规范难以解决的难点问题，笔者对超高层综合体的水平狭长空间中的商业内街和疏散走道进行了对比模拟，以探寻在同等火灾环境下的烟气蔓延和人员疏散的规律，从而得出每种功能空间的优化策略。为此，笔者分别从烟气蔓延的视角和人员逃生的视角出发，模拟不同布置形式的商业内街在同等火灾荷载下发生火灾时的情形。根据模拟结果，得知影响商业内街烟气蔓延和人员逃生的综合因素，并对应地归纳出商业内街和一般疏散走道的空间优化设计策略。

第7章 地下空间的优化设计

根据使用功能的不同，地下空间分为地下商业、地下车库以及与城市交通体系相连接的地下隧道。在这三种空间中，地下商业与地上商业裙房最大的不同在于排烟方式的限制，地下商业由于无法采用最有效的自然排烟方式，因此火灾发生时，烟气蔓延速度更快，有效高度处的能见度下降的速度和温度的上升速度均十分快，再加上地下商业的人数分布占整个建筑中人数的比例较大，因此，相较于地上商业裙房而言，地下商业的防火分区、防烟分区以及安全出口的设计要求也明显更加严苛。此外，地下商业内人员构成均与地上裙房相似，内街和疏散走道的优化设计也遵循第5章、第6章的建议。地下隧道空间与城市交通体系相连接，具体设计需与同一地块的城市设计相结合。因此，本章节所涉及的地下空间主要是与其他空间形式差异最大的地下停车库这一类地下空间形式。

7.1 地下停车库的防火难点

1. 地下停车库的火灾发生概率较高

由于将车库和建筑主体一起建造会增加火灾的发生概率，因此单独建造停车库是最优解，如天津凯悦饭店的双层汽车库脱离主体建筑，单独设置。如此设计不免会带来资源浪费，因此，大多数超高层建筑为节省用地，方便管理，将汽车库设在超高层建筑的地下一层、地下二层内部，不可避免地增加了整体建筑的火灾概率。规范要求必须采用耐火极限不低于2h的隔墙和不低于1.5h的楼板将其与其他部位隔开，并应单独设疏散出口，以避免在火灾发生时造成混乱，影响疏散和消防扑救。

2. 地下停车库的热释放速率不能确定

地下车库内的火灾荷载以汽车为主，而汽车本身就是由多种可燃物所组成的，特殊的火灾荷载导致火灾时的热释放速率不能按照通常情形进行考虑。若按照最不利情况，即车库内停满汽车，则一辆汽车爆炸连带其他汽车发生火灾与一排汽车爆炸连带整体空间的火灾场景也是不同的，在此过程中，其热释放速率也存在较大的不确定性。

3. 地下停车库灾时导致火灾发展不可控的因素众多

地下车库内车辆的停放情况根据时间的不同而时刻发生改变，汽车在车库内停放的位置往往是随机的，同一个停车库在不同时段的火灾荷载的分布情况是不同的，因此，火灾场景对实际情况的还原程度有一定局限性，其火灾发展情形无法真正定量预测出来，实际火灾发展情况的可变性极大。

4. 地下停车库无法自然排烟

地下停车库无法自然排烟，然而，在实际情况中，车辆之间的连续爆炸燃烧必将导致火灾烟气越来越多，在这种情况下，仅靠机械排烟难以控制烟气的蔓延和烟气温度的增长，即便火焰被熄灭，过高温度的烟气也很可能导致整体地下车库的二次爆炸。另一方面，烟气不能迅速排出也会影响如消防喷淋、补风设备等的运行，无法保障人员在有效的时间内逃离危险区域。

7.2 模拟地下车库的火灾烟气蔓延规律

7.2.1 火灾场景的设计

地下车库是超高层综合体中火灾危险性较高的区域，在停车区域，火灾荷载极大，发生火灾后极易引发连环爆炸等升级问题，产生更加严重的后果。本次模拟以上海国际贸易中心为原型，进行其地下空间的火灾烟气蔓延对比实验，构建几何模型：底面积为66m×117m，高度为3m的FDS模型，对其设置不同的防火分隔，进行其火灾安全性的对比研究。

设置火灾场景时，已知停车区平面面积为4887m²，现行规范《建筑设计防火规范》GB 50016 要求，满足其总排烟量小于293220m³/h，则排烟口面积不小于293220m³1h/3600/10m/s = 8.1m²，再依据实际模型中防火分区的划分情况，最终将排烟口的大小定为2m² + 2m² + 7m² = 11m²。模型的补风口设置在连接地下车库的进出车通道处，其面积为36m²，共两组，并设置自动喷淋系统。

若对火灾场景进行理想化处理，仅按单辆车着火考虑，或者仅按多辆车着火而不联动反应考虑，则火灾的热释放速率比 t^2 火灾的热释放速率慢，由于实际情形中需要考虑火势联动情况，为此，在火灾场景的设计中可按 t^2 火灾进行设计。停车区内的火灾荷载选取小汽车作为停车区域的主要车型，具体参数见第 3 章。在此基础上，设计三个火灾场景，设计参数见图 7-1，表 7-1～表 7-3。

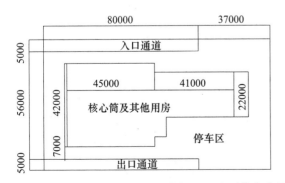
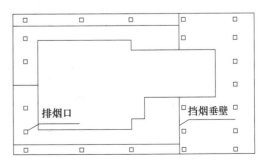

图 7-1 地下停车库平面示意图与仰视图

火灾场景 A 设计参数 表 7-1

模型项目	描述
网格大小	mesh：66m×117m×3m
网格精度	cell size：1mm
模型尺寸	地下停车区的建筑面积为 4887m²
起火位置	起火点位于地下候车厅中部靠近地下连廊处，燃烧器（burner）面积为 10m²（2m×5m），HRRPUA ＝ 1000kW/m²，火灾规模 10MW
感烟设施	在建筑顶棚处设置 97 个感烟探测器 SD（Smoke Detector），为了减少运算时间，模拟时仅激活火源上方的 9 个感烟探测器
排烟设置	在建筑顶棚处 exhaust 排风表面，风速（Specify Velocity）为 10.0m/s，于感烟探测器 SD 报警后立即启动，无延迟
补风设置	采用自然补风系统，补风口面积为 36m²，共 2 处，在汽车出口和入口的隧道处
防烟分隔	根据建筑功能分为出口通道、地下停车区、入口通道、辅助用房等四个部分，地下停车区没有额外的防烟分隔
FDS 模型	

火灾场景 B 设计参数 表 7-2

模型项目	描述
网格大小	mesh：66m×117m×3m
网格精度	cell size：1mm
模型尺寸	地下停车区的建筑面积为 4887m²
起火位置	起火点位于地下候车厅中部靠近地下连廊处，燃烧器（burner）面积为 10m²（2m×5m），HRRPUA ＝ 1000kW/m²，火灾规模 10MW
感烟设施	在建筑顶棚处设置 97 个感烟探测器 SD（Smoke Detector），为了减少运算时间，模拟时仅激活火源上方的 15 个感烟探测器
排烟设置	在建筑顶棚处 exhaust 排风表面，风速（Specify Velocity）为 10.0m/s，于感烟探测器 SD 报警后立即启动，无延迟
补风设置	采用自然补风系统，补风口面积为 36m²，共 2 处，在汽车出口和入口的隧道处
防烟分隔	根据建筑功能分为入口车道、出口车道和停车区等三个部分，地下候车室设置三组固定挡烟垂壁，高度为 600mm
FDS 模型	

火灾场景 C 设计参数   表 7-3

模型项目	描述
网格大小	mesh：66m×117m×3m
网格精度	cell size：1mm
模型尺寸	地下停车区的建筑面积为 4887m²
起火位置	起火点位于地下候车厅中部靠近地下连廊处，燃烧器（burner）面积为 10m²（2m×5m），HRRPUA ＝ 1000kW/m²，火灾规模 10MW
感烟设施	在建筑顶棚处设置 97 个感烟探测器 SD（Smoke Detector），为了减少运算时间，模拟时仅激活火源上方的 15 个感烟探测器
排烟设置	在建筑顶棚处 exhaust 排风表面，风速（Specify Velocity）为 10.0m/s，于感烟探测器 SD 报警后立即启动，无延迟
补风设置	采用自然补风系统，补风口面积为 36m²，共 2 处，在汽车出口和入口的隧道处
防烟分隔	根据建筑功能分为入口车道、出口车道和停车区等三个部分，地下候车室设置三组挡烟卷帘，可下降到地面以上 1.5m 处，于感烟探测器 SD 报警后延迟 60s 设置到位
FDS 模型	

注：此表中英文单词均为软件中参数选项。

7.2.2 模拟结果对比及分析

1. z ＝ 2m 处横断面烟气温度云图对比及分析（表 7-4）

每隔 1 分钟截取一次截面处的烟气温度分布云图，直至每个火灾场景的烟气温度变化趋于平静。根据表 7-4 可得，火灾场景 A 中，在第 1min 时，火源周边的烟气温度已经上升至 110℃以上，并且离火源最远位置的停车区域的烟气温度开始逐渐上升，至第 4min 时，远离火源位置的停车区域的温度已上升至 130℃，逃生口位置的温度上升缓慢，5min 时，火源被熄灭，火源周边的温度有所下降，但室内的整体温度开始上升，感烟设备停止工作，6min 时，室内温度整体上升至 140℃以上，逃生区的温度甚至高达 160℃。

火灾场景 B 中，在第 1 分钟时，火源周边的烟气温度已经上升至 140℃以上，其他区域的温度均保持在 40℃以下，之后，高温区的面积并未出现明显的扩散现象，低温区的温度上升速度缓慢，至第 6min 时，室内的最高温达到 100℃，此后，温度下降，在第 11min 的时候火源被熄灭，补风系统失效，室内温度回升至 100℃以上，高温持续至 15min。

三种火灾场景的烟气温度云图对比（此表中图可扫增值服务码查看彩色图片）   表 7-4

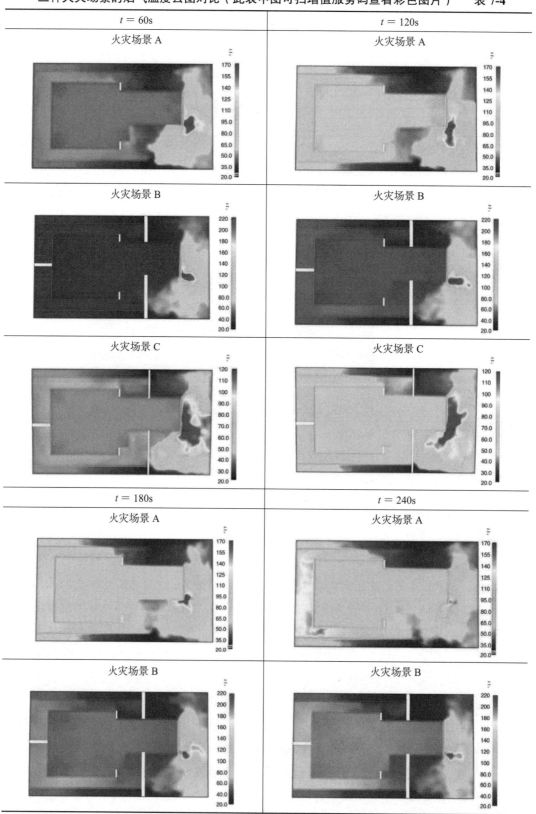

续表

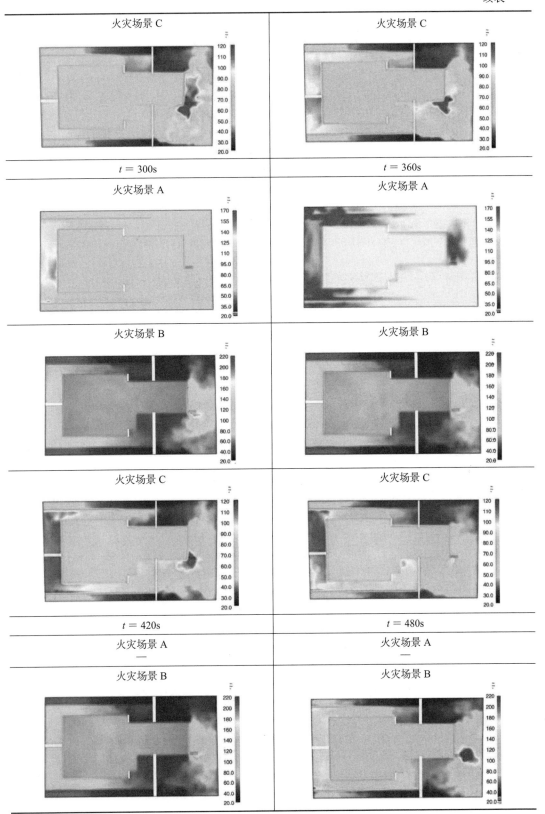

火灾场景 C	火灾场景 C
$t = 300s$	$t = 360s$
火灾场景 A	火灾场景 A
火灾场景 B	火灾场景 B
火灾场景 C	火灾场景 C
$t = 420s$	$t = 480s$
火灾场景 A —	火灾场景 A —
火灾场景 B	火灾场景 B

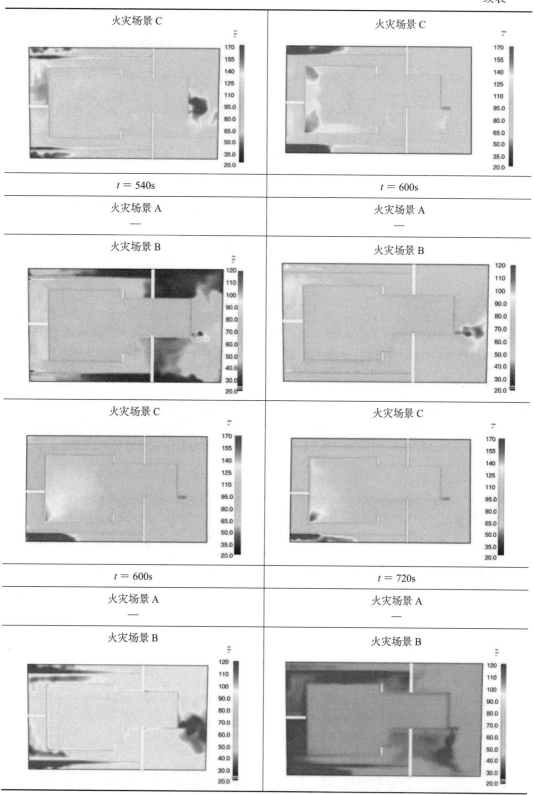

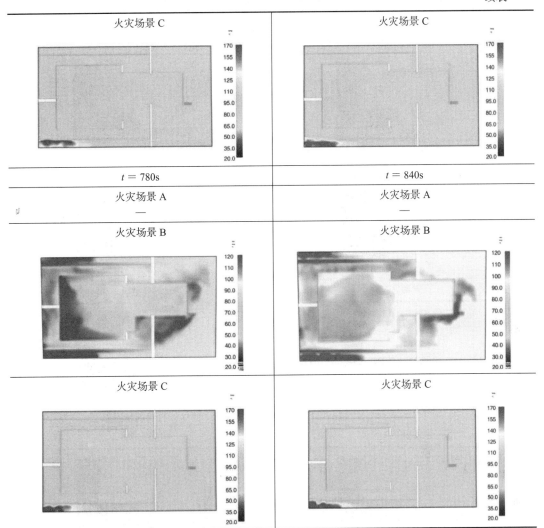

火灾场景 C 中，在第 1min 时，火源周边的烟气温度已经上升至 80℃以上，防火卷帘已经下降至规定高度，其他区域的温度均保持在 40℃以下；此后，远离火源的区域温度开始逐渐上升；直至第 4min 时，远离火源的区域温度上升至 100℃，其他区域的温度在 70℃以下；至第 8min 时，火源被熄灭，室内发生轰燃，补风系统失效，室内整体温度上升至 110℃以上，逃生通道内的温度急剧上升至 170℃；此后，温度逐渐下降，在第 15min 时，整体温度下降至 80℃。

2. 烟气扩散三维视图对比及分析（表 7-5）

每隔 1 分钟截取一次截面处的烟气三维视图，直至每个火灾场景的烟气温度变化趋于平静。根据表 7-5 可知，火灾场景 A 中，在 4min 之内，其烟气避开逃生通道的出口蔓延至整个停车区域，第 5min 时，烟气蔓延至其中一个离火源较近的逃生通道，第 6min 时，烟气开始向两个逃生通道蔓延，最后蔓延至整个室内空间。

三种火灾场景的烟气扩散三维视图对比（此表中图可扫增值服务码查看彩色图片）　表 7-5

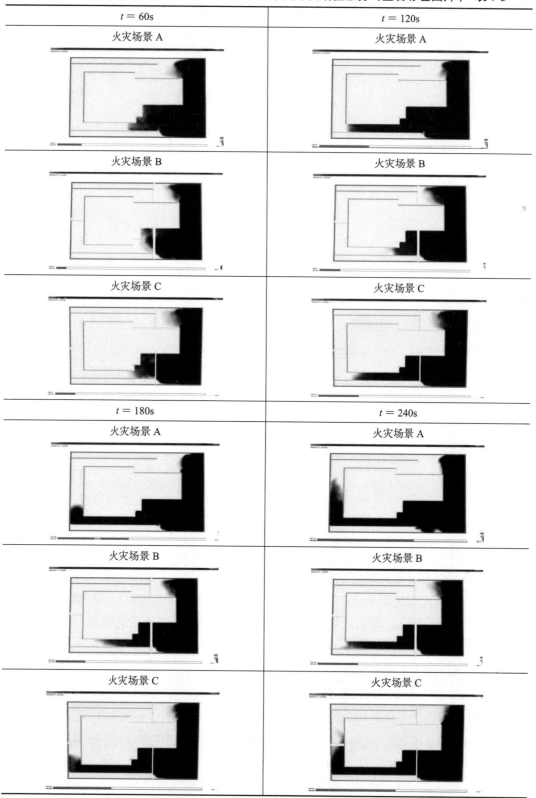

$t = 60s$	$t = 120s$
火灾场景 A	火灾场景 A
火灾场景 B	火灾场景 B
火灾场景 C	火灾场景 C

$t = 180s$	$t = 240s$
火灾场景 A	火灾场景 A
火灾场景 B	火灾场景 B
火灾场景 C	火灾场景 C

续表

$t = 300\text{s}$	$t = 360\text{s}$
火灾场景 A 	火灾场景 A 
火灾场景 B 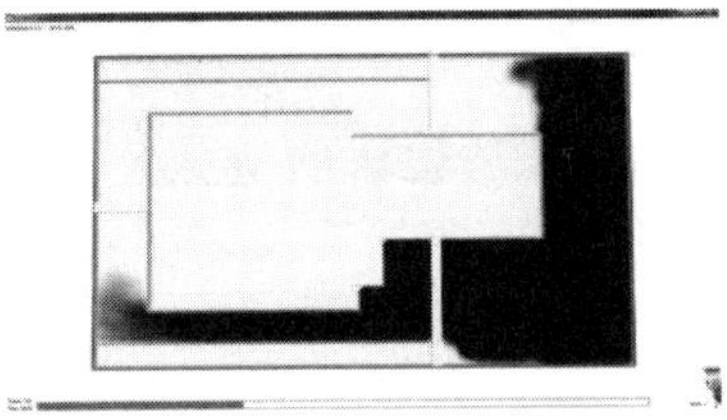	火灾场景 B 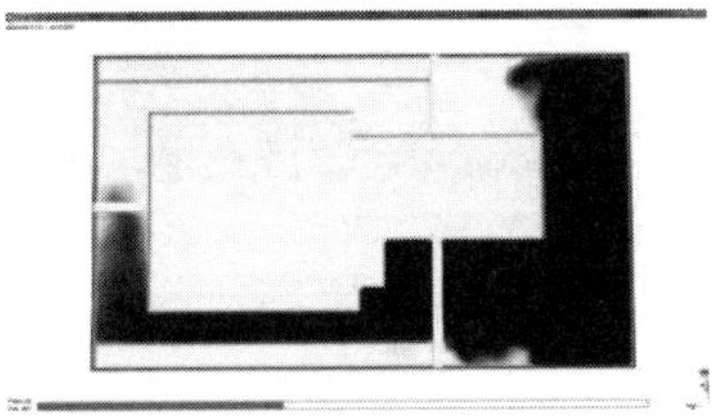
火灾场景 C 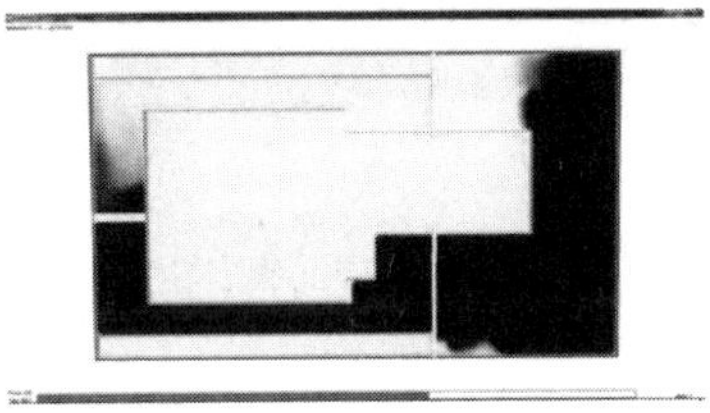	火灾场景 C 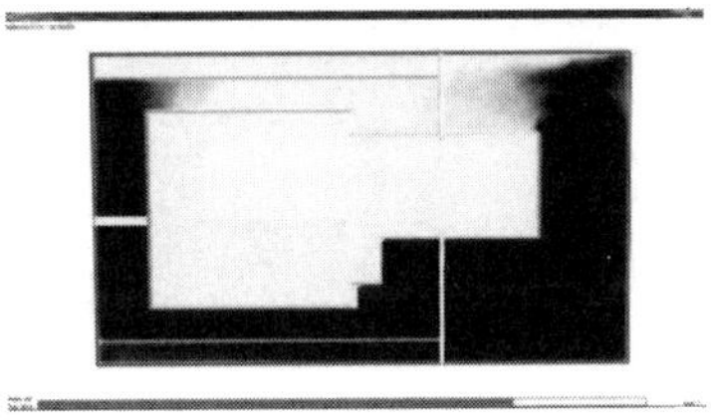
$t = 420\text{s}$	$t = 480\text{s}$
火灾场景 A	火灾场景 A
—	—
火灾场景 B 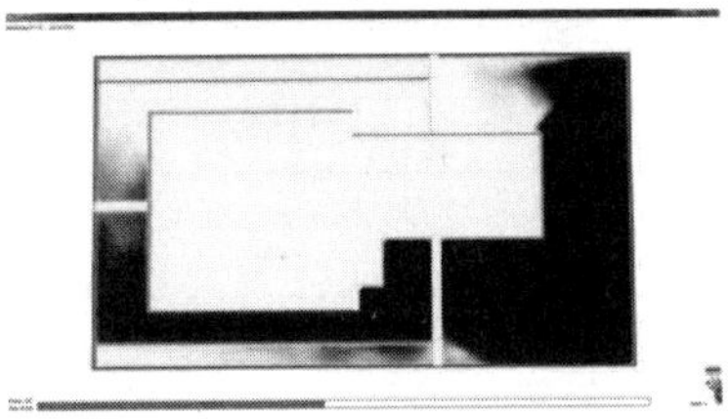	火灾场景 B 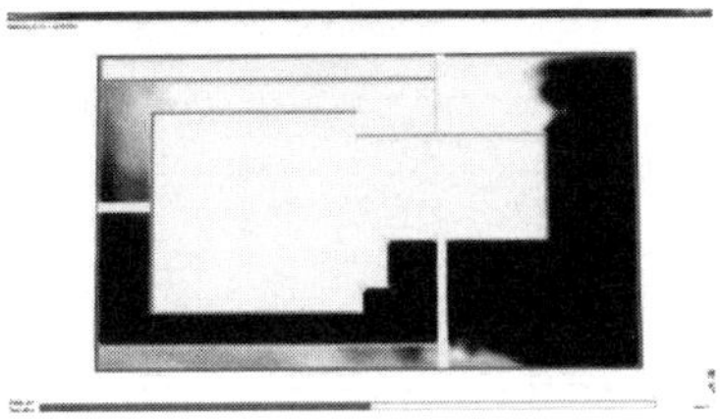
火灾场景 C 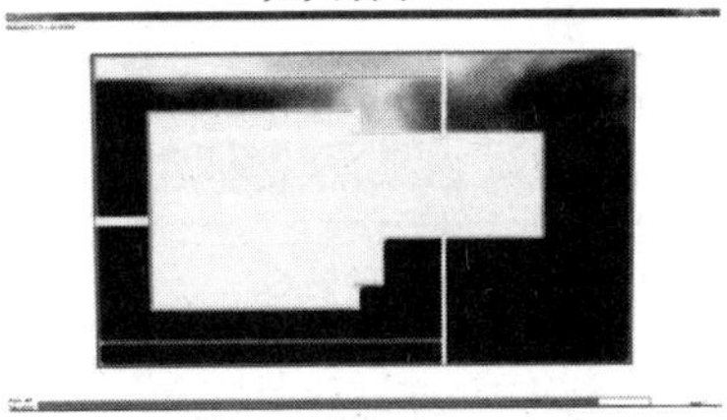	火灾场景 C 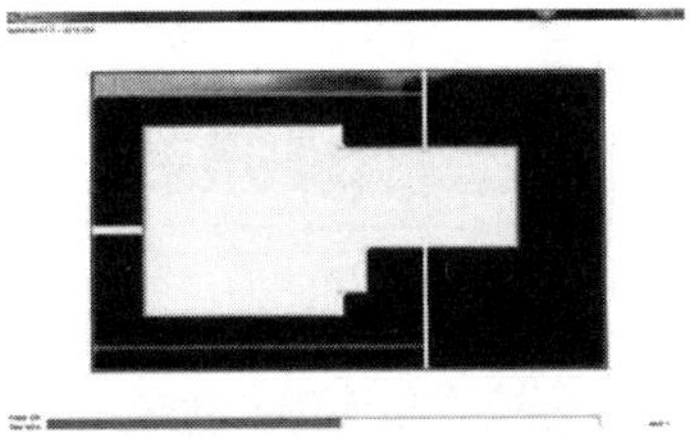
$t = 540\text{s}$	$t = 600\text{s}$
火灾场景 A	火灾场景 A
—	—

续表

火灾场景 B 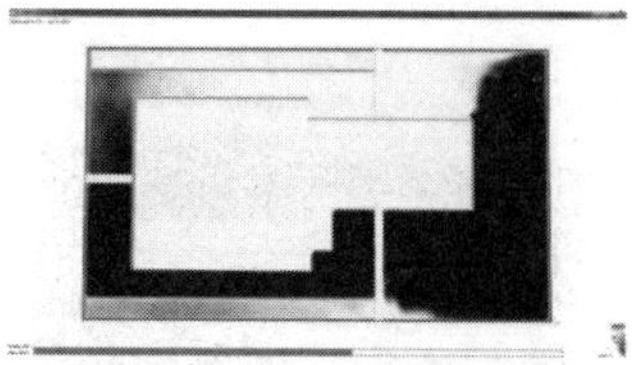	火灾场景 B 
火灾场景 C 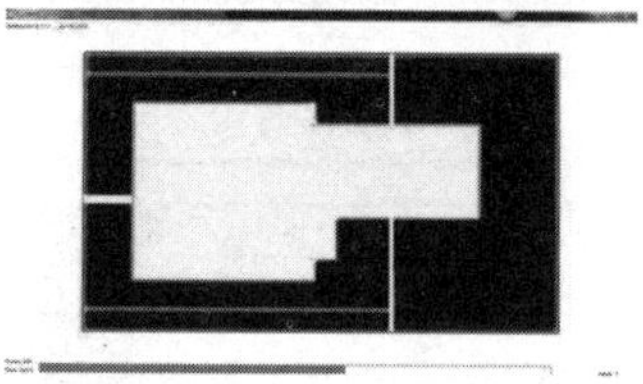	火灾场景 C 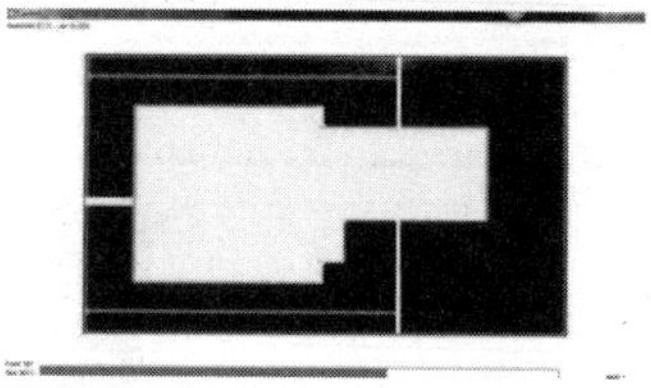
$t = 660s$	$t = 720s$
火灾场景 A	火灾场景 A
—	—
火灾场景 B 	火灾场景 B 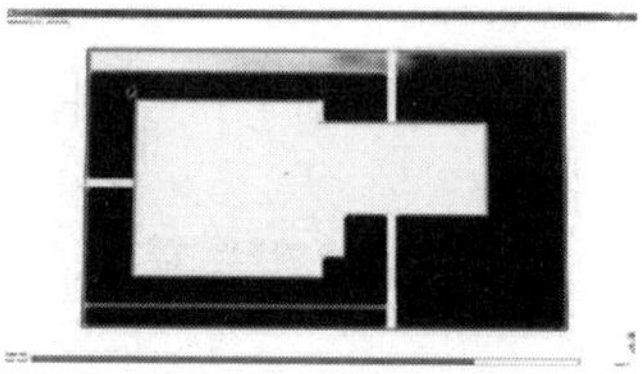
火灾场景 C 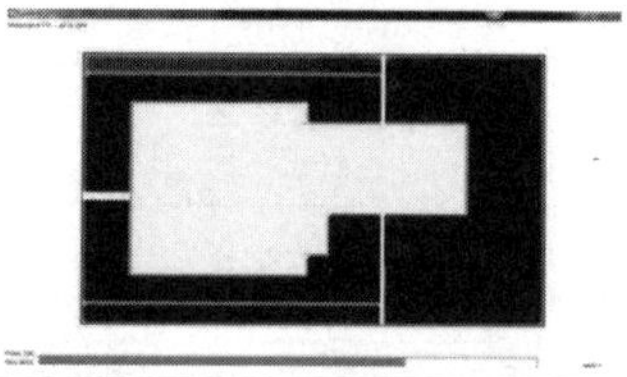	火灾场景 C 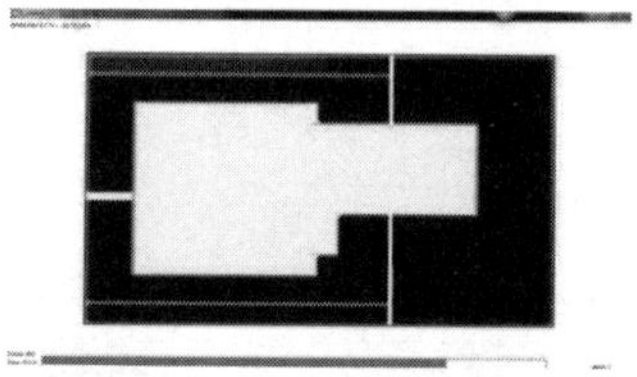
$t = 780s$	$t = 840s$
火灾场景 A	火灾场景 A
—	—
火灾场景 B 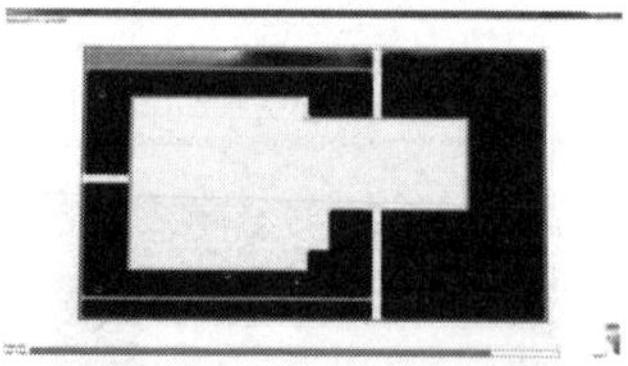	火灾场景 B 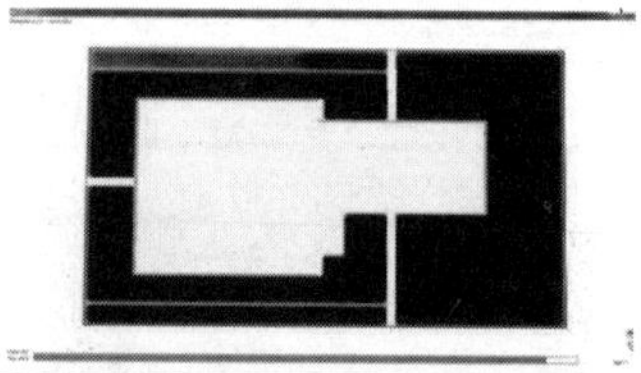
火灾场景 C 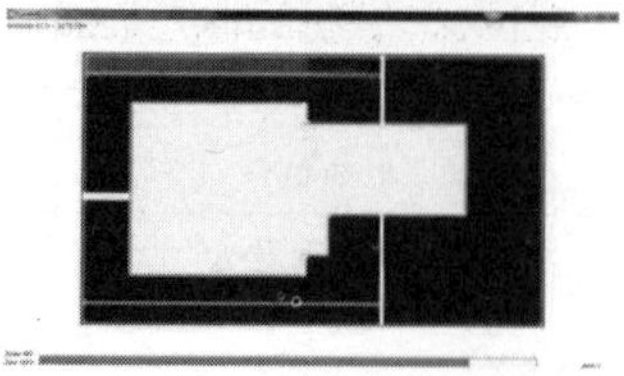	火灾场景 C 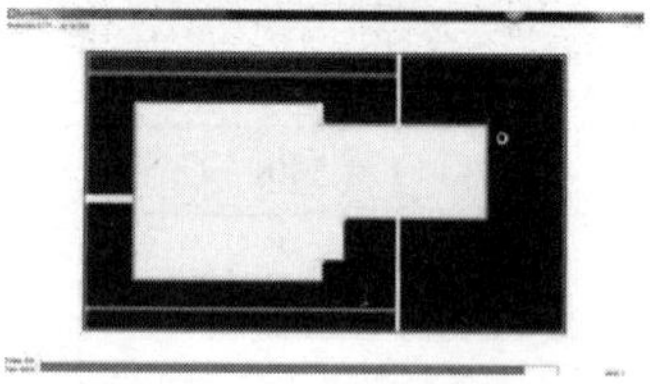

火灾场景 B 中，在第 1min 之内，烟气基本上蔓延至火源所在的防烟分区内，第 7min 时，烟气避开逃生通道，蔓延至第二防烟分区，第 10min 时，烟气开始向离火源较近的逃生通道蔓延，第 11min 时，离火源较近的逃生通道被烟气填满，第三防烟分区几乎被烟气填满，第 12min 时，整个停车区域和一个逃生通道被烟气蔓延，另一逃生通道还未被烟气填满，第 15min 时，整个地下空间被烟气填满。

火灾场景 C 中，在第 1min 之内，烟气基本上蔓延至火源所在的防烟分区内，防火卷帘已经下降至规定高度，第 5min 时，烟气避开逃生通道，蔓延至整个第二防烟分区，1min 后，烟气快速蔓延至离火源较近的逃生通道内部，第 7min 时，离火源较近的逃生通道已全部被烟气填满，第 8min 时，第三防烟分区几乎被烟气填满，第 9min 时，烟气蔓延至另一逃生通道，此后，整个地下空间逐渐被烟气填满。

3. 横断面和纵断面能见度对比及分析（表 7-6）

每隔 1 分钟截取一次 $z = 2m$ 截面处的能见度分布云图，直至 15min 后温度变化趋于平静。根据表 7-6 可知，火灾场景 A 中，在第 1 分钟之内，火源周边大部分区域的能见度快速下降至 6m 以下，远离火源处的能见度依旧在 20m 以上，第 4min 时，两个逃生通道的能见度依旧保持在 30m 以上，但是停车区域的大部分空间的能见度下降至 6m 以下，第 5min 时，一条逃生通道的能见度下降至 10m 以下，另一条逃生通道及周边能见度在 30m 以上，第 6min 之后，整个地下空间的能见度均不适合逃生。

三种火灾场景的烟气能见度云图对比（此表中图可扫增值服务码查看彩色图片） 表 7-6

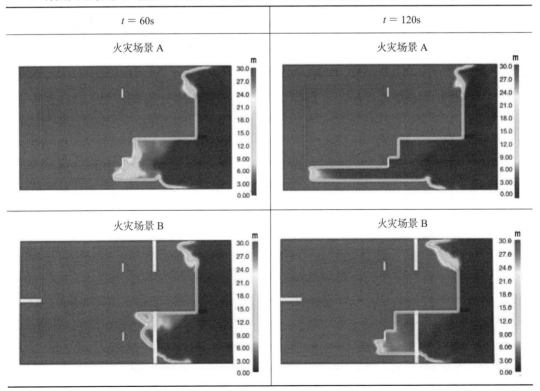

续表

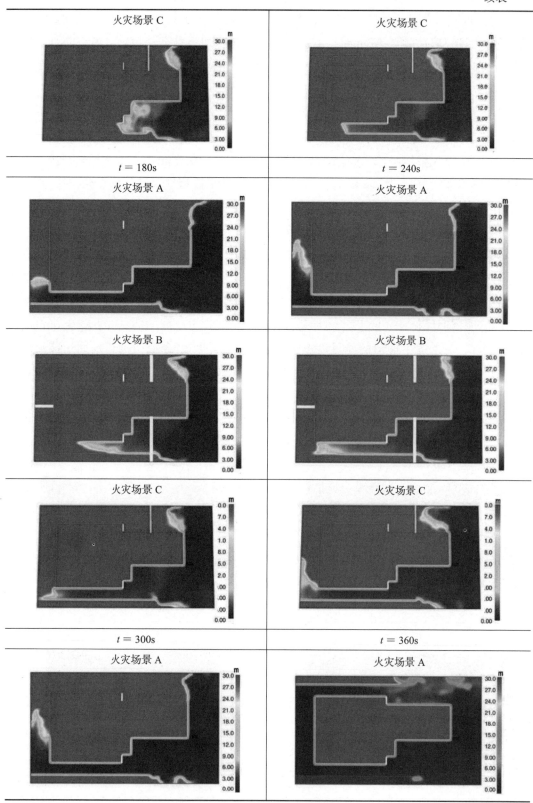

续表

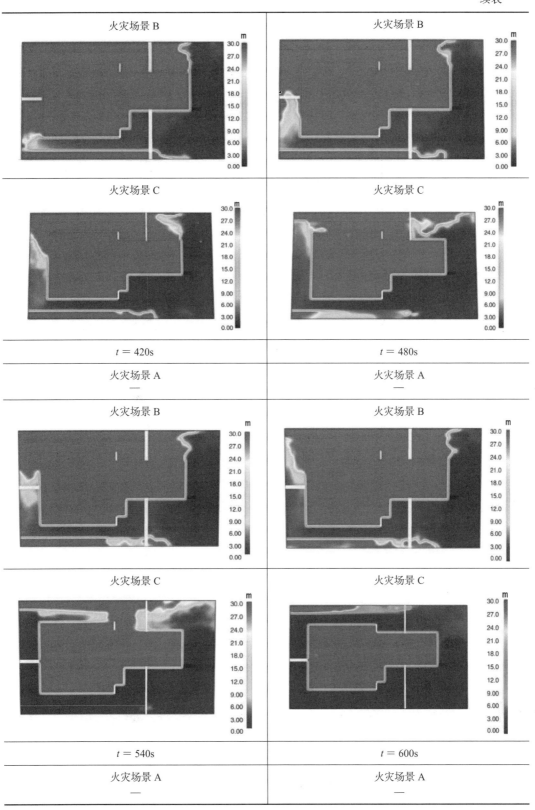

火灾场景 B

火灾场景 B

火灾场景 C

火灾场景 C

$t = 420\text{s}$	$t = 480\text{s}$
火灾场景 A	火灾场景 A
—	—

火灾场景 B

火灾场景 B

火灾场景 C

火灾场景 C

$t = 540\text{s}$	$t = 600\text{s}$
火灾场景 A	火灾场景 A
—	—

续表

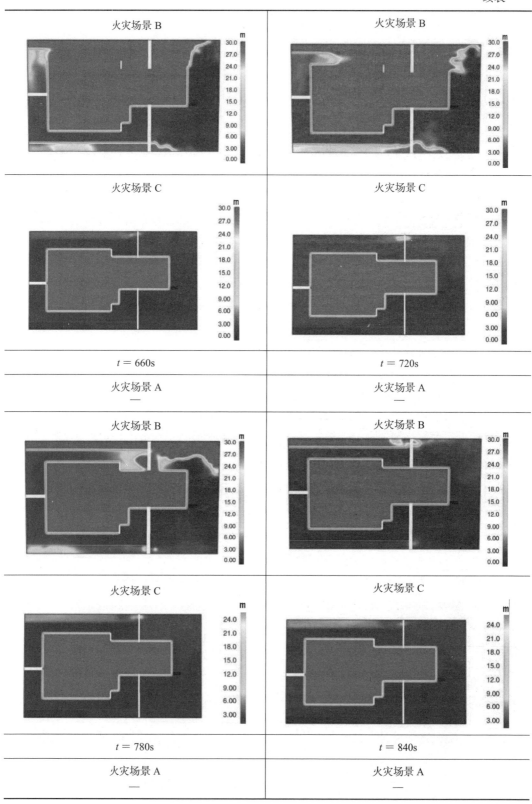

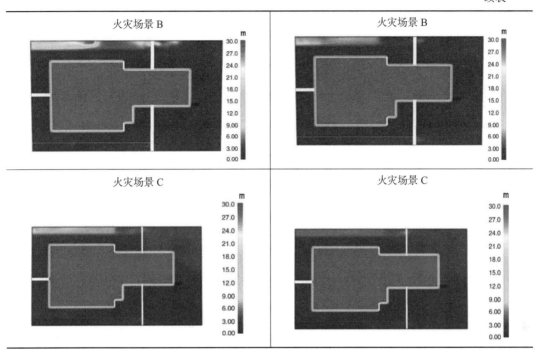

　　火灾场景 B 中，在第 1min 之内，火源周边大部分区域的能见度快速下降至 8m 以下，第 2min 时，第一防烟分区内大部分区域的能见度下降至 4m 以下，第 7min 时，第二防烟分区内的能见度在 10m 以下，并且离火源较近的逃生通道的出口处的能见度下降至 15m，第 10min 时，离火源较近的逃生通道内的大部分区域的能见度为 15m，只有一条逃生通道及其周边区域的能见度在 30m 以上，第 11min 时，整个地下空间只剩下一条逃生通道及出口区域的能见度为 30m 以上，出现清晰的适宜逃生的通道，1min 后整个室内空间的能见度均不再适宜人员逃生。

　　火灾场景 C 中，在第 1min 之内，火源周边大部分区域的能见度快速下降至 8m 以下，防火卷帘已经下降至规定高度，第 2min 时，第一防烟分区内大部分区域的能见度下降至 4m 以下，第 4min 时，第二防烟分区内的能见度在 4m 以下，离火源较近的逃生通道的出口处的能见度下降至 15m，第 9min 时，离火源较近的逃生通道内大部分区域的能见度都有所下降，但依旧在人体极限之上，通道内部的能见度始终保持在 30m，1min 后，离火源较近的逃生通道的能见度快速下降，至 9m 以下，第 17min 时，几乎全部停车区域的能见度均在 10m 之下，但另一逃生通道的能见度为 30m，第 18min 时，逃生通道前端的能见度下降至 9m，此后，整个地下车库的室内能见度均在极限值以下，不再适宜人员逃生。

　　每隔 1min 截取一次逃生通道处的烟气温度分布云图，直至 6min 后温度变化趋于平静（具体模拟结果见附录 4 和附录 5）。对比离火源较近的逃生通道处的纵断面能见度分布图，可知，火灾场景 A 在 3min 以内的时间里，逃生通道外部的能见度已在 9.5m 以下，通道内部所有区域均在 30m 以上，在 4min 时，靠近出口处的能见度开始下降，1min 后，整个通道处自外至内能见度依次降低，并且都在 9.5m 以下，此后，整个通道内的能见度均在 3m 以下；火灾场景 B，在前 5min 的时间里，逃生通道内及出口处的能见度保持在 30m，第 6min 开始，能见度出现波动，但仍适宜人员逃生，直至 11min 时，通道内的前部能见度下降至 10m 以下，不再适宜后续人员继续逃生，1min 后，逃生通道不再适宜人员逃生。火灾场景 C，在 3min 以内，通道内部及入口部分的能见度均维持在 30m 以上，1min 后，补风系统失效，通道出口处的能见度开始下降，通道内部的能见度依旧在 30m，直至 6min 后，通道不再适宜人员逃生。

对比另一逃生通道处的纵断面能见度分布图，可知，火灾场景 A 在 3min 以内的时间里，逃生通道外部的能见度已在 9.5m 以下，通道内部所有区域均在 30m 以上，在 4min 时，靠近出口处的能见度开始下降，1min 后，整个通道处从外至内能见度依次降低，并且都在 9.5m 以下，此后，整个通道内的能见度均在 3m 以下；火灾场景 B，在 11min 以内的时间里，逃生通道内外的能见度均维持在 30m 以下，1min 后，出口处的能见度开始下降，至 10m 以下，不再适宜后续的人员逃生，通道内部的能见度尚在极限值以上，15min 时，通道内不再适宜人员逃生。火灾场景 C，在 7min 以内的时间里，通道出口及内部的能见度均在 30m 以上，8min 时，通道前端部分的能见度迅速下降至 10m 以下，9min 之后，通道内不再适宜人员逃生。

7.2.3　结论与建议

（1）在火灾初期，固定挡板和挡烟垂帘等隔烟措施对阻挡火灾烟气蔓延有明显作用，但随着火灾烟气量的增多，效果逐渐衰弱；挡烟垂帘可降至距离地面较近的位置，有最好的隔离烟气的作用，挡烟垂帘下降过程存在时间上的迟疑，虽然延时不长，但对于阻挡快速蔓延的烟气而言还是有所耽误，同时，下降至 2m 以下的挡烟垂帘导致人员难以逃生。从模拟看来，挡烟垂帘的延迟性是其相较于挡烟垂壁的弱势，在火灾荷载极大的情况下，会受到影响。若火灾规模不大，则两种隔烟措施均可。

（2）在自动喷水灭火系统失效的情况下，地下停车空间由于车辆较多，火灾风险最高。虽然挡烟垂壁较自动挡烟垂帘有无延迟的优势，但是由于自动挡烟垂帘下降更多，因此可有效地阻挡烟气温度的传递，且更快地熄灭火源，保证在有效的时间内火源区域的烟气温度能快速下降，将温度控制在一定区域内，防止后期室内轰然的发生。而挡烟垂壁在这方面弱于自动垂帘，往往在火源熄灭之后，又发生轰然现象，导致二次伤亡。

（3）地下车库的净高对火灾场景的危险性有较大的影响。虽然地下车库的净空高度往往出于经济的考虑不会太大，但是只要能对其高度稍作提高，人员疏散的时间就会相应得到大幅度增加。

（4）将补风口设置在疏散出口处，可有效降低疏散出口处的烟气浓度，能见度在一定范围内明显提高，对受困人员有较好的引导性，有利于人员从该处向外疏散。

7.3 地下空间的空间优化设计策略

停车库的布置大体有三种情况：一是车库布置在高层建筑和相连的裙房的地下室；二是地上若干层为汽车停车库；三是汽车停车库单独建造，与主体建筑比邻。本章节的研究对象主要为地下停车库的防火策略。

1. 平面设计的具体要求

（1）根据车型和建筑面积精确计算小汽车的实际所需面积，若包含交通面积，则一辆汽车的停放面积为 25～30m²。

（2）合理布置排气口和补风口。

（3）地下车库的疏散楼梯间需直通底面，且需与地上建筑的疏散楼梯断开。

（4）地下车库的电梯应有足够面积的前室，采用防火门和防火卷帘将其和车库分隔开，防火门的耐火等级为乙级，在超高层综合体的办公塔楼内，直接通往地下车库的电梯数量为整楼数量的 1/3。

（5）驾驶员休息室应靠近疏散出口，宜设置在出口附近区域。

2. 防烟排烟设计的具体要求

《汽车库、修车库、停车场设计防火规范》中规定，汽车库、修车库内每个防烟分区排烟风机的排烟量不应小于表 7-7 的规定。

汽车库、修车库内每个防烟分区排烟风机的排烟量 表 7-7

汽车库、修车库的净高（m）	汽车库、修车库的排烟量（m³/h）	汽车库、修车库的净高（m）	汽车库、修车库的排烟量（m³/h）
3.0 及以下	30000	7.0	36000
4.0	31500	8.0	37500
5.0	33000	9.0	39000
6.0	34500	9.0 以上	40500

注：建筑空间净高位于表中两个高度之间的，按线性插值法取值。

资料来源：《汽车库、修车库、停车场设计防火规范》表 8.2.5

（1）每个防烟分区都应设置排烟口，排烟口宜设在顶棚或靠近顶棚的墙面上。排烟口距该防烟分区内最远点的水平距离不应大于 30m（第 8.2.6 条）。

（2）排烟风机可采用离心风机或排烟轴流风机，并应保证 280℃时能连续工作 30min（第 8.2.7 条）。

（3）在穿过不同防烟分区的排烟支管上应设置烟气温度大于 280℃时能自动关闭的排烟防火阀，排烟防火阀应联锁关闭相应的排烟风机（第 8.2.8 条）。

（4）机械排烟管道的风速，采用金属管道时，不应大于 20m/s；采用内表面光滑的非金属材料风道时，不应大于 15m/s。排烟口的风速不宜大于 10m/s（第 8.2.9 条）。

（5）汽车库内无直接通向室外的汽车疏散出口的防火分区，当设置机械排烟系统时，应同时设置补风系统，且补风量不宜小于排烟量的 50%（第 8.2.10 条）。

然而，规范中对排烟方式并未给予规定，在我国现行的《民用建筑供暖通风与空气调节设计规范》GB 50736—2012 中也仅提及采用风管式和诱导式通风系统在排烟布管上有利于地下车库节约净高，而没有具体的布管要求和设计方法，因此，采用性能化设计方法，定量计算不同条件下的火灾场景内的排烟量并针对性地使用最适宜的排烟方式，以及计算效能最大的排烟量是地库防排烟设计的核心。

通过性能化设计方法对室内隔烟提出相应的策略，当地下空间的室内净高较低时，自动挡烟垂帘的延迟性较为明显，固定挡烟垂壁的隔烟效果更好，但室内二次轰然的情况较为严重，当地下空间的室内净高较高时，自动挡烟垂帘的延迟性与固定挡烟垂壁比较无差异，并且自动挡烟垂帘的隔烟效果在烟气蔓延后期更显著，为此，对于容易发生二次轰然的地下空间而言，使用自动挡烟垂帘更为合适。

3. 消防系统的设置

除了在室内安装规定的排风装置以外，在每个防烟分区的逃生通道的出口处设置补风口，将大大有利于提高逃生通道的能见度并在喷淋系统和排烟系统失效的情况下，延长人员可逃生的时间，补风口的风量大小与排烟量和室内火灾规模相关，因此必须根据具体模拟计算得来。

7.4 本章小结

第 7 章分析了地下车库的防火难点，针对这些现有规范难以解决的难点问题，笔者以典型的超高层建筑地下车库为例，对地下车库的火灾场景进行了对比模拟，探寻在同等火灾环境下的地下车库中，防烟分区之间使用挡烟垂壁和防火卷帘之间的差异性，探寻在同等火灾环境下的地下车库中，逃生出口处设置鼓风机对人员逃生时的能见度有何影响，探寻机械排烟口的位置对地下车库中人员逃生的影响。通过对地下车库防火技术的核心问题的模拟，得出了若干结论，并将其抽象，归纳出了超高层综合体的地下车库空间优化设计策略。

第8章 结论与展望

8.1 本书主要结论

本书采用文献综述、实地调研和软件模拟相结合的方法，得到了超高层综合体内四类典型空间的火灾烟气蔓延情况和人员疏散情况，统计并分析了超高层综合体内四类典型空间的火灾荷载分布规律及防火难点问题。本书的主要研究成果和结论如下：

1. 竖向贯通空间的模拟结论及防火策略

① 中庭高度越大，顶棚处的烟气温度下降越快，有效高度处的能见度越大，烟气在纵向上的速率变化也越大。② 若中庭采用自然排烟，则排风口的有效面积和排风量需根据模拟计算得到，并且要保证火灾发生时排风口能有效开启。③ 当中庭底面为自由曲面或三角形曲面时，在顶棚处设置的快速反应喷头的温度较低为宜。④ 不规则四边形中庭在各方面均优于其他形制中庭。⑤ 采用机械排烟的中庭，进风口和出风口的位置以及开口大小需要根据模拟而具体得出。⑥ 当幕墙与楼板间缝隙偏小时，有利于楼层间温度的隔离，但是由于楼层间温差较大导致无火源的楼层顶部的烟气感温设备难以启动，因此在设置建筑每层顶部的感烟设备的临界温度时，需要对其进行个性化调整。⑦ 当楼板与幕墙间的缝隙过大时，为了防止烟气早期的快速蔓延，应增加缝隙处的挡烟板的高度，以便将烟气控制在缝隙处，并开启喷淋设施立即对幕墙进行降温。⑧ 层高主要影响了缝隙间烟气温度的相互传递速度，导致本层的温度达到稳定状态的时间有所不同，但对于楼层间的热传递影响较小。⑨ 当标准层层高过高时，建筑的排烟设备和喷淋设备要提早工作，以免烟气发生对流导致整体室内温度难以下降，同时，考虑到离火源较远的楼层在火灾末期会再次出现烟气升温的现象，应延长喷淋的工作时间。

总体来说：① 中庭空间的优化策略总结为：控制好中庭自身的火灾荷载；对中庭采取有效的竖向分隔措施和水平分隔措施；严格按照防排烟系统和灭火系统的设置要求进行设计；选择合理的空间形式。② 交通核的优化策略总结为：注意共用前室的流线问题；对通往楼梯间的走廊进行机械加压；合理选择电梯井的布置方式；积极采用减缓烟囱效应和活塞效应的有效策略；尽可能选择客梯作为消防疏散的方式之一；严格按照疏散楼梯间的规范要求进行设计。③ 缝隙空间的优化策略总结为：严格按照规范设计玻璃幕墙、外墙外保温及变形缝；避免建筑构件中的可燃夹心墙或可燃隔层互相连通；可燃夹心墙与闷顶可燃保温材料应完全隔开。④ 管道井的优化策略总结为：注意水平分隔、竖向封堵和垃圾管道的要求与做法；分段型设置优于直通型设置；重视后期维护。

2. 超大扁平空间的模拟结论及防火策略

在防止烟气蔓延方面：① 独立核心筒导致使用空间拐角过多，一旦起火点火势过大，很容易对疏散路线的一端造成堵塞，为此，"双核"构成模式，双侧外核心筒的布局，更加有利于避难疏散。② "双向疏散原则"是组织水平通道疏散的关键，在标准层的疏散通道的设计中，每个疏散通道必须有两个以上的安全出口。③ 核心筒需采用甲级防火门与周边办公区域分隔开来，将烟气限定在核心筒外部，保证其独立的安全性。当除去核心筒后纯办公区域的建筑面积在 2000m² 以上时，应根据性能化模拟结果增设防火喷淋和排烟口。④ 对于标准层的排烟系统，尽量使用以自然排烟为主、机械排烟辅助的方式，单纯使用机械排烟的方式，能见度将受到严重威胁。⑤ 矩形平面和三叉形平面在能见度方面较其他平面更具优势，整体空间中烟气下沉至危险值所需要的时间更长，有利于人员逃生。从空间形制的相似度方面进行比较，矩形优于圆形平面，三叉形优于三角形平面。⑥ 矩形平面着火后，烟气的蔓延不会导致因某一处高温而限制人员的逃生路线，即逃生面积较其他形制的标准层大；三叉形平面因防烟分区之间的通道急剧收窄，导致烟气的高温滞留在一个着火区，对于未着火区的人员疏散也是有利的。⑦ 在标准层的排烟方面，尽量使用自然排烟的方式，人工排烟虽然在一定程度上可缓解烟气的蔓延，但缓解的时间十分有限，相较于自然排烟，人工排烟并不是最理想的排烟方式。

在人员疏散方面：① 核心筒集中布置的标准层中，核心筒的四周增设的安全通道相当于一个亚安全区，给逃生人员赢得了更多的逃生时间，同时，逃生通道面向工作区的四面均设置了内部出口，这样，逃生人员不用绕道寻找安全出口，缩短了逃生至亚安全区的路线，反之，在此工作的受困者将会有较长反应时间。② 核心筒分散布置的标准层，建筑的外部出口布置在其两侧，并由安全通道各与一个内部出口相联系，开敞的工作区使人员能清晰地辨识出两个安全出口的位置，受困者能第一时间反应出最短的逃生路线，但由于内部出口与外部出口之间的丁字形安全通道，导致人员全部进入通道后开始发生拥挤堵塞，最终难以进入外部出口，因此成功逃生的总人数低于核心筒中心布置的标准层形式。

总体来说：① 避难层的空间优化策略为：严格按照规范要求设置避难层；合理计算防火分区面积；选择恰当的分隔方式及分隔措施；注意消防设施的具体做法；优化避难空间的导视系统。② 标准层的空间优化策略为：合理选择平面布置方式；严格按照规范要求划分防火分区和防烟分区；注意排烟系统的设置方式；按百人宽度指标计算疏散用走道、楼梯和首层外门的总宽度以及安全疏散距离；增强对消防设施的维护。

3. 水平狭长空间的模拟结论及防火策略

在防止烟气蔓延方面：① 狭长通道的出口处和中段处的烟气温度与其长度呈正相关。② 内街走道的布置方式对其内部各个走道的可逃生时间有一定的影响。

在人员疏散方面：① 每个防火分区尽量设置两个直接通往疏散楼梯间的外部出口。② 内部出口的设置尽量靠近两边防火分区的外部出口。③ 将各防火分区集中布置有利于增加每个防火分区的内部出口数量。④ 尽量不要将某个或多个防火分区分散布置在整个裙房的尽端。

总体来说：① 疏散走道的空间优化策略为：合理布置与设计安全出口；优化疏散空间；优化疏散路线的结构；优化疏散导视系统。② 商业内街的空间优化策略为：注意加强通风排烟设计；优化内街流线的结构；将内街设置成"亚安全区"；尽量避免袋形走道的出现；在复杂的内街系统中设置共享空间。

4. 地下空间的模拟结论及防火策略

① 固定挡板和挡烟垂帘等隔烟措施对阻挡火灾烟气蔓延有明显作用，尤其在火灾初期，但随着火灾烟气量的增多，作用逐渐衰弱；挡烟垂帘可降至距离地面较近的位置，有最好的隔离烟气的作用，但挡烟垂帘下降过程存在时间上的迟疑，虽然延时不长，但对于阻挡快速蔓延的烟气而言还是有所耽误，同时，下降至 2m 以下的挡烟垂帘导致人员难以逃生。从模拟来看，挡烟垂帘的延迟性是其相较挡烟垂壁的弱势，在火灾荷载极大的情况下，会受到影响。若火灾规模不大，则两种隔烟措施均可。

② 在自动喷水灭火系统失效的情况下，地下停车区内车辆较多的区域火灾风险最高。虽然挡烟垂壁较自动挡烟垂帘有无延迟的优势，但是由于自动挡烟垂帘下降更多，因此可有效地阻挡烟气的传递，更快地熄灭火源，保证在有效的时间内火源区域的烟气温度能快速下降，将温度控制在一定区域内防止后期室内轰燃的发生。而挡烟垂壁在这方面弱于自动挡烟垂帘的优势，往往在火源熄灭之后，又发生轰然现象，导致二次伤亡。

③ 地下车库的净高对火灾场景的危险性有较大的影响。虽然地下车库的净空高度往往出于经济的考虑不会太大，但是只要能对其高度稍作提高，人员疏散的时间就会相应得到大幅度增加。

④ 以疏散出口作为补风口的进风处，使得疏散出口的烟气浓度较低，形成一条视线较为清晰的疏散通道，有利于人员从该处向外疏散。

8.2 展望与建议

本书对防火性能化设计方法的应用主要表现在对超高层综合体中火灾风险高但现有规范和条件无法真实地控制其火灾风险的一类典型空间进行评估论证，并在此基础上进行优化设计。同时，通过每一类典型空间的对比研究，从建筑设计的角度总结出其相对优化的空间设计策略。通过本书的论证可知，性能化防火的研究方法在超高层综合体典型空间的防火优化设计方面有着极大的优越性。

在性能化防火优化设计中，火灾场景的设计是非常重要的，其中火灾荷载和模型的相关参数的准确性决定了最终模拟结果的精确程度，我国近几年来才开始逐步展开火灾场景的模拟研究，较国外有很大差距，对于模拟中涉及的相关参数（火灾荷载参数、人员参数、模拟参数等）均没有相对完善的数据库，而国外现有的数据因国情的不同，仅可供参考。因此，通过调研完善模拟数据，设计相对精确的火灾场景对性能化设计具有至关重要的影响。

尽管本书中关于超高层综合体内典型空间的火灾蔓延规律及人员疏散效率等的结论与建议在理论及实践上具有一定的意义和参考价值，但是因笔者能力有限且本书篇幅有限，对于各类典型空间火灾场景的设计依据不够完善，对于对比研究也存在一定的局限性。具体而言，以下几个方面还需要进行后继的研究：

（1）笔者对北京、上海、天津、武汉的超高层综合体进行了调研，然而仅仅数个调研案例的数据统计结果不足以涵盖所有的超高层综合体的火灾荷载的数据，需要继续补充调研，通过大数据的分析得到最终的符合我国国情的超高层综合体的相关参数，形成本国的超高层综合体火灾模拟参数数据库。

（2）在本书中，火灾场景的设计必须建立在相对理想的环境中，其边界条件的设置也相对简化。软件 FDS 模拟计算和现场实验之间存在一定差别，现场实验受外界影响大，对实验数据造成了一定的影响。在火灾场景的设置中，火源的选择、热释放速率的选择以及其他环境因素的选择均有待进一步研究，如何将这些环境因素理想化，以便使模型更具有普遍性和适应性是需要进行严格计算和论证的。

附　录　1

Y = 1m 处的烟气温度云图（此表中图可扫增值服务码查看彩色图片）

<table>
<tr><td colspan="4" align="center">场景 A</td></tr>
<tr><td align="center">t = 30s</td><td align="center">t = 60s</td><td align="center">t = 90s</td><td align="center">t = 120s</td></tr>
<tr><td> </td><td> </td><td> </td><td> </td></tr>
<tr><td align="center">t = 150s</td><td align="center">t = 180s</td><td align="center">t = 210s</td><td align="center">t = 240s</td></tr>
<tr><td> </td><td> </td><td> </td><td> </td></tr>
<tr><td align="center">t = 270s</td><td align="center">t = 300s</td><td></td><td></td></tr>
<tr><td> </td><td> </td><td> 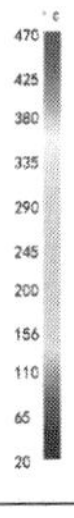</td><td></td></tr>
<tr><td colspan="4" align="center">场景 B</td></tr>
<tr><td align="center">t = 30s</td><td align="center">t = 60s</td><td align="center">t = 90s</td><td align="center">t = 120s</td></tr>
<tr><td> </td><td> </td><td> </td><td> </td></tr>
</table>

续表

$t = 150\text{s}$	$t = 180\text{s}$	$t = 210\text{s}$	$t = 240\text{s}$
$t = 270\text{s}$	$t = 300\text{s}$		

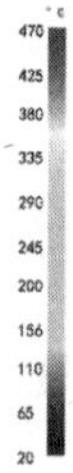

场景 C

$t = 30\text{s}$	$t = 60\text{s}$	$t = 90\text{s}$	$t = 120\text{s}$
$t = 150\text{s}$	$t = 180\text{s}$	$t = 210\text{s}$	$t = 240\text{s}$
$t = 270\text{s}$	$t = 300\text{s}$		

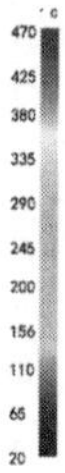

场景 D			
$t = 30$s	$t = 60$s	$t = 90$s	$t = 120$s
$t = 150$s	$t = 180$s	$t = 210$s	$t = 240$s
$t = 270$s	$t = 300$s		

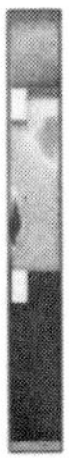

场景 E			
$t = 30$s	$t = 60$s	$t = 90$s	$t = 120$s
$t = 150$s	$t = 180$s	$t = 210$s	$t = 240$s

续表

$t = 270s$	$t = 300s$		
		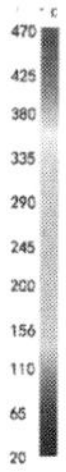	

场景 F

$t = 30s$	$t = 60s$	$t = 90s$	$t = 120s$

$t = 150s$	$t = 180s$	$t = 210s$	$t = 240s$

$t = 270s$	$t = 300s$		
		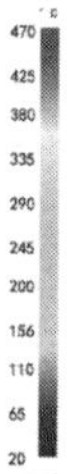	

场景 G

$t = 30s$	$t = 60s$	$t = 90s$	$t = 120s$

续表

$t = 150$s	$t = 180$s	$t = 210$s	$t = 240$s

$t = 270$s	$t = 300$s		
		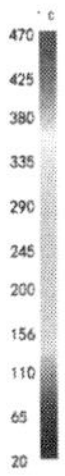	

场景 H

$t = 30$s	$t = 60$s	$t = 90$s	$t = 120$s

$t = 150$s	$t = 180$s	$t = 210$s	$t = 240$s

$t = 270$s	$t = 300$s		
		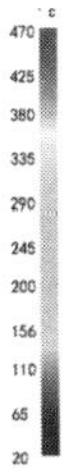	

续表

场景 I			
$t = 30\text{s}$	$t = 60\text{s}$	$t = 90\text{s}$	$t = 120\text{s}$
$t = 150\text{s}$	$t = 180\text{s}$	$t = 210\text{s}$	$t = 240\text{s}$
$t = 270\text{s}$	$t = 300\text{s}$		

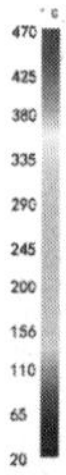

附 录 2

人员密度因子

Use	Occupancy factor（m² per person）
Assembly Use	
Concentrated use, without fixed seating	0.65 net
Less concentrated use, without fixed seating	1.4 net
Fixed seating	Number of fixed seats
Kitchens	9.3
Library stack areas	9.3
Library reading rooms	4.6 net
Swimming pools	4.6——of water surface
Swimming pool decks	2.8
Exercise rooms with equipment	4.6
Exercise rooms without equipment	1.4
Stages	1.4 net
Lighting and access, catwalks, galleries, gridirons	9.3 net
Casinos and similar, gaming areas	1
Skating rinks	4.6
Educational Use	
Classrooms	1.9 net
Shops, laboratories, vocational rooms	4.6 net
Day-Care Use	3.3 net
Health-Care Use	
Inpatient treatment department	22.3
Sleeping department	11.1
Detention and Correctional Use	11.1
Residential Use	
Hotels and dormitories	18.6
Apartment buildings	18.6
Board and cave, large	18.6
Industrial Use	
General and high hazard industrial	9.3
Special purpose industrial	NA
Business Use	9.3
Storage Use（other than mercantile storerooms）	NA
Sales area on floor below street floor	2.8
Sales area on floor above street floor	5.6
Floors or portions of floors used only for offices	See business use

资料来源：《生命安全说明手册》

附　录　3

前 120s 时六个方案的受困者分布情况（此表中图可扫增值服务码查看彩色图片）

20s 时刻的六个方案的受困者分布情况

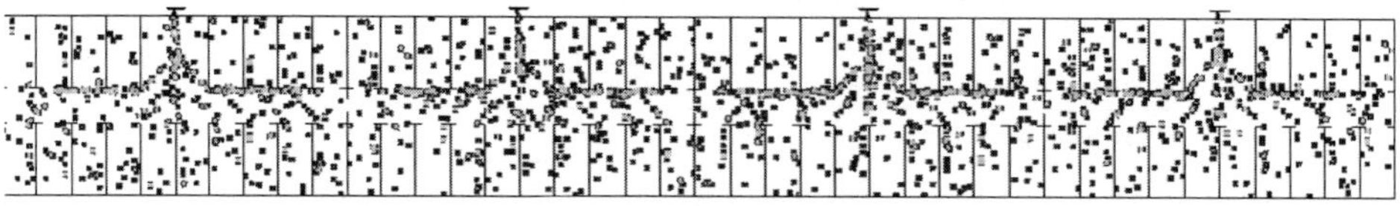

方案 A

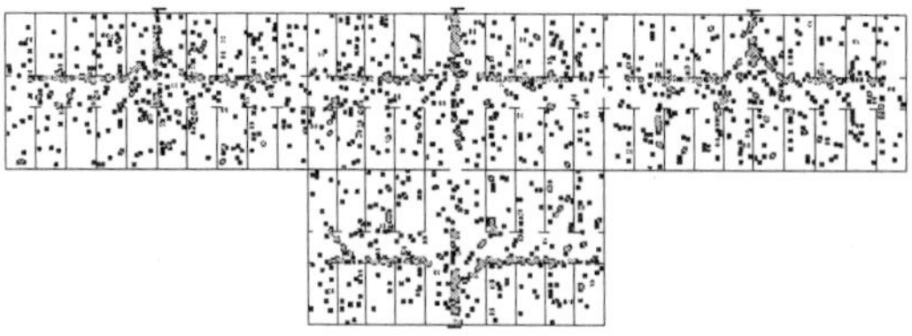

方案 B	方案 C

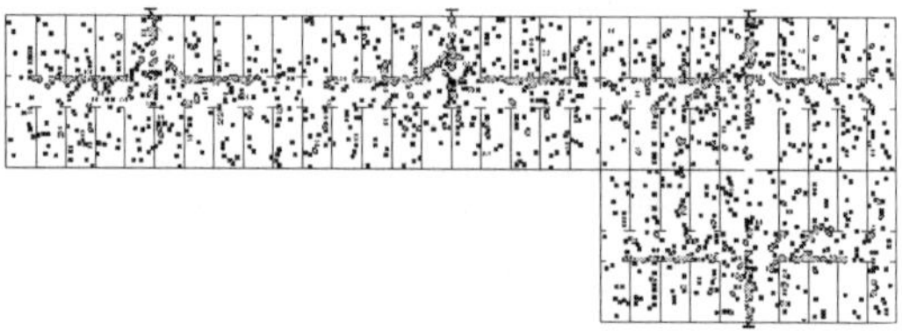

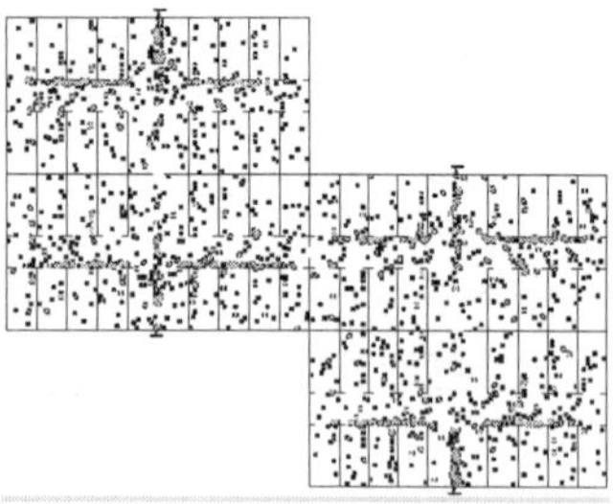

方案 D	方案 E	方案 F

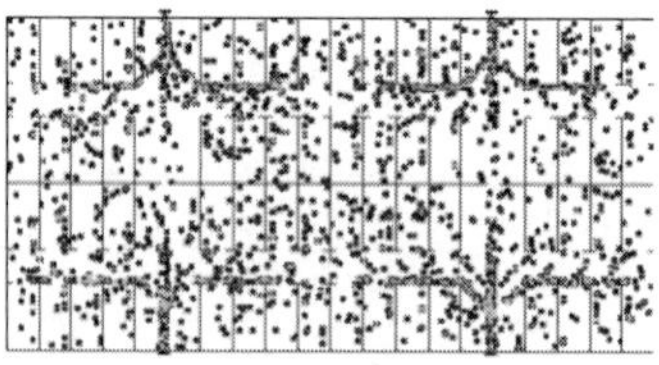

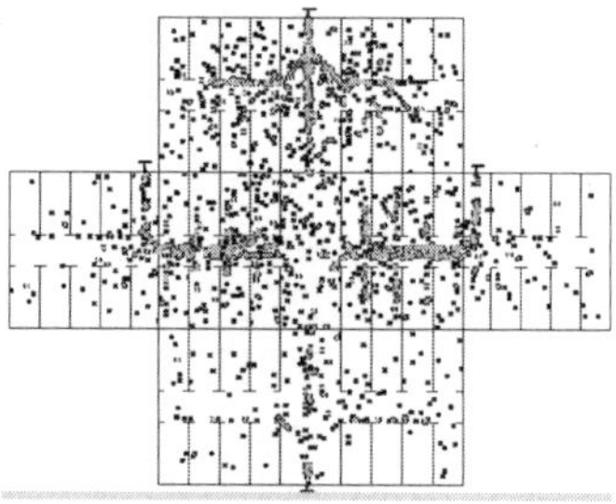

40s 时刻的六个方案的受困者分布情况

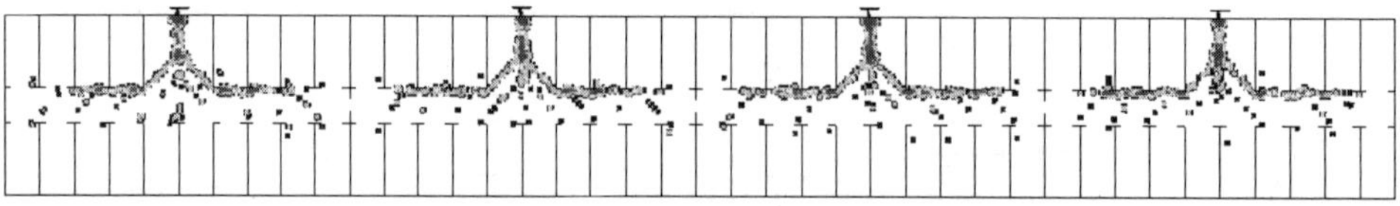

方案 A

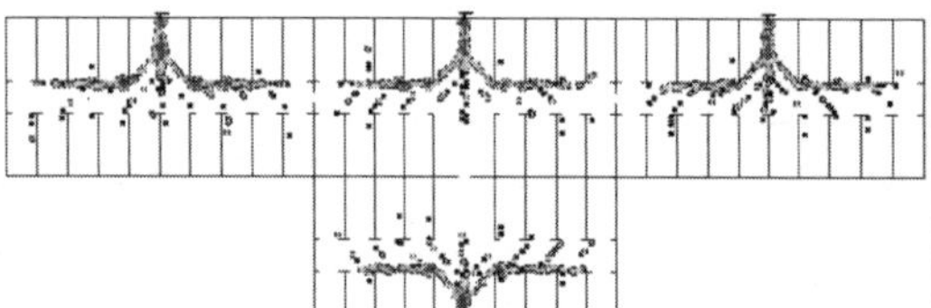

方案 B	方案 C

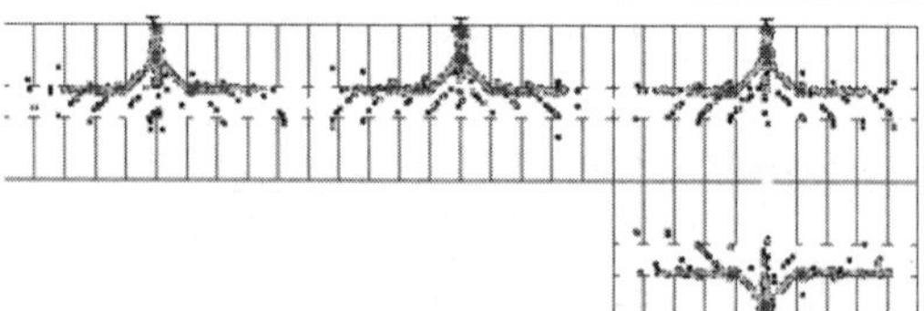

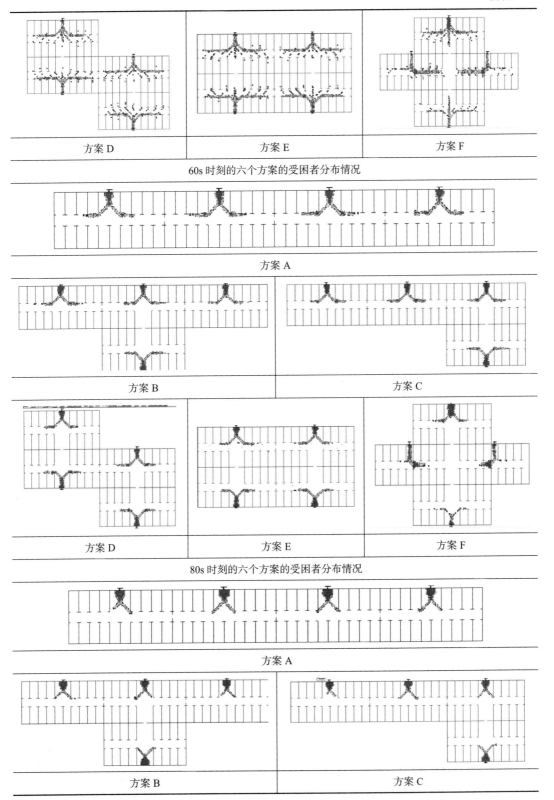

方案 D | 方案 E | 方案 F

60s 时刻的六个方案的受困者分布情况

方案 A

方案 B | 方案 C

方案 D | 方案 E | 方案 F

80s 时刻的六个方案的受困者分布情况

方案 A

方案 B | 方案 C

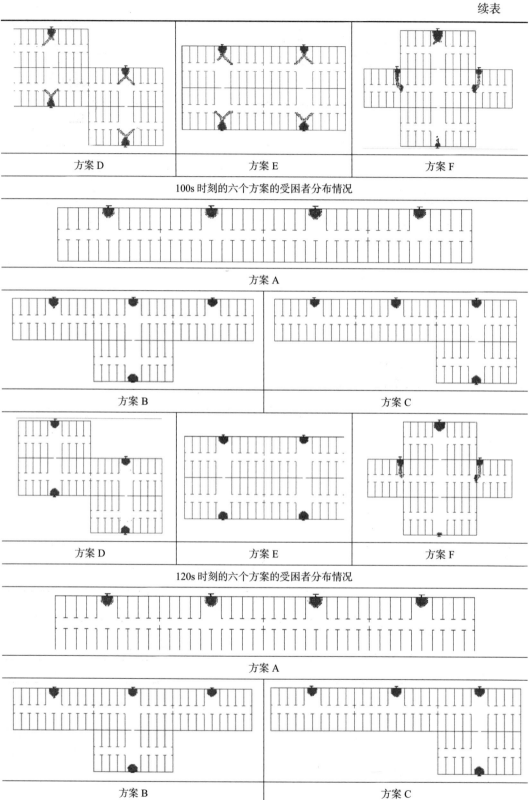

| 方案 D | 方案 E | 方案 F |

100s 时刻的六个方案的受困者分布情况

方案 A

| 方案 B | 方案 C |

| 方案 D | 方案 E | 方案 F |

120s 时刻的六个方案的受困者分布情况

方案 A

| 方案 B | 方案 C |

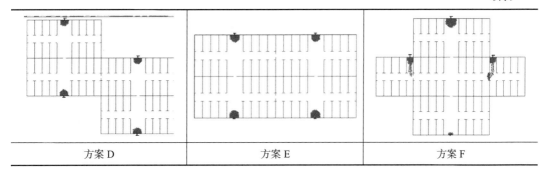

| 方案 D | 方案 E | 方案 F |

附　录　4

三种火灾场景的能见度纵断面对比（$Y = 3m$）（此表中图可扫增值服务码查看彩色图片）

场景 A

$t = 60s$	$t = 120s$
$t = 180s$	$t = 240s$
$t = 300s$	$t = 360s$

场景 B

$t = 60s$	$t = 120s$
$t = 180s$	$t = 240s$
$t = 300s$	$t = 360s$
$t = 420s$	$t = 480s$
$t = 540s$	$t = 600s$

续表

$t = 660\text{s}$	$t = 720\text{s}$

$t = 780\text{s}$ 	$t = 840\text{s}$ 

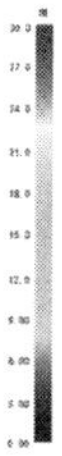

场景 C

$t = 60\text{s}$	$t = 120\text{s}$

$t = 180\text{s}$	$t = 240\text{s}$

$t = 300\text{s}$	$t = 360\text{s}$

$t = 420\text{s}$	$t = 480\text{s}$

$t = 540\text{s}$	$t = 600\text{s}$

$t = 660\text{s}$	$t = 720\text{s}$

$t = 780\text{s}$	$t = 840\text{s}$ 

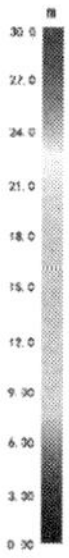

附 录 5

三种火灾场景的能见度纵断面对比（$Y = 64m$）（此表中图可扫增值服务码查看彩色图片）

场景 A	
$t = 60s$	$t = 120s$

$t = 180s$	$t = 240s$

$t = 300s$ 	$t = 360s$ 

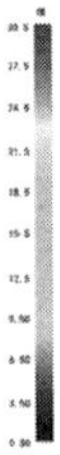

场景 B	
$t = 60s$	$t = 120s$

$t = 180s$	$t = 240s$

$t = 300s$	$t = 360s$

$t = 420s$	$t = 480s$

$t = 540s$	$t = 600s$

$t = 660s$	$t = 720s$

$t = 780\mathrm{s}$	$t = 840\mathrm{s}$

场景 C

$t = 60\mathrm{s}$	$t = 120\mathrm{s}$
$t = 180\mathrm{s}$	$t = 240\mathrm{s}$
$t = 300\mathrm{s}$	$t = 360\mathrm{s}$
$t = 420\mathrm{s}$	$t = 480\mathrm{s}$
$t = 540\mathrm{s}$	$t = 600\mathrm{s}$
$t = 660\mathrm{s}$	$t = 720\mathrm{s}$
$t = 780\mathrm{s}$	$t = 840\mathrm{s}$

参 考 文 献

书籍：

［1］蒋永琨．高层建筑防火设计手册［M］．北京：中国建筑工业出版社，2000．

［2］李引擎．建筑性能化设计［M］．北京：化学工业出版社，2005．

［3］王学谦，等．建筑防火手册［M］．北京：中国建筑工业出版社，1998．

［4］靳玉芳．图释建筑防火设计［M］．北京：中国建材工业出版社，2008．

［5］（日）芦原义信．外部空间设计［M］．尹培桐，译．北京：中国建材工业出版社，1985．

学位论文：

［1］杨欣荣．珠江新城J1-1地块超高层综合体若干设计重点分析研究［D］．广州：华南理工大学，2010．

［2］侯慎杰．郑州会展宾馆关键施工技术研究与应用［D］．西安：西安建筑科技大学，2011．

［3］梁伟杰．带大开间巨型框架结构的受力性能分析［D］．太原：太原理工大学，2010．

［4］陈辉．超高层建筑桩基础性能的试验研究与模拟分析［D］．北京：中国地质科学院，2009．

［5］王兴锋．新益大厦高层建筑结构设计中几个抗震问题［D］．天津：天津大学，2008．

［6］蒲云．建筑防火性能化设计及场模拟软件的适用性研究［D］．天津：天津理工大学，2007．

［7］杨波．建筑防火性能化设计及场模拟软件的适用性研究［D］．重庆：重庆大学，2005．

［8］赵焕．高层商业建筑防火性能化设计中不确定性因素分析与研究［D］．南昌：江西理工大学，2008．

［9］邓艳丽．地铁隧道工程的性能化防火问题研究［D］．武汉：武汉大学，2005．

［10］陈杰．游戏中心消防安全性能化研究［D］．重庆：重庆大学，2009．

［11］刘涛．博览建筑消防性能化研究［D］．成都：西华大学，2010．

［12］崔艳东．建筑防火性能化设计应用研究［D］．西安：西安建筑科技大学，2008．

［13］程彩霞．建筑防火性能化设计应用研究［D］．武汉：武汉大学，2004．

［14］赵新辉．高层建筑防火性能化设计研究［D］．西安：西安建筑科技大学，2011．

［15］闫珊．地下综合体防火设计研究［D］．天津：天津大学，2011．

［16］胡传阳．防火性能化设计在大型公共建筑改造工程中的应用研究［D］．西安：西安建筑科技大学，2014．

［17］章福昌．我国21世纪消防的发展研究［D］．重庆：重庆大学，2005．

［18］杨毅．商业建筑防火与安全疏散设计的研究［D］．天津：天津大学，2007．

［19］杜兰萍．基于性能化的大尺度公共建筑防火策略研究［D］．天津：天津大学，2007．

［20］贺挺. 大型商场建筑消防安全评估［D］. 重庆：重庆大学，2005.

［21］王冰. 大型购物中心式商业综合体的防火性能化设计研究［D］. 天津：天津大学，2012.

［22］刘国军. 预应力组合网架结构的性能化抗火研究［D］. 厦门：华侨大学，2011.

［23］尹楠. 基于防火性能化设计方法的商业综合体典型空间防火优化设计研究［D］. 天津：天津大学，2013.

［24］禹洪. 高层建筑火灾中有客梯参与时的疏散策略研究［D］. 北京：北京建筑大学，2015.

［25］罗茜. 人员疏散的社会力修正模型及其仿真研究［D］. 北京：首都经济贸易大学，2010.

［26］毕然. 钢筋混凝土框架结构耐火性能全过程数值模拟［D］. 沈阳：沈阳建筑大学，2012.

［27］陈飞. 地下商场火灾烟气控制效果模拟研究［D］. 合肥：安徽理工大学，2014.

［28］李淑婷. 会展类建筑防火性能化设计方法的研究［D］. 西安：西安建筑科技大学，2009.

［29］许超. 哈尔滨新纪元地下商业街火灾烟气的控制与人员疏散［D］. 哈尔滨：哈尔滨工程大学，2008.

［30］李昀晖. 钢筋混凝土梁高温极限承载力计算及抗火设计方法研究［D］. 武汉：中南大学，2007.

［31］任红梅. 高性能混凝土剪力墙火灾反应理论分析与抗火设计［D］. 上海：同济大学，2006.

［32］陈鹏. 地下商场防火性能化设计及研究［D］. 西安：西安建筑科技大学，2014.

［33］邹鹤. 地下商业建筑性能化设计评估关键技术研究［D］. 重庆：重庆大学，2007.

［34］李利. 医院病房区火灾烟气扩散过程计算模拟及人员安全疏散研究［D］. 沈阳：东北大学，2007.

［35］吴小华. 基于区域模拟的室内火灾升温曲线研究［D］. 武汉：中南大学，2011.

［36］王刘兵. 大型商业综合体防排烟系统性能化设计［D］. 西安：西安建筑科技大学，2015.

［37］刘晓娟. 大型超市火灾时人员安全疏散模型研究［D］. 合肥：安徽理工大学，2009.

［38］刘子萌. 重要公共聚集场所消防安全性评价的方法学研究［D］. 天津：天津理工大学，2008.

［39］郭丹. 建筑物火灾安全性能评价系统（BF-SPES）的研究与应用软件开发［D］. 重庆：重庆大学，2006.

［40］张京国. 基于烟气模拟的 ASD 采样探头在地铁中的布置优化研究［D］. 沈阳：沈阳航空航天大学，2012.

［41］施春龙. 大型商业建筑性能化安全疏散设计策略研究［D］. 南京：南京工业大学，2013.

［42］锁嘉. 基于铁路客运专线的旅客联合运输安全问题研究［D］. 北京：北京交通大学，2007.

［43］许文斌. 通风及细水雾耦合系统与柴油池火相互作用的研究［D］. 沈阳：东北大学，2013.

［44］唐春雨. 高层建筑火灾情况下电梯疏散安全可靠性研究［D］. 西安：西安科技大学，2009.

［45］江龙婷. 复合功能高层建筑的标准层设计研究［D］. 广州：华南理工大学，2013.

［46］曹辉. 建筑综合体防火安全疏散设计策略研究［D］. 上海：同济大学，2006.

［47］齐茂利. 基于微观仿真的同站台换乘站客流疏散研究［D］. 北京：北京交通大学，2009.

［48］王理达．地铁车站人群疏散行为仿真研究［D］．北京：北京交通大学，2006.

［49］袁龙．基于网络模型的建筑物送风排烟系统性能化研究［D］．重庆：重庆大学，2007.

［50］甘廷霞．有序疏散在学校突发事件中的应用研究［D］．成都：西南交通大学，2011.

［51］陈露．高层行政办公综合楼设计研究［D］．重庆：重庆大学，2013.

［52］邱昌辉．公路隧道火灾下人员安全疏散性能化分析研究［D］．武汉：中南大学，2007.

［53］程彩霞．建筑性能化消防设计方法理论及示范工程研究［D］．武汉：武汉大学，2004.

［54］陆宽．大型客运站智能化客流疏散应急信息发布系统实现方法的研究［D］．北京：北京交通大学，2011.

［55］郭勇．高层建筑火灾状况下安全疏散性状研究［D］．重庆：重庆大学，2001.

［56］高歌．大型商场火灾人员安全疏散及仿真模拟研究［D］．武汉：中南大学，2009.

［57］李卢燕．基于性能化的高层学生公寓火灾下人员安全疏散研究［D］．西安：西安建筑科技大学，2013.

［58］李建鹏．教学楼火灾疏散数值模拟与性能化分析［D］．哈尔滨：哈尔滨工程大学，2012.

［59］马征．公众聚集场所人员安全疏散性能化设计与评价［D］．西安：西安建筑科技大学，2004.

［60］李旭．大型车间火灾应急疏散研究［D］．北京：首都经济贸易大学，2014.

［61］刘阳．基于 FDS 的建筑火灾数值模拟及安全疏散研究［D］．沈阳：辽宁工程技术大学，2011.

［62］刘涛．博览建筑消防性能化研究［D］．成都：西华大学，2010.

［63］李晴．高校学生公寓安全疏散研究［D］．沈阳：辽宁工程技术大学，2012.

［64］刘耀中．南宁市某大型会展中心项目火灾人员疏散管理研究［D］．南宁：广西大学，2015.

［65］张琼斯．大型商场消防设备联动控制研究［D］．西安：西安建筑科技大学，2015.

［66］王进．上盖开发的地铁车辆段防火性能化分析与研究［D］．北京：首都经济贸易大学，2011.

［67］魏雨．地铁火灾人员安全疏散研究［D］．沈阳：沈阳航空航天大学，2010.

［68］黄昂．卷烟联合工房火灾蔓延规律及防治研究［D］．武汉：中南大学，2010.

［69］王能胜．基于火灾荷载的高层建筑性能化设计研究［D］．重庆：重庆大学，2013.

［70］牛跃林．高层建筑火灾风险评价及评价软件开发应用研究［D］．南昌：江西理工大学，2007.

［71］黄威．公共建筑入口外部空间研究［D］．西安：西安建筑科技大学，2003.

［72］张亮．高层建筑火灾自动报警及联动系统可靠性研究［D］．沈阳：辽宁工程技术大学，2006.

［73］覃烨．城市高架轨道交通景观分析理论与评价模型［D］．成都：西南交通大学，2006.

［74］欧阳之曦．城市公交动线与城市公共空间的关联性研究［D］．南京：东南大学，2006.

［75］莫玉秀．城市综合性公园游憩空间营建研究［D］．福州：福建农林大学，2011.

［76］李文．城市公共空间形态研究［D］．哈尔滨：东北林业大学，2007.

［77］杜洪泰．地下商业街系统设计研究［D］．武汉：中南林业科技大学，2014.

［78］陈幸夫．文化建筑综合体内部公共空间设计研究［D］．广州：华南理工大学，2011.

［79］李桂萍．崇明越江隧道火灾场景和安全疏散的研究［D］．上海：同济大学，2007.

［80］刘斌．石油化工企业消防性能化分析与设计［D］．天津：天津大学，2007.

［81］路堃．复杂城市公路隧道性能化消防设计研究［D］．北京：首都经济贸易大学，2015.

［82］王驰．某地铁站火灾情况下人员安全疏散研究［D］．北京：北京交通大学，2007.

［83］曹秀平．高层建筑火灾风险评估的研究［D］．沈阳：东北大学，2008.

［84］施晓群．长大铁路水下隧道火灾风险分析及消防安全策略［D］．广州：华南理工大学，2011.

［85］张立宁．高层建筑火灾风险评价及智能报警系统研究［D］．北京：北京理工大学，2015.

［86］王兆雄．城市核心区地下空间一体化设计策略与方法研究［D］．北京：北京建筑大学，2013.

［87］王宗存．超高层建筑加强防火要求研究［D］．天津：天津大学，2013.

［88］杨雪．大型铁路客运枢纽站应急疏散评价模型与方法研究［D］．北京：北京交通大学，2010.

［89］秦手雨．超市室内防火设计研究［D］．上海：同济大学，2007.

［90］熊海群．地下商业街的防火设计研究［D］．重庆：重庆大学，2007.

［91］张艳芬．大型客运站突发事件客流疏散仿真方法的研究［D］．北京：北京交通大学，2012.

［92］李振海．高层综合建筑标准层及其空间设计研究［D］．沈阳：大连理工大学，2006.

［93］王晓华．超高层建筑防火疏散设计的探讨［D］．长沙：湖南大学，2007.

［94］吴显超．地铁隧道中活塞风对防排烟系统的影响研究［D］．沈阳：沈阳航空航天大学，2012.

［95］要宇．高层办公建筑设计探析［D］．太原：太原理工大学，2004.

［96］何涛．建筑防排烟设计系统若干常见问题的分析研究［D］．重庆：重庆大学，2005.

［97］谢添．大空间建筑烟气控制与分析［D］．重庆：重庆大学，2006.

［98］刘方．中庭火灾烟气流动与烟气控制研究［D］．重庆：重庆大学，2002.

［99］王勇．龙恩深．桑春林．《高层民用建筑设计防火规范》在工程运用中的问题探讨［D］．重庆：重庆建筑大学，2003.

［100］蒙慧玲．高层宾馆安全疏散的性能化设计研究［D］．西安：西安建筑科技大学，2003.

［101］赵晨岑鸟．高层办公建筑防火性能化设计研究［D］．天津：天津大学，2013.

［102］唐春雨．高层建筑火灾情况下电梯疏散安全可靠性研究［D］．西安：西安科技大学，2009.

［103］董利斌．高层商务写字楼路径空间人性化设计研究［D］．成都：西南交通大学，2012.

［104］江龙婷．复合功能高层建筑的标准层设计研究［D］．广州：华南理工大学，2013.

期刊：

［1］胡玉银．超高层建筑的起源［J］．发展与未来（一）．建筑施工，2006.

［2］胡玉银．超高层建筑的起源［J］．发展与未来（二）．建筑施工，2006.

［3］胡玉银．超高层建筑的起源［J］．发展与未来（三）．建筑施工，2006.

［4］郑德平．发展建筑防火性能化设计需注意的几个问题［J］．消防技术与产品信息，2012.

［5］袁长标，张昭杰，翟瑞华．超高层建筑给水排水色剂中几个问题的思考［J］．给水排水，2009.

［6］覃力．建筑高层发展史略［J］．新建筑，2002.

［7］丁洁民，吴宏磊．我国超高层建筑的现状分析和现状分析和探索［J］．建筑技艺，2013.

［8］殷铮．超高层民用建筑国内外防火诡诞比较研究［J］．武警学院学报，2012.

［9］周筱．高层商业建筑内部的民众逃生自救设计研究［J］．建筑机械化，2011.

［10］吴学松．超高层建筑与机械化施工［J］．建筑机械化，2009.

［11］李佳庆，宋卫乾，金海．关于超高层建筑研究的思考［J］．城市，2015.

［12］李引擎，刘曦娟．建筑防火的性能设计及其规范［J］．消防技术与产品信息，1998.

［13］官昌赞．浅析高层建筑的美学价值［J］．内江科技，2010.

［14］朱晓琳，吴春花．超高层建筑［J］．建筑技艺，2011.

［15］张莉．浅述彩钢夹芯板的芯材使用［J］．中小企业管理与科技（上旬刊），2011.

［16］成垚．浅谈建筑防火性能化设计在大型商场的应用［J］．建筑设计管理，2011.

［17］郑德平．发展建筑防火性能化设计需注意的几个问题［J］．消防技术与产品信息，2012.

［18］秦挺鑫．各国防火性能化设计规范介绍及对我国的启示［J］．世界标准信息，2007.

［19］李引擎．建筑防火的性能设计及其规范［J］．建筑科学，2002.

［20］王在东，张杰明．防火性能化设计方法在我国的应用实践［J］．消防技术与产品信息，2012.

［21］尹楠，曾坚．商业综合体商铺火灾特点及火灾荷载动态控制研究［J］．建筑学报，2013.

［22］陈杰．游戏中心消防安全性能化研究［D］．重庆：重庆大学．2009.

［23］陈兴，吕淑然．基于 PyroSim 的复杂矿井火灾烟气智能控制研究［J］．数字技术与应用，2012.

［24］李引擎．建筑防火安全评估的基础条件［J］．消防技术与产品信息，2001.

［25］唐巍，常帅男，杨谱，等．基于 buildingEXODUS 模拟评估高校宿舍疏散安全［J］．安全，2011.

［26］徐幼平，周彪，张腾．FDS 在工业火灾中的应用［J］．工业安全与环保，2008.

［27］屈璐．地铁火灾燃烧特性及列车安全运行的理论分析与实验研究［D］．北京：北京工业大学，2007.

［28］金润国，毛龙，乐增．FDS 与 Pathfinder 在建筑火灾与人员疏散中的应用［J］．工业安全与环保，2009.

［29］王桂芬，张宪立，阎卫东．建筑物火灾中人员行为 EXODUS 模拟的研究［J］．中国安全生产科学技术，2011.

［30］任红梅，肖建庄．我国混凝土结构抗火设计现状与发展［J］．混凝土，2004.

［31］李引擎，陈景辉，季广其．建筑材料对火反应特性及分级体系［J］．消防科学与技术，2001.

［32］陈伟红，张磊，张中华，等．地下建筑火灾中的烟气控制及烟气流动模拟研究进展［J］．消防技术与产品信息，2004.

［33］唐永国，夏长天，牛贵来．建筑消防安全疏散设计方法研究［J］．沈阳航空航天大学学报，2011.

［34］曹登峰．某展览厅消防安全疏散设计分析［J］．安阳工学院学报，2012．

［35］韩武松，王厚华，何晟．建筑物最佳机械排烟量的研究［J］．中国安全生产科学技术，2007．

［36］王金平．析地铁车站防排烟系统性能检验［J］．建筑科学，2013．

［37］梁君海，张洁，林建辉，等．高速列车防火性能化设计方法研究［J］．铁路节能环保与安全卫生，2012．

［38］张文海，杨胜州．基于FDS列车车厢火灾烟气危害分析研究［J］．工业安全与环保，2013．

［39］于静．高层建筑人员疏散设计的分析与探讨［J］．黑龙江科技信息，2012．

［40］王媛，唐玲，雷成宝，等．基于FDS的地下商城火灾分析［J］．消防科学与技术，2012．

［41］谢树俊，叶聪，宋文华．某商场首层性能化设计中人员安全疏散的评价［J］．消防科学与技术，2007．

［42］许峰．影响高层建筑安全疏散的难点与对策研究［J］．武警学院学报，2012．

［43］罗业华．浅析现代建筑装饰对安全疏散的影响［J］．东方企业文化，2013．

［44］郑亮．浅谈高层建筑安全疏散的影响因素及逃生方法［J］．安防科技，2010．

［45］钟景华，戴缨，沈峰．电子信息系统机房消防系统设计理念的变化趋势［J］．智能建筑电气技术，2007．

［46］王平．支援．线性规划理论在人员疏散研究中的应用［J］．消防科学与技术，2009．

［47］张叶，何嘉鹏，谢娟．高层建筑火灾中安全疏散的评价分析［J］．中国安全科学学报，2006．

［48］姚聪璞，黄宏伟，袁俊．越江公路隧道逃生区段设计［J］．岩石力学与工程学报，2007．

［49］李引擎．高层建筑的消防现状及建议［J］．河南消防，2000．

［50］朱春梅．建筑火灾安全疏散的探析［J］．消防技术与产品信息，2002．

［51］侯玉成．某交通枢纽建筑疏散设计的案例分析［J］．消防技术与产品信息，2014．

［52］章震．贵州省博物馆新馆的人员疏散安全评估［J］．消防技术与产品信息，2012．

［53］鲁广斌．合肥新桥国际机场航站楼人员疏散问题研究［J］．消防技术与产品信息，2013．

［54］田玉敏．火灾中人群疏散延迟时间的研究［J］．灾害学，2007．

［55］李洁，李金梅．博览建筑消防性能化研究［J］．消防技术与产品信息，2012．

［56］李悦，李桂芳．某剧院防火性能化设计分析［J］．消防科学与技术，2014．

［57］李利敏，闫金鹏．在校大学生肩宽及疏散速度的测量研究［J］．工业安全与环保，2014．

［58］高健．性能化防火体系中的定量分析方法初探［J］．中国科技信息，2011．

［59］倪明．超高层民用建筑火灾危险性分析和火灾防范［J］．消防技术与产品信息，2014．

［60］Peter Krech．双城记——上海与迪拜超高层及综合体项目开发［J］．建筑技艺，2011．

［61］齐鹏．高层建筑的火灾特性与防控对策［J］．科技创新导报，2009．

［62］覃烨，易思蓉．城轨交通空间景观建设理论探索——重庆轻（单）轨2号线景观调查感悟［J］．现代城市轨道交通，2006．

［63］史翀，彭连臣．文化建筑综合体内部公共空间设计研究［J］．科技导报，2008．

［64］李磊，刘文利，肖泽南，等．金融街地下车行系统消防安全性能化设计评估［J］．消防技术

与产品信息，2004.

［65］杨英霞，陈超，屈璐，等．关于地铁列车火灾人员疏散问题的几点讨论［J］．中国安全科学学报，2006.

［66］刘义祥，李宁．建筑结构对火灾蔓延路线的影响［J］．消防技术与产品信息，2002.

［67］张红兵．城市地下公交停车场排烟量的探讨［J］．建筑热能通风空调，2014.

［68］范彦，侯小平．过江隧道通风排烟系统设计［J］．消防技术与产品信息，2008.

［69］李磊，刘文利，唐海，等．北京奥林匹克公园地下交通联系通道防火性能化设计研究［J］．科技导报，2008.

［70］韩新．城市地下空间主要灾害特点及防治［J］．上海城市管理职业技术学院学报，2006.

［71］林熙，施晓文．地下空间火灾特点及防火对策的初步探讨［J］．安全与健康，2009.

［72］毛成发．地下空间火灾特点及防火对策［J］．中国新技术新产品，2010.

［73］童林旭．地下空间内部灾害特点与综合防灾系统［J］．地下空间，1997.

［74］李华．高层建筑竖向空间防火设计［J］．新乡学院学报（自然科学版）．2012.

［75］蒋永琨．高层建筑火灾在防火设计上的经验教训［J］．工程建设标准化，1994.

［76］孙醒远．高层民用建筑火灾特点浅析［J］．油气田地面工程，2002.

［77］章孝思．高层建筑防火分区的设计［J］．时代建筑，1988.

［78］龙文志．央视新址附楼失火对幕墙的反思［J］．中国建筑金属结构，2009.

［79］刘加根，赵洋，林波荣．超高层建筑环境性能模拟优化研究［J］．建设科技，2014.

［80］常冰．高层建筑排烟设计若干问题的分析［J］．安防科技，2008.

［81］刘新新．建筑中庭与采光顶的设计研究［J］．河北工业大学，2006.

［82］马寿军．高层建筑消防系统设计探讨［J］．建筑，2012.

［83］张彤彤，曾坚．大型公建中庭性能化防排烟设计研究［J］．消防科学与技术，2015.

［84］阮文．扁平中庭自然排烟有效性分析［J］．消防科学与技术，2013.

［85］金淑英．浅谈民用建筑防排烟设计中的一些常见问题［J］．甘肃科技，2013.

［86］张遵宇．高层民用建筑防排烟设计常见问题分析［J］．暖通空调，2003.

［87］葛志敏．高层民用建筑防排烟设施设计施工中的问题浅析及对策［J］．科协论坛（下半月），2007.

［88］杨利超．高层建筑防排烟设计探析［J］．科技创新导报，2009.

［89］殷平．中庭防烟排烟设计方法［J］．暖通空调，1996.

［90］刘方，严治军．中庭烟气控制研究现状与展望［J］．重庆建筑大学学报，1999.

［91］陈冬明，吕锋．浅谈中庭开敞式商场的消防设计［J］．消防科学与技术，2000.

［92］焦文君．浅谈自然排烟系统设计［J］．今日科苑，2010.

［93］张晨杰．高大空间建筑自然排烟可行性分析［J］．消防科学与技术，2010.

［94］匡芳．浅谈高层建筑防烟楼梯间和消防电梯间防排烟方式［J］．低碳世界，2013.

［95］刘栋臣．室内装修装潢材料与防火［J］．劳动保护，2002.

［96］李建男．室内装修节电与消防安全的探讨应用［J］．能源技术，2000．

［97］徐楠．公共娱乐场所防火设计探讨及对策分析［J］．中国住宅设施，2011．

［98］李双泉．居室装修慎选材料［J］．河南消防，2003．

［99］王怡匀．酒店中庭防火设计策略分析［J］．城市建筑，2015．

［100］任兵．消防监理在建筑工程中地位探讨［J］．江西建材，2010．

［101］李娜．消防监理在建筑工程中的重要地位［J］．消防技术与产品信息，2004．

［102］张华．消防系统的常见问题及解决措施［J］．上海建设科技，2009．

［103］张杰红，郑雁秋．关于歌舞娱乐放映游艺场所防火设计的思考［J］．消防技术与产品信息，2010．

［104］果永红，王学军，高建广．谈茶艺场所的消防审核与验收［J］．消防科学与技术，2012．

［105］段会忠．网吧消防安全隐患透析与对策［J］．安防科技，2011．

［106］康涛．城市商业综合体"准安全区"的消防检查方法分析［J］．中国公共安全（学术版），2013．

［107］李芙萍．酒吧场所的火灾特点及消防安全要求［J］．新安全东方消防，2009．

［108］饶建辉．浅谈歌舞娱乐场所火灾隐患存在的成因及对策［J］．科教文汇（中旬刊），2010．

［109］马文丽．网吧消防安全隐患问题分析与对策［J］．忻州师范学院学报，2010．

［110］马皎琳．领会条文灵活运用热情服务——对改建项目案例剖析的感悟［J］．中国消防，2010．

［111］肖泽南，周健，彭华．电梯用于高层建筑火灾下的人员疏散的探讨［J］．消防技术与产品信息，2012．

［112］郭大刚，文德明，马莉莉，等．地标性超高层建筑消防问题探讨［J］．消防科学与技术，2013．

［113］刘明亮．某广播电视发射塔消防设计分析［J］．消防科学与技术，2014．

［114］王婷，杨雨．浅谈高层建筑安全疏散设计［J］．科技致富向导，2012．

［115］宋立明．商场中庭及自动扶梯开口部位防火分隔设施应用探讨［J］．安防科技，2011．

［116］刘昕．中央空调故障应急措施及防排烟系统的设计［J］．中国城市经济，2011．

［117］乔一木，王强．谈安全疏散设施［J］．山东消防，2003．

［118］郝玉春．影响高层民用建筑消防安全疏散的因素及对策［J］．黑龙江科技信息，2016．

［119］李剑．超高层建筑楼梯与避难层不同设计对人员疏散的影响［J］．消防技术与产品信息，2014．

［120］杨先刚．高层建筑安全疏散设计［J］．四川建筑科学研究．2012．

［121］林志美．某商场安全疏散消防设计评析［J］．科技风，2013．

［122］黄鑫，倪照鹏，杨丙杰，等．高层塔楼办公标准层的防火性能化设计［J］．消防科学与技术，2012．

［123］张冬萍．浅论高层建筑的安全疏散问题［J］．政府法制，2007．

［124］汪俊．浅谈公共建筑安全疏散［J］．芜湖职业技术学院学报，2007．

［125］杨文斌．浅论高层建筑的安全疏散问题［J］．中小企业管理与科技（下旬刊），2011．

［126］孙立权．谈高层建筑安全疏散问题［J］．东方企业文化，2011．

［127］王彬．浅谈高层建筑中安全疏散的若干对策［J］．中国西部科技，2011．

［128］刘志强．浅谈高层建筑的安全疏散防火设计［J］．中国新技术新产品，2011．

［129］仝相．浅谈高层建筑的安全防火与疏散措施［J］．中国石油和化工标准与质量，2012．

［130］王德民．浅谈高层建筑安全疏散的对策讨论［J］．中国新技术新产品，2013．

［131］鞠波．上海甲级写字楼标准层面积研究［J］．上海商业，2006．

［132］曾勇辉．试论高层建筑火灾原因及安全防火应注意的问题［J］．科技致富向导，2012．

［133］王雷，王芳．浅谈建筑工程的安全疏散问题［J］．中小企业管理与科技（下旬刊），2009．

［134］王丽玫，王振海．论高层民用建筑的安全疏散设计［J］．邢台职业技术学院学报，2005．

［135］唐虹．建筑类论高层民用建筑的安全疏散设计［J］．科技与企业，2012．

［136］刘传辉，侯蕊．谈高层民用建筑安全疏散设计［J］．辽宁建材，2010．

［137］冯艳春．高层建筑物火灾安全疏散设施的优化设计［J］．城市管理与科技，2005．

［138］李利敏，朱国庆，黄丽丽．含内天井的高层SOHO办公建筑人员疏散［J］．消防科学与技术，2012．

［139］李海龙．地下公共娱乐场所防排烟设计［J］．武警学院学报，2007．

［140］韩慧君．无锡太湖新城发展大厦设计手记［J］．建筑技艺，2015．

［141］罗奇峰，浦玮．防灾专家解读高层建筑火灾［J］．生命与灾害，2010．

［142］吴和俊，黄益良，阚强，等．超高层建筑商业裙楼性能化设计［J］．消防科学与技术，2012．

［143］冯瑶，朱国庆，刘淑金，等．含避难走道的综合体建筑防火性能化分析［J］．消防科学与技术，2014．

［144］白占海．我国建筑防火技术的几点思考［J］．科技风，2011．

［145］张德良．影响高层建筑人员疏散的因素及对策［J］．消防技术与产品信息，2013．

［146］刘洪山，朱勇．概述高层建筑在消防验收时发现的诸多问题［J］．智能建筑，2004．

［147］刘欣哲，申艳红．高层住宅安全疏散设计问题初探［J］．决策探索（下半月），2008．

［148］潘丽．建筑设计防火规范简介（六）防火、防烟分区及安全疏散（二）［J］．建筑知识，1992．

［149］章孝思．高层建筑疏散楼梯间设计［J］．建筑学报，1979．

［150］卜程．某高层医院消防安全疏散［J］．消防科学与技术，2013．

［151］薛小军．高层建筑安全疏散方式研究［J］．科技信息，2013．

［152］薛学斌．超高层建筑直升机停机坪消防设计研讨［J］．给水排水，2013．

［153］段晓崑．未来从这里出发——涩谷HIKARIE新文化街区综合开发［J］．建筑技艺，2011．

［154］石谦飞．高层建筑外部空间的形态构成［J］．太原理工大学学报，2005．

［155］谢仰坤．高层建筑外部空间的设计理念探讨［J］．广东科技，2007．

会议论文：

［1］龙艳艳．高层建筑安全疏散影响因素及对策探讨［C］//2012年广东省高层建筑消防安全管理

高峰论坛论文选．2012.

［2］高勋，朱国庆．基于烟气特性分析的大型商业综合体防排烟技术研究［C］//2014中国消防协会科学技术年会论文集．2014.

［3］张春霞．幕墙火灾分析及预防措施［C］//2015年2月建筑科技与管理学术交流会论文集．2015.

标准：

［1］江苏省建设厅．商业建筑设计防火规范：DGJ 32/J 67—2008［S］．北京：中国计划出版社，2007.

［2］中华人民共和国住房和城乡建设部．建筑设计防火规范：GB 50016—2014［S］．北京：中国计划出版社，2014.

［3］中华人民共和国住房和城乡建设部．汽车库、修车库、停车场设计防火规范：GB 50067—2014［S］．北京：中国计划出版社，2014.

后　记

　　建筑防火性能化设计是一套不同于传统防火设计的全新体系，它以减少财务损失，确保生命安全，保护建筑结构，辅助消防优化其设施为最终的安全目标。当前新技术的探索和实验成果已对传统防火规范体系提出了挑战和突破，性能化防火辅助设计将现有规范更加科学化和系统化。近年来，我国性能化防火技术开始逐步展开火灾场景的模拟研究，现有大型公共建筑的火灾蔓延规律及人员疏散等结论与建议具有一定的参考价值，但大多数研究对象仅为工程个例，其结论仅对建筑内的消防设施布置与性能有所优化，而对建筑空间形态的设计并未给出有效建议，难以辅助建筑师进行前期方案的空间设计。

　　基于大型公共建筑火灾的共性难点，以典型防火空间作为研究对象，对其进行抽象化的对比研究，有助于完善我国性能化防火设计理论。笔者所研究的大型公共建筑典型空间的防火性能化优化设计策略不仅对现行的国家防火技术规范未明确规定的、条件不适的或遵循防火技术规范确有困难的设计方案进行了性能化防火设计的评估论证，还优化了国家防火技术规范框架内的设计方案，具有更普遍的适用性。"典型空间"的研究视角在现有文献中甚少出现，对"典型空间"进行抽象化、理想化的对比模拟研究从而初探火灾过程的影响因素的研究思路具有独创性。

　　在一个艰辛与乐趣并存的领域长期跋涉而终有所获，得益于师友的无私帮助与家人的支持与关怀。首先要感谢我的导师曾坚教授。无论在本书的选题还是撰写过程中，导师以其广博的知识、精益求精的态度、耐心而温和的教诲，帮助我完成整本书的创作。曾老师严谨的治学态度、科学的工作方法，时时刻刻都在感染并激励着我，对我的工作、学习以及为人处世都有着不可磨灭的影响。

　　感谢同门师兄弟姐妹在本书的写作过程中给予的中肯建议，特别是我们同一课题组的同门：尹楠、曹迪、任砚春、王冰、赵晨晨、贾姗等人在科研项目和论文写作中的配合与协作。感谢家人，特别谢谢我的父亲母亲对我的无私之爱，是他们的理解和包容使我能在繁杂的生活琐事中寻求到一片宁静，潜心安心地完成本书的撰写。感谢中国建筑工业出版社何楠女士为本书的出版付出的辛勤工作，在此致以诚挚的谢意！

　　本书在笔者博士论文的基础上修改而成，删减了冗余文字并补充了新内容。限于本人学识，书中错漏之处在所难免，诚恳希望有识之士给予批评指正。

张彤彤

2020 年冬